"十二五"职业教育国家规划教材

HTML+CSS+JavaScript 网页制作
（Web 前端开发）
第 3 版

刘瑞新　张兵义　朱　立　等编著

机械工业出版社

本书依据部分"双高"院校的《Web 前端技术课程教学标准》，并依据 1+X 证书《Web 前端开发职业技能等级标准（初级）》编写，内容包括 HTML5、CSS3、JavaScript、jQuery 开发技术基础和典型 HTML5 网站开发综合案例。本书以模块化的结构来组织章节，以"爱心包装"网站的开发为主线，通过对模块中每个任务相应知识点的讲解，引导读者学习 Web 前端开发的基本知识，熟悉项目开发、测试的完整流程。

本书适合作为高职高专院校 Web 前端技术课程、网页设计与制作课程的教材，也可作为 1+X 证书《Web 前端开发职业技能等级标准（初级）》的考试参考用书。

本书配有电子课件以及书中所有例题、习题、实训的素材和源代码等资源，需要配套资源的教师可登录 www.cmpedu.com 免费注册，审核通过后下载，或联系编辑索取（微信：15910938545，电话：010-88379739）。

图书在版编目（CIP）数据

HTML+CSS+JavaScript 网页制作：Web 前端开发 / 刘瑞新等编著. —3 版. —北京：机械工业出版社，2021.9（2025.1 重印）
"十二五"职业教育国家规划教材
ISBN 978-7-111-68606-4

Ⅰ. ①H… Ⅱ. ①刘… Ⅲ. ①超文本标记语言-程序设计-高等职业教育-教材 ②网页制作工具-高等职业教育-教材 ③JAVA 语言-程序设计-高等职业教育-教材 Ⅳ. ①TP312.8 ②TP393.092.2

中国版本图书馆 CIP 数据核字（2021）第 129067 号

机械工业出版社（北京市百万庄大街 22 号　邮政编码 100037）
策划编辑：王海霞　　责任编辑：王海霞　李文轶
责任校对：张艳霞　　责任印制：郜　敏

北京富资园科技发展有限公司印刷

2025 年 1 月第 3 版·第 8 次印刷
184mm×260mm·17.25 印张·427 千字
标准书号：ISBN 978-7-111-68606-4
定价：65.00 元

电话服务　　　　　　　　　　网络服务
客服电话：010-88361066　　　机　工　官　网：www.cmpbook.com
　　　　　010-88379833　　　机　工　官　博：weibo.com/cmp1952
　　　　　010-68326294　　　金　　书　　网：www.golden-book.com
封底无防伪标均为盗版　　　　机工教育服务网：www.cmpedu.com

前 言

"Web 前端开发"(以前称"网页制作")课程是计算机类专业的专业基础课程。Web 前端开发技术已经成为网站开发、App 开发及智能终端设备界面开发的主要技术。工业和信息化部教育与考试中心依据教育部《职业技能等级标准开发指南》中的相关要求,制定了《Web 前端开发职业技能等级标准》。作者结合自己多年从事教学工作和 Web 应用开发的实践经验,按照教学规律精心编写了本书。本书主要有以下特色。

1. 内容全面

本书依据部分"双高"院校的《Web 前端技术课程教学标准》,并依据 1+X 证书《Web 前端开发职业技能等级标准(初级)》编写。本书围绕 Web 标准的三大关键技术——HTML5、CSS3 和 JavaScript/jQuery 来介绍网页编程的必备知识及相关应用。

2. 校企结合共同编写

本书由教学一线的高校教师会同企业专家——甲骨文(中国)软件系统有限公司(Oracle Corporation)杨素兰高级工程师共同策划和编写。

3. 模块化案例式教学

本书以模块化的结构来组织章节,选取 Web 开发设计的典型应用作为教学案例,以网站创建和网页设计为中心,以实例为引导,把知识介绍与实例设计、制作、分析融于一体。全书通过一个完整的"爱心包装网站"的讲解,将相关知识点融入案例网站的具体制作环节中,案例具有代表性和趣味性,使同学们在完成案例的同时掌握语法规则以及技术的应用。

4. 采用高效的编辑工具

本书采用工业和信息化部教育与考试中心推荐的 HBuilder 编辑网页代码,在 Google Chrome 或 Microsoft Edge 浏览器中调试运行,帮助读者掌握流行高效的 Web 开发编辑工具软件。

5. 注重能力培养

本书作者长期从事网页设计、Web 前端开发等课程的教学工作,还参与了多个网站项目的开发工作,从中总结和积累的丰富的教学和实战经验在书中也有所体现。因此本书不仅是单纯介绍 Web 前端开发技术的教材,而且是一本凝聚了大量实战经验的以提高动手能力为目标的教材。

6. 配有丰富的教学资源

为配合教学,方便教师授课和学生学习,本书作者精心制作了电子课件、教学计划、教案首页、电子教案、例题和习题的源代码等教学资源。教师可从机械工业出版社教育服务网(http://www.cmpedu.com)下载。

本书适合作为高职高专院校 Web 前端开发技术、网页设计与制作课程的教材,也可作为 1+X 证书《Web 前端开发职业技能等级标准(初级)》的考试参考用书。

本书由刘瑞新、张兵义、朱立等编写,具体的编写分工为刘瑞新编写第 1~4 章,张兵义编写第 5~7、14 章,朱立编写第 8~10 章,杨素兰编写第 11、12 章,刘克纯编写第 13 章。由于编者水平有限,书中疏漏和不足之处难免,敬请广大师生指正。

编者

目　　录

前言
第1章　HTML5概述 ……………………………… 1
　1.1　Web简介 …………………………………… 1
　　1.1.1　WWW和浏览器的基本概念 ………… 1
　　1.1.2　URL ………………………………… 1
　　1.1.3　超文本 ……………………………… 2
　　1.1.4　超文本标记语言HTML …………… 2
　　1.1.5　HTTP ……………………………… 3
　1.2　Web标准 …………………………………… 3
　　1.2.1　什么是Web标准 …………………… 3
　　1.2.2　理解表现和结构相分离 …………… 4
　1.3　HTML简介 ………………………………… 5
　　1.3.1　Web技术发展历程 ………………… 5
　　1.3.2　HTML5的特性 …………………… 5
　　1.3.3　HTML5元素 ……………………… 6
　1.4　HTML5的基本结构 ……………………… 6
　　1.4.1　HTML5语法结构 ………………… 6
　　1.4.2　HTML5编写规范 ………………… 7
　　1.4.3　HTML5文档结构 ………………… 7
　1.5　创建HTML文件 …………………………… 8
　1.6　支持HTML5的浏览器 …………………… 11
　习题1 …………………………………………… 12
第2章　HTML5基础 ……………………………… 13
　2.1　head元素 …………………………………… 13
　　2.1.1　页面标题标签<title> ……………… 13
　　2.1.2　元信息标签<meta> ……………… 13
　　2.1.3　关联标签<link> …………………… 14
　　2.1.4　脚本标签<script> ………………… 14
　2.2　文本元素 …………………………………… 15
　　2.2.1　标题文字标签<h> ………………… 15
　　2.2.2　特殊符号 …………………………… 15
　2.3　文本层次语义元素 ………………………… 16
　　2.3.1　时间和日期标签<time> ………… 16
　　2.3.2　标记标签<mark> ………………… 17

　　2.3.3　引用标签<cite> …………………… 17
　2.4　基本排版元素 ……………………………… 17
　　2.4.1　段落标签<p> ……………………… 17
　　2.4.2　换行标签
 …………………… 18
　　2.4.3　预格式化标签<pre> ……………… 19
　　2.4.4　缩排标签<blockquote> ………… 19
　　2.4.5　水平线标签<hr/> ………………… 20
　　2.4.6　案例——制作爱心包装品牌
　　　　　简介页面 …………………………… 20
　2.5　列表元素 …………………………………… 21
　　2.5.1　无序列表 …………………………… 21
　　2.5.2　有序列表 …………………………… 22
　　2.5.3　定义列表 …………………………… 22
　　2.5.4　嵌套列表 …………………………… 23
　2.6　图像元素 …………………………………… 24
　　2.6.1　网页图像的常用格式 ……………… 24
　　2.6.2　图像标签<img> …………………… 25
　　2.6.3　设置网页背景图像 ………………… 27
　　2.6.4　图文混排 …………………………… 27
　　2.6.5　案例——制作爱心包装经营模式
　　　　　图文简介页面 ……………………… 28
　2.7　超链接 ……………………………………… 28
　　2.7.1　超链接概述 ………………………… 28
　　2.7.2　超链接的应用 ……………………… 29
　　2.7.3　案例——制作爱心包装下载专区
　　　　　页面 ………………………………… 31
　2.8　div元素 …………………………………… 32
　2.9　span元素 ………………………………… 33
　　2.9.1　基本语法 …………………………… 33
　　2.9.2　<span>与<div>标签的区别 …… 33
　　2.9.3　使用<div>和<span>标签布局
　　　　　网页内容 …………………………… 33
　习题2 …………………………………………… 34

第3章 HTML5 页面的布局与交互 ……… 36
3.1 使用结构标签构建网页布局 ……… 36
3.1.1 区段标签<section> ……… 36
3.1.2 导航标签<nav> ……… 36
3.1.3 页眉标签<header> ……… 37
3.1.4 页脚标签<footer> ……… 37
3.1.5 独立内容标签<article> ……… 37
3.1.6 附属信息标签<aside> ……… 39
3.1.7 分组标签 ……… 40
3.1.8 案例——制作爱心包装新品发布页面 ……… 41
3.2 页面交互元素 ……… 42
3.2.1 <details>标签和<summary>标签 ……… 42
3.2.2 <progress>标签 ……… 43
3.3 表格 ……… 43
3.3.1 表格的结构 ……… 44
3.3.2 表格的基本语法 ……… 44
3.3.3 表格的属性 ……… 44
3.3.4 不规范表格 ……… 46
3.3.5 表格数据的分组 ……… 48
3.3.6 案例——使用表格布局爱心包装产品展示页面 ……… 49
3.4 表单 ……… 50
3.4.1 表单的基本概念 ……… 50
3.4.2 表单标签 ……… 50
3.4.3 表单元素 ……… 50
3.4.4 案例——制作爱心包装会员注册表单 ……… 54
3.4.5 表单分组 ……… 56
3.4.6 使用表格布局表单 ……… 57
3.4.7 表单的高级用法 ……… 58
习题 3 ……… 59

第4章 CSS3 基础 ……… 60
4.1 CSS 简介 ……… 60
4.1.1 什么是 CSS ……… 60
4.1.2 CSS 的开发环境 ……… 60
4.1.3 CSS 编写规则 ……… 61
4.2 CSS 的引用方法 ……… 62
4.2.1 定义行内样式 ……… 62
4.2.2 定义内部样式表 ……… 63
4.2.3 链入外部样式表 ……… 64
4.2.4 导入外部样式表 ……… 65
4.3 CSS 语法基础 ……… 66
4.3.1 CSS 样式规则 ……… 66
4.3.2 基本选择符 ……… 67
4.3.3 复合选择符 ……… 69
4.3.4 通配符选择符 ……… 71
4.3.5 特殊选择符 ……… 72
4.4 CSS 的属性单位 ……… 74
4.4.1 长度单位和百分比单位 ……… 74
4.4.2 色彩单位 ……… 75
4.5 文档结构 ……… 75
4.5.1 文档结构的基本概念 ……… 76
4.5.2 继承 ……… 76
4.5.3 样式表的层叠、特殊性与重要性 ……… 78
4.5.4 元素类型 ……… 79
4.5.5 案例——制作爱心包装新闻更新局部页面 ……… 80
习题 4 ……… 82

第5章 CSS 盒模型 ……… 84
5.1 盒模型概述 ……… 84
5.2 盒模型的属性 ……… 84
5.2.1 边框 ……… 85
5.2.2 外边距 ……… 88
5.2.3 内边距 ……… 89
5.2.4 案例——盒模型属性之间的关系 ……… 90
5.3 盒模型的大小 ……… 91
5.3.1 盒模型的宽度与高度 ……… 91
5.3.2 设置块级元素与行级元素的宽度和高度 ……… 92
5.4 盒子的定位 ……… 92
5.4.1 定位属性 ……… 93
5.4.2 定位方式 ……… 94
5.5 浮动与清除浮动 ……… 98
5.5.1 浮动 ……… 98
5.5.2 清除浮动 ……… 102
5.5.3 案例——爱心包装登录页面的整体布局 ……… 103
习题 5 ……… 104

第6章 使用 CSS 美化页面 ……… 106

6.1 设置字体样式 106
   6.1.1 字体类型 106
   6.1.2 字体大小 106
   6.1.3 字体粗细 107
   6.1.4 字体倾斜 107
   6.1.5 设置字体样式综合案例 107
6.2 设置文本样式 108
   6.2.1 文本水平对齐方式 108
   6.2.2 行高 109
   6.2.3 文本的修饰 109
   6.2.4 段落首行缩进 109
   6.2.5 首字下沉 109
   6.2.6 文本的截断 110
   6.2.7 文本的颜色 110
   6.2.8 文本的背景颜色 111
   6.2.9 设置文本样式综合案例 111
6.3 设置图像样式 112
   6.3.1 图像缩放 113
   6.3.2 图像边框 114
   6.3.3 图像的不透明度 114
   6.3.4 背景图像 115
   6.3.5 背景重复 116
   6.3.6 背景图像大小 117
6.4 设置表格样式 117
   6.4.1 常用的CSS表格属性 117
   6.4.2 案例——使用斑马线表格制作包装项目年度排行榜 120
6.5 设置表单样式 121
   6.5.1 使用CSS修饰常用的表单元素 121
   6.5.2 案例——制作爱心包装用户调查页面 122
6.6 设置超链接样式 123
   6.6.1 设置文字超链接的外观 123
   6.6.2 设置图文超链接的外观 125
6.7 设置列表 126
   6.7.1 表格布局的缺点 126
   6.7.2 列表布局的优势 126
   6.7.3 CSS列表属性 127
   6.7.4 案例——制作爱心包装二维码名片 130
6.8 创建导航菜单 131
   6.8.1 纵向导航菜单 131
   6.8.2 横向导航菜单 133
习题6 134

第7章 使用CSS布局页面 135
7.1 Div+CSS布局技术概述 135
   7.1.1 认识Div+CSS布局 135
   7.1.2 正确理解Web标准 135
7.2 Div的嵌套布局 136
   7.2.1 将页面用Div分块 136
   7.2.2 案例——制作爱心包装活动发布页面 136
7.3 常见的CSS布局样式 139
   7.3.1 两列布局样式 139
   7.3.2 三列布局样式 140
7.4 综合案例——制作爱心社区页面 140
   7.4.1 页面布局规划 140
   7.4.2 页面的制作过程 141
习题7 148

第8章 JavaScript语言基础 150
8.1 JavaScript简介 150
8.2 在网页中插入JavaScript的方法 150
   8.2.1 在HTML文档中嵌入脚本程序 150
   8.2.2 链接脚本文件 151
   8.2.3 在HTML标签内添加脚本 152
8.3 JavaScript的基本数据类型和表达式 153
   8.3.1 基本数据类型 153
   8.3.2 常量 153
   8.3.3 变量 154
   8.3.4 运算符和表达式 154
8.4 JavaScript的程序结构 155
   8.4.1 简单语句 156
   8.4.2 程序控制流程 157
8.5 函数 162
   8.5.1 函数的定义 162
   8.5.2 函数的调用 163
   8.5.3 全局变量与局部变量 164

8.6 基于对象的 JavaScript 语言 ·········· 165
　8.6.1 对象 ····················· 165
　8.6.2 对象的属性 ·············· 166
　8.6.3 对象的事件 ·············· 167
　8.6.4 对象的方法 ·············· 167
8.7 JavaScript 的内置对象 ············ 168
　8.7.1 数组对象 ·················· 168
　8.7.2 字符串对象 ·············· 171
　8.7.3 日期对象 ·················· 171
8.8 自定义对象 ·························· 173
习题 8 ··· 174

第 9 章 DOM 对象及编程 ············ 176
9.1 DOM 模型 ·························· 176
9.2 window 对象 ························ 176
　9.2.1 window 对象的属性 ······ 176
　9.2.2 window 对象的方法 ······ 177
9.3 document 对象 ···················· 178
　9.3.1 document 对象的属性 ··· 178
　9.3.2 document 对象的方法 ··· 178
9.4 location 对象 ······················ 180
　9.4.1 location 对象的属性 ····· 180
　9.4.2 location 对象的方法 ····· 180
9.5 history 对象 ························ 180
9.6 form 对象 ·························· 181
　9.6.1 form 对象的属性 ········· 182
　9.6.2 form 对象的方法 ········· 182
9.7 JavaScript 的对象事件处理程序 ··· 182
　9.7.1 对象的事件 ················ 182
　9.7.2 常用的事件及处理 ······· 183
　9.7.3 表单对象与交互性 ······· 186
　9.7.4 案例——使用 form 对象实现
　　　　Web 页面信息交互 ······· 188
习题 9 ··· 189

第 10 章 使用 JavaScript 制作网页
　　　　特效 ························ 190
10.1 文字特效 ·························· 190
　10.1.1 制作颜色变换的欢迎词 ··· 190
　10.1.2 打字效果 ·················· 191
10.2 菜单与选项卡特效 ··············· 193
　10.2.1 制作爱心包装导航菜单 ··· 193

10.2.2 制作 Tab 选项卡切换效果 ······· 195
10.3 广告特效 ·························· 198
习题 10 ··· 200

第 11 章 HTML5 的多媒体播放和
　　　　绘图 ························ 202
11.1 多媒体播放 ························ 202
　11.1.1 HTML5 的多媒体支持 ···· 202
　11.1.2 音频标签 ···················· 202
　11.1.3 视频标签 ···················· 203
　11.1.4 HTML5 多媒体 API ······· 204
11.2 Canvas 绘图 ······················ 207
　11.2.1 创建 canvas 元素 ········· 207
　11.2.2 构建绘图环境 ············· 207
　11.2.3 通过 JavaScript 绘制图形 ··· 207
习题 11 ··· 215

第 12 章 jQuery 基础 ···················· 216
12.1 jQuery 概述 ······················ 216
12.2 编写 jQuery 程序 ················ 216
　12.2.1 下载与配置 jQuery ······· 216
　12.2.2 编写一个简单的 jQuery 程序 ···· 217
12.3 jQuery 对象和 DOM 对象 ····· 217
　12.3.1 jQuery 对象和 DOM 对象简介 ··· 218
　12.3.2 jQuery 对象和 DOM 对象的
　　　　相互转换 ···················· 219
12.4 jQuery 插件 ······················ 219
　12.4.1 下载 jQuery 插件 ········· 220
　12.4.2 引用 jQuery 插件的方法 ··· 220
12.5 jQuery 选择器 ···················· 220
　12.5.1 jQuery 的工厂函数 ······· 220
　12.5.2 jQuery 选择器定义 ······· 221
12.6 基础选择器 ························ 221
　12.6.1 ID 选择器 ················· 221
　12.6.2 元素选择器 ················ 222
　12.6.3 类名选择器 ················ 222
　12.6.4 复合选择器 ················ 222
　12.6.5 通配符选择器 ············· 222
12.7 层次选择器 ························ 223
　12.7.1 ancestor descendant 选择器 ··· 223
　12.7.2 parent>child 选择器 ····· 223
　12.7.3 prev+next 选择器 ········· 223

12.7.4 prev~siblings 选择器 ……………… 224
12.8 过滤选择器 ……………………………… 224
　12.8.1 简单过滤器 …………………… 224
　12.8.2 内容过滤器 …………………… 225
　12.8.3 可见性过滤器 ………………… 225
　12.8.4 子元素过滤器 ………………… 225
12.9 表单选择器 ……………………………… 226
习题 12 ……………………………………… 227

第 13 章 jQuery 动画与 UI 插件 ……… 229
13.1 jQuery 的动画方法 …………………… 229
13.2 显示与隐藏效果 ……………………… 229
　13.2.1 隐藏元素的方法 ……………… 229
　13.2.2 显示元素的方法 ……………… 230
13.3 淡入淡出效果 ………………………… 232
　13.3.1 淡入效果 ……………………… 232
　13.3.2 淡出效果 ……………………… 232
　13.3.3 元素的不透明效果 …………… 233
　13.3.4 交替淡入淡出效果 …………… 233
13.4 滑动效果 ……………………………… 234
　13.4.1 向下展开效果 ………………… 234
　13.4.2 向上收缩效果 ………………… 234

13.4.3 交替伸缩效果 ………………… 234
13.5 jQuery UI 概述 ………………………… 236
　13.5.1 jQuery UI 简介 ………………… 236
　13.5.2 jQuery UI 的下载 ……………… 236
　13.5.3 jQuery UI 的使用 ……………… 237
　13.5.4 jQuery UI 的工作原理 ………… 238
13.6 jQuery UI 的常用插件 ………………… 239
　13.6.1 折叠面板插件 ………………… 239
　13.6.2 日期选择器插件 ……………… 242
　13.6.3 标签页插件 …………………… 243
习题 13 ……………………………………… 245

第 14 章 爱心包装网站开发综合案例 … 247
14.1 网站的开发流程 ……………………… 247
14.2 网站结构 ……………………………… 248
　14.2.1 创建站点目录 ………………… 248
　14.2.2 网站页面的组成 ……………… 249
14.3 网站技术分析 ………………………… 249
14.4 制作首页 ……………………………… 250
习题 14 ……………………………………… 267

参考文献 ……………………………………… 268

第 1 章　HTML5 概述

HTML 是制作网页的基础语言，是初学者必学的内容。在学习 HTML 之前，需要了解一些与 Web 相关的基础知识，有助于初学者学习后面讲解的相关章节内容。本章将对网页的基础知识、Web 标准、编写语言、HTML5 的运行环境和创建方法进行详细讲解。

▷▷ 1.1　Web 简介

对于网页设计开发者而言，在动手制作网页之前，应该先了解 Web 的基础知识。

1　Web 的基本概念

▷▷▷ 1.1.1　WWW 和浏览器的基本概念

WWW 是 World Wide Web 的缩写，又称 3W 或 Web，中文译名为"万维网"。它作为应用于 Internet 的新一代用户界面，摒弃了以往纯文本方式的信息交互手段，采用超文本（Hypertext）方式工作。利用该技术可以为企业提供全球范围的多媒体信息服务，使企业获取信息的手段有了根本性的改善，与之密切相关的是浏览器（Browser）。

浏览器实际上就是用于网上浏览的应用程序，其主要作用是显示网页和解释脚本。对多数设计者而言，不需要知道有关浏览器实现的技术细节，只要知道如何熟练掌握和使用它即可。用户只需要操作鼠标，就可以得到来自世界各地的文档、图片或视频等信息。

浏览器种类很多，目前常用的有 Google 的 Chrome、Microsoft 的 Edge、Mozilla 的 Firefox、Opera、Apple 的 Safari 浏览器等。

浏览器的核心部分是 Rendering Engine（渲染引擎），一般称为"浏览器内核"，负责对网页语法（如 HTML、JavaScript）进行解释并渲染（显示）网页。不同的浏览器内核对网页编写语法的解释会有所不同，因此同一网页在不同内核的浏览器里的渲染效果也可能不同。这正是网页编写者需要在不同内核的浏览器中测试网页显示效果的原因。现在主流浏览器采用的内核见表 1-1。

表 1-1　主流浏览器采用的内核

浏览器名称	内核	其他采用相同内核的浏览器
IE	Trident（IE 内核）	
Chrome	之前是 WebKit，2013 年后换成 Blink（Chromium，谷歌内核）	Edge、Opera、360、UC、百度、搜狗高速、傲游 3、猎豹、微信、世界之窗等
Safari	WebKit	
Firefox	Gecko	
Edge	之前为 EdgeHTML，2018 年 12 月后换成 Blink（Chromium）	

▷▷▷ 1.1.2　URL

URL（Universal Resource Locator，统一资源定位器）就是 Web 地址，俗称"网址"。Internet 上的每一个网页都具有一个唯一的名称标识，通常称之为 URL 地址。这种地址可以指向本地磁盘，也可以指向局域网上的某一台计算机，但更多地指向 Internet 上的站点。URL 的基本结构如下所示。

通信协议：//服务器名称[：通信端口编号]/文件夹 1[/文件夹 2…]/文件名

其中各部分的含义如下所述。

1．通信协议

通信协议是指 URL 所链接的网络服务的性质，如 HTTP 代表超文本传输协议，FTP 代表文件传输协议等。

2．服务器名称

服务器名称是指提供服务的主机的名称。冒号后面的数字是通信端口编号，可有可无。这个编号用来告诉 HTTP 服务器的 TCP/IP 软件该打开哪一个通信端口。因为一台计算机常常会同时作为 Web、FTP 等服务器使用，为便于区别，每种服务器要对应一个通信端口。

3．文件夹与文件名

文件夹是存放文件的地方，如果是多级文件目录，必须依次指定各级文件夹，直到找到文件所在的位置。文件名是指包括文件名与扩展名在内的完整名称。

▷▷▷ 1.1.3 超文本

超文本技术是一种把信息根据需要链接起来的信息管理技术。用户可以通过一个文本的链接指针打开另一个相关的文本。只要单击页面中的超链接（通常是带下画线的条目或图片），便可跳转到新的页面或另一位置以获得相关的信息。

超链接是内嵌在文本或图像中的。文本超链接在浏览器中通常带有下画线，只有当用户的鼠标指向它时，指针才会变成手指形状。

▷▷▷ 1.1.4 超文本标记语言 HTML

网页是 WWW 的基本文档，它是用 HTML（HyperText Markup Language，超文本标记语言）编写的。HTML 严格来说并不是一种标准的编程语言，它只是一些能让浏览器看懂的标记。当网页中包含正常文本和 HTML 标记时，浏览器会"翻译"由这些 HTML 标记提供的网页结构、外观和内容等信息，从而将网页按设计者的要求显示出来。图 1-1 所示是显示在 Windows "记事本"程序中用 HTML 编写的网页源代码，图 1-2 所示是该源代码经过浏览器"翻译"后显示的网页画面。

图 1-1　HTML 编写的网页源代码

图 1-2　浏览器"翻译"后显示的网页画面

1.1.5 HTTP

HTTP（HyperText Transfer Protocol，超文本传输协议）是用于从 WWW 服务器传输超文本到本地浏览器的传送协议，用于传送 WWW 方式的数据。当用户想浏览一个网站的时候，只要在浏览器的地址栏里输入网站的地址就可以了，例如 www.baidu.com，在浏览器的地址栏里出现的是 http://www.baidu.com。

HTTP 采用了请求/响应模型。客户端向服务器发送一个请求，请求头包含请求的方法、URI（Uniform Resource Identifier，统一资源标识符）、协议版本，以及包含请求修饰符、客户信息和内容的类似于 MIME（Multipurpose Internet Mail Extensions，多用途互联网邮件扩展类型）的消息结构。服务器以一个状态行作为响应，内容包括消息协议的版本、服务器信息、实体元信息以及可能的实体内容。

1.2 Web 标准

大多数网页设计人员都有这样的体验，每次主流浏览器版本的升级都会使用户建立的网站变得过时，此时就需要升级或者重新建网站。同样，每当新的网络技术和交互设备出现时，设计人员也需要制作一个新版本来支持这种新技术或新设备。

解决这些问题的方法就是建立一种普遍认同的标准来结束这种无序和混乱，在 W3C（W3C.org）的组织下，Web 标准开始被制定（以 2000 年 10 月 6 日发布 XML1.0 为标志），并在网站标准组织（WebStandards.org）的督促下推广执行。

1.2.1 什么是 Web 标准

Web 标准不是某一种标准，而是一系列标准的集合。网页主要由 3 部分组成：结构（Structure）、表现（Presentation）和行为（Behavior）。对应的 Web 标准也分为 3 类：结构标准语言主要包括 XHTML 和 XML，表现标准语言主要为 CSS，行为标准主要包括对象模型（如 W3C DOM）、ECMAScript 等。这些标准大部分由 W3C 起草和发布，也有一些是其他标准组织制定的标准，如 ECMA（European Computer Manufacturers Association，欧洲计算机制造商协会）的 ECMAScript 标准。

1．结构化标准语言

（1）HTML

HTML 来源于标准通用置标语言（SGML），它是 Internet 上用于编写网页的主要语言。

（2）XML

目前推荐遵循的标准是 W3C 于 2000 年 10 月 6 日发布的 XML1.0。和 HTML 一样，XML（The eXtensible Markup Language，可扩展置标语言）同样来源于 SGML，但 XML 是一种能定义其他语言的语言。XML 最初设计的目的是弥补 HTML 的不足，以强大的扩展性满足网络信息发布的需要，后来逐渐被用于网络数据的转换和描述。

（3）XHTML

XML 虽然数据转换能力强大，完全可以替代 HTML，但面对成千上万已有的站点，直接采用 XML 还为时过早。因此，在 HTML 4.0 的基础上，用 XML 的规则对其进行扩展，得到了 XHTML（The eXtensible HyperText Markup Language，可扩展超文本置标语言）。

2．表现标准语言

W3C 创建 CSS（Cascading Style Sheets，层叠样式表）。标准的目的是以 CSS 取代 HTML 表格式布局、帧和其他表现的语言。纯 CSS 布局与结构式 HTML 相结合能帮助设计师分离外观与结构，使站点的访问及维护更加容易。

3．行为标准

（1）DOM

根据 W3C DOM 规范，DOM（Document Object Model，文档对象模型）是一种与浏览器、平台和语言相关的接口，通过 DOM 用户可以访问页面其他的标准组件。DOM 解决了 Netscape 的 JavaScript 和 Microsoft 的 JScript 之间的冲突，给予 Web 设计师和开发者一个标准的方法，来解决站点中的数据、脚本和表现层对象的访问问题。

（2）ECMAScript

ECMAScript 是 ECMA 制定的标准脚本语言（JavaScript）。目前，推荐遵循的标准是 ECMAScript 262。

▷▷▷ 1.2.2 理解表现和结构相分离

要理解表现和结构相分离，必须先明白一些基本概念，如内容、结构、表现和行为。在此以一个实例来详细说明。

1．内容

内容就是页面实际要传达的真正信息，包含数据、文档或图片等。注意这里强调的"真正"，是指纯粹的数据信息本身，不包含任何辅助信息，如图 1-3 中的诗歌页面。

登鹳雀楼 作者：王之涣 白日依山尽，黄河入海流。欲穷千里目，更上一层楼。

图 1-3　诗歌的内容

2．结构

可以看到上面的文本信息本身已经完整，但是难以阅读和理解，必须将其格式化一下。把其分成标题、段落和列表等几个部分，如图 1-4 所示。

3．表现

虽然定义了结构，但是内容的样式没有改变，例如标题字体没有变大，正文的背景也没有变化，列表没有修饰符号等。所有这些用来改变内容外观的东西，称之为"表现"。下面是对上面文本用表现处理过后的效果，如图 1-5 所示。

图 1-4　诗歌的结构

图 1-5　诗歌的表现

4．行为

行为是对内容的交互及操作效果。例如，使用 JavaScript 可以使内容动起来，可以判断一些表单提交并进行相应的一些操作。

所有 HTML 页面都由结构、表现和行为 3 个方面内容组成。内容是基础层，然后是附加的结构层和表现层，最后再对这 3 个层做点 "行为"。

1.3 HTML 简介

HTML 是构成 Web 页面的符号标签语言。通过 HTML，设计者可以将所需表达的信息按某种规则写成 HTML 文件，再通过浏览器来识别，并将这些 HTML 文件翻译成可以识别的信息，就是人们所见到的网页。

1.3.1 Web 技术发展历程

HTML 最早源于 SGML，它由 Web 的发明者 Tim Berners-Lee 和其同事 Daniel W.Connolly 于 1990 年创立。在互联网发展的初期，由于互联网没有一种网页技术呈现的标准，多家软件公司就合力打造了 HTML 标准。其中最著名的就是 HTML4，这是一个具有跨时代意义的标准。HTML4 依然有缺陷和不足，人们仍在不断地改进，使它更加具有可控制性和弹性，以适应网络上的应用需求。2000 年，W3C 组织公布发行了 XHTML 1.0 版本。

XHTML 1.0 是一种在 HTML 4.0 基础上优化和改进的新语言，目的是基于 XML 应用，它的可扩展性和灵活性将适应未来网络应用更多的需求。不过，XHTML 并没有成功，大多数的浏览器厂商认为 XHTML 作为一个过渡化的标准并没有太大必要，所以 XHTML 并没有成为主流，而 HTML5 便因此应运而生。

HTML5 的前身名为 Web Applications 1.0，由 WHATWG 在 2004 年提出，于 2007 年被 W3C 接纳。W3C 随即成立了新的 HTML 工作团队，团队包括 AOL、Apple、Google、IBM、Microsoft、Mozilla、Nokia、Opera 等数百个开发商。这个团队于 2009 年公布了第一份 HTML5 正式草案，HTML5 将成为 HTML 和 HTMLDOM 的新标准。2012 年 12 月 17 日，W3C 宣布凝结了大量网络工作者心血的 HTML5 规范正式定稿，确定了 HTML5 在 Web 网络平台奠基石的地位。

1.3.2 HTML5 的特性

HTML 4.0 主要用于在浏览器中呈现富文本内容和实现超链接，HTML5 继承了这些特点，但更侧重于在浏览器中实现 Web 应用程序。对于网页的制作，HTML5 主要有两方面的改进，即实现 Web 应用程序和更好地呈现内容。

1. 实现 Web 应用程序

HTML5 引入新的功能，以帮助 Web 应用程序的创建者更好地在浏览器中创建富媒体应用程序，这是当前 Web 应用的热点。HTML5 在实现 Web 应用程序方面的功能如下。

① 绘画的 canvas 元素，该元素就像在浏览器中嵌入一块画布，程序可以在画布上绘画。
② 更好的用户交互操作，包括拖放、内容可编辑等。
③ 扩展的 HTML DOM API（Application Programming Interface，应用程序编程接口）。
④ 本地离线存储。
⑤ Web SQL 数据库。
⑥ 离线网络应用程序。

2. 更好地呈现内容

基于 Web 表现的需要，HTML5 引入了能更好地呈现内容的元素，主要有以下几项。

① 用于视频、音频播放的 video 元素和 audio 元素。
② 用于文档结构的 article、footer、header、nav、section 等元素。
③ 功能强大的表单控件。

1.3.3 HTML5 元素

根据内容类型的不同，可以将 HTML5 的标签元素分为 7 个内容类型，具体描述见表 1-2。

表 1-2 HTML5 的内容类型

内容类型	描 述
内嵌	向文档中添加其他类型的内容，例如 audio、video、canvas 和 iframe 等
流	在文档和应用的 body 中使用的元素，例如 form、h1 和 small 等
标题	段落标题，例如 h1、h2 和 hgroup 等
交互	与用户交互的内容，例如音频和视频的控件、button 和 textarea 等
元数据	通常出现在页面的 head 中，设置页面其他部分的表现和行为，例如 script、style 和 title 等
短语	文本和文本标签元素，例如 mark、kbd、sub 和 sup 等
片段	用于定义页面片段的元素，例如 article、aside 和 title 等

其中的一些元素，如 canvas、audio 和 video，在使用时往往需要其他 API 来配合，以实现细粒度控制。当然，它们同样可以直接使用。

1.4 HTML5 的基本结构

每个网页都有其基本的结构，包括 HTML 的语法结构、文档结构、标签的格式以及代码的编写规范等。

2 HTML5 的基本结构

1.4.1 HTML5 语法结构

1. 标签

HTML 文档由标签和受标签影响的内容组成。标签（Tag）能产生所需要的各种效果，其功能类似于一个排版软件，将网页的内容排成理想的效果。标签是用一对尖括号"<"和">"括起来的单词或单词缩写。各种标签的效果差别很大，但表示形式却大同小异，大多数都成对出现。在 HTML 中，标签通常都是由开始标签和结束标签组成的，开始标签用"<标签>"表示，结束标签用"</标签>"表示。其格式如下：

<标签> 受标签影响的内容 </标签>

例如，一级标题标签<h1>表示如下。

```
<h1>学习网页制作</h1>
```

需要注意以下两点。

① 每个标签都要用"<"和">"括起来，如<p>，<table>，以表示这是 HTML 代码而非普通文本，"<"">"与标签名之间不能留有空格或其他字符。

② 在标签名前加上符号"/"便是其结束标签，表示该标签内容的结束，如</h1>。标签也有不用</标签>结尾的，称之为单标签。例如，换行标签
。

2．属性

标签仅仅规定这是什么信息，但是要想显示或控制这些信息，就需要在标签后面加上相关的属性。标签通过属性来制作出各种效果，通常都是以"属性名="值""的形式来表示，用空格隔开后，还可以指定多个属性，并且在指定多个属性时不用区分顺序。其格式为：

<标签　属性1="属性值1"　属性2="属性值2"　…> 受标签影响的内容 </标签>

3．元素

元素指的是包含标签在内的整体，元素的内容是开始标签与结束标签之间的内容。没有内容的 HTML 元素被称为空元素。空元素是在开始标签中关闭的。

1.4.2　HTML5 编写规范

页面的 HTML 代码书写必须符合 HTML 规范。具有良好结构的文档可以很好地工作于所有的浏览器，并且可以向后兼容。

1．标签的规范

① 标签分单标签和双标签，双标签往往是成对出现的，所有标签（包括空标签）都必须关闭，如
、<img/>、<p>…</p>等。

② 标签名和属性建议都用小写字母。

③ 多数 HTML 标签可以嵌套，但不允许交叉。

2．属性的规范

① 根据需要可以使用该标签的所有属性，也可以只用其中的几个属性。在使用时，属性之间没有顺序。

② 属性值都要用双引号括起来。

③ 并不是所有的标签都有属性，如换行标签就没有属性。

3．元素的嵌套

① 块级元素可以包含行级元素或其他块级元素，但行级元素却不能包含块级元素，它只能包含其他行级元素。

② 有几个特殊的块级元素只能包含行级元素，不能再包含块级元素，这几个特殊的标签是：<h1>、<h2>、<h3>、<h4>、<h5>、<h6>、<p>、<dt>。

4．代码的缩进

HTML 代码并不要求在书写时缩进，但为了文档的结构性和层次性，建议初学者在使用标记时首尾对齐，内部的内容向右缩进几格。

1.4.3　HTML5 文档结构

HTML5 文档是一种纯文本格式的文件，文档的基本结构如下。

```
<!DOCTYPE html>
<html>
    <head>
        <meta charset="UTF-8">
        <title>文档标题</title>
    </head>
    <body>
        网页内容
```

```
            </body>
        </html>
```

1. 文档类型

在编写 HTML5 文档时，要求指定文档类型。文档类型用于向浏览器说明当前文档使用的是哪种 HTML 标准。文档类型声明的格式如下。

```
<!DOCTYPE html>
```

这行代码称为 doctype 声明。doctype 是 document type（文档类型）的简写。要建立符合标准的网页，doctype 声明是必不可少的关键组成部分。doctype 声明必须放在每一个 HTML 文档的最顶部，在所有代码和标签之前。

2. HTML 文档标签\<html>…\</html>

HTML 文档标签的格式如下。

```
<html> HTML 文档的内容 </html>
```

\<html>处于文档的最前面，表示 HTML 文档的开始，即浏览器从\<html>开始解释，直到遇到\</html>为止。每个 HTML 文档均以\<html>开始，以\</html>结束。

3. HTML 文档头标签\<head>…\</head>

HTML 文档包括头部（head）和主体（body）。HTML 文档头标签的格式如下。

```
<head> 头部的内容 </head>
```

文档头部内容在开始标签\<html>和结束标签\</html>之间定义，其内容可以是标题名或文本文件地址、创作信息等网页信息说明。

4. HTML 文档编码

HTML5 文档直接使用 meta 元素的 charset 属性指定文档编码，格式如下。

```
<meta charset="UTF-8">
```

为了被浏览器正确解释和通过 W3C 代码校验，所有的 HTML 文档都必须声明它们所使用的语言编码。文档声明的编码应该与实际的编码一致，否则就会呈现为乱码。UTF-8 是世界通用的 HTML 语言编码，用户一般使用 UTF-8 来指定文档编码。

5. HTML 文档主体标签\<body>…\</body>

HTML 文档主体标签的格式如下。

```
<body>
    网页的内容
</body>
```

主体位于头部之后，以\<body>为开始标签，\</body>为结束标签。它定义网页上显示的主要内容与显示格式，是整个网页的核心。网页中要真正显示的内容都包含在主体中。

3　HBuilder X 编辑 HTML 文件-1

▷▷ 1.5　创建 HTML 文件

一个网页可以简单得只有几个文字，也可以复杂得像一张或几张海报。任意文本编辑器都可以用于编写网页源代码，当前比较流行的网页编辑器是 HBuilder。使用 HBuilder 编辑 HTML 文档的操作非常简单。在 HBuilder 的代

4　HBuilder X 编辑 HTML 文件-2

码窗口中手工输入代码，有助于设计人员对网页结构和样式有更深入的了解。

下面通过使用 HBuilder 网页编辑器创建一个只有文本组成的简单页面，来学习网页的编辑、保存和浏览过程。

1．创建 Web 项目

① 打开 HBuilder，单击工具栏中的 + 按钮，在弹出的下拉列表中选择"Web 项目"选项，如图 1-6 所示，弹出"创建 Web 项目"对话框，如图 1-7 所示。

图 1-6　创建 Web 项目

图 1-7　"创建 Web 项目"对话框

② 单击对话框中的"浏览"按钮，打开"浏览文件夹"对话框，选择用于存放网站页面的盘符或事先建立好的文件夹，例如，这里选择 D 盘，如图 1-8 所示。单击"确定"按钮后，返回"创建 Web 项目"对话框，在"项目名称"文本框中输入项目名称，例如，输入"web"，如图 1-9 所示。单击"完成"按钮，Web 项目"web"创建成功。

图 1-8　"浏览文件夹"对话框

图 1-9　设置结果

2．创建栏目目录

当一个 Web 项目创建成功后，会自动生成一个默认的主页文件 index.html 和用于存放网站图像、CSS 样式和 JavaScript 脚本的目录，如图 1-10 所示。

一个 Web 项目中可以包含多个应用栏目目录。例如，在上面建立的 Web 项目（其路径为 D:\web）中建立一个目录 ch1，其对应的路径为"D:\web\ch1"，专门用于存放本书中第 1 章的所有案例。

① 在 Web 项目上单击右键，在弹出的菜单中单击"新建"菜单项，接着在弹出的子菜单中单击"目录"菜单项，如图 1-11 所示。

图 1-10 Web 项目包含的默认内容　　　　　　　图 1-11 新建目录

② 打开"新建文件夹"对话框，输入要建立的文件夹名称"ch1"，如图 1-12 所示。单击"完成"按钮，生成的目录如图 1-13 所示。

图 1-12 Web 项目包含的默认内容　　　　　　　图 1-13 生成的目录

以此类推，后面的章节也会建立用于存放该章节案例的目录。

3. 创建 HTML 文件

① 在栏目目录 ch1 上单击右键，在弹出的菜单中单击"新建"菜单项，接着在弹出的子菜单中单击"HTML 文件"菜单项，如图 1-14 所示。打开"创建文件向导"对话框，在"文件名"文本框中输入要建立的文件名，例如，"first.html"，如图 1-15 所示。

第 1 章　HTML5 概述

图 1-14　新建 HTML 文件

图 1-15　"创建文件向导"对话框

② 单击"完成"按钮，生成 HTML 文件 first.html，代码窗口中的默认代码如图 1-16 所示。在代码窗口中输入简单的 HTML 代码，内容如图 1-17 所示。

图 1-16　新建 HTML 文件的默认代码　　　　图 1-17　输入简单的 HTML 代码

③ 单击工具栏上的 按钮，保存网页。

4．浏览网页

单击工具栏上的谷歌浏览器按钮，启动浏览器，网页的显示结果如图 1-18 所示。

图 1-18　网页的显示结果

▷▷ 1.6　支持 HTML5 的浏览器

尽管各主流厂商的最新版浏览器都对 HTML5 提供了很好的支持，但 HTML5 毕竟是一种全新的 HTML 标签语言，许多功能必须在搭建好相应的浏览环境后才可以正常浏览。因此，在正式执行一个 HTML5 页面之前，必须先搭建支持 HTML5 的浏览器环境，然后检查浏览器是否支持 HTML5 标签。

谷歌公司开发的 Chrome 浏览器在稳定性和兼容性方面都比较出色,本书所有的应用实例均是在 Windows 7 操作系统下的 Chrome 浏览器中运行的。

【例 1-1】 制作简单的 HTML5 文档,检测浏览器是否支持 HTML5,在浏览器中的显示效果如图 1-19 所示。

```
<!DOCTYPE html>
<html>
    <head>
        <meta charset="UTF-8">
        <title>检查浏览器</title>
    </head>
    <body>
        <canvas id="my" width="200" height="100" style="border:3px solid #f00;background-color:#00f">  <!--HTML5 的 canvas 画布-->
        该浏览器不支持 HTML5
        </canvas>
    </body>
</html>
```

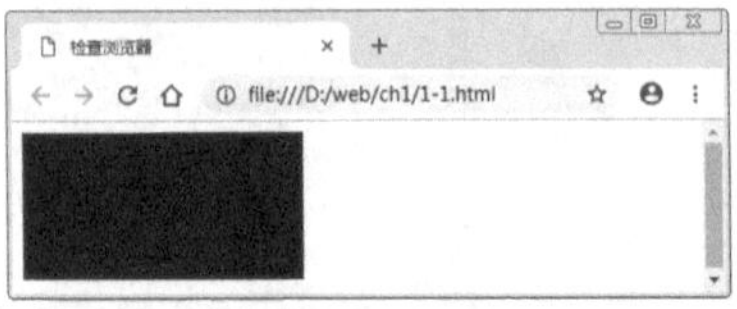

图 1-19 例 1-1 页面显示效果

【说明】在 HTML 页面中插入一段 HTML5 的 canvas 画布标签,若浏览器支持该标签,将显示一个矩形;反之,则在页面中显示"该浏览器不支持 HTML5"的提示。

习题 1

1. WWW 浏览常用的浏览器是什么浏览器?URL 的含义和功能是什么?
2. 简答超文本和超文本标记语言的特点。
3. 举例说明常用的搜索引擎及使用搜索引擎查找信息的方法。
4. 什么是 Web 标准?举例说明网页的表现和结构相分离的含义。
5. 简述 HTML5 文档的基本结构及语法规范。
6. 使用 HBuilder 创建一个包含网页基本结构的页面。
7. 制作简单的 HTML5 文档,检测浏览器是否支持 HTML5。

第 2 章　HTML5 基础

网页内容的表现形式多种多样，包括文本、超链接、列表和图像元素等，本章将重点介绍如何在页面中添加与编辑这些网页元素，以实现 HTML5 页面的基本排版。

2.1　head 元素

在网页的头部中，通常存放一些介绍页面内容的信息，例如：页面标题、页面描述、关键字、链接的 CSS 样式文件和客户端的 JavaScript 脚本文件等。

其中，页面标题和页面描述称为页面的摘要信息。摘要信息的生成在不同的搜索引擎中存在比较大的差别，即使在同一个搜索引擎中也会由于页面的实际情况而有所不同。一般情况下，搜索引擎会提取页面标题标签中的内容作为摘要信息的标题，而描述则来自页面描述标签的内容或页面正文。如果设计者希望自己发布的网页能被百度、谷歌等搜索引擎搜索到，那么在制作网页时就需要注意编写网页的摘要信息。

2.1.1　页面标题标签\<title\>

\<title\>标签是页面标题标签，它将 HTML 文件的标题显示在浏览器的标题栏中，用以说明文件的用途。这个标签只能应用于\<head\>与\</head\>之间。\<title\>标签是对文件内容的概括，一个好的标题能使读者从中判断出该文件的大概内容。

页面标题不会显示在文本窗口中，而是以窗口的名称显示出来，每个文档只允许有一个标题。页面标题能给浏览者带来方便，如果浏览者喜欢该网页，将它加入书签或保存到磁盘上，标题就作为该页面的标识或文件名。另外，使用搜索引擎时显示的结果也是页面标题。\<title\>标签格式如下。

```
<title> 标题名 </title>
```

例如，腾讯网站的主页，对应的网页标题如下。

```
<title>腾讯</title>
```

打开网页后，将在浏览器窗口的标题栏中显示"腾讯"网页标题。在网页文档头部定义的标题内容不在浏览器窗口的内容区域中显示，而是在浏览器的标题栏中显示。尽管文档头部定义的信息很多，但能在浏览器标题栏中显示的信息只有标题内容。

2.1.2　元信息标签\<meta\>

\<meta\>标签是元信息标签，在 HTML 中是一个单标签。该标签可重复出现在头部标签中，用来指明本页的作者、制作工具、关键字，以及其他一些描述网页的信息。

\<meta\>标签具备两大属性：HTTP 标题属性（http-equiv）和页面描述属性（name）。每个属性又有不同的参数值，这些不同的参数值就实现了网页的不同功能。本节主要讲解 name 属性，用它来设置搜索关键字和页面描述。\<meta\>标签的 name 属性的语法格式如下。

```
<meta name="参数" content="参数值">
```

name 属性主要用于描述网页摘要信息，与之对应的参数值为 content。content 中的内容主要是便于搜索引擎查找信息和分类信息用的。

name 属性主要有以下两个参数，通过为参数设置不同的参数值可以实现不同的功能。

1．keywords（关键字）

keywords 用来告诉搜索引擎网页使用的关键字。例如，国内著名的腾讯网，其主页的关键字设置如下。

```
<meta name="keywords" content="资讯,新闻,财经,房产,视频,NBA,科技,腾讯网,腾讯,QQ,Tencent"/>
```

2．description（网站内容描述）

description 用来告诉搜索引擎网站的主要内容。例如，腾讯网站主页的内容描述设置如下。

```
<meta name="description" content="腾讯网从2003年创立至今，已经成为集新闻信息、区域垂直生活服务、社会化媒体资讯和产品为一体的互联网媒体平台。…" />
```

当浏览者通过百度搜索引擎搜索"腾讯"时，就可以看到搜索结果中显示出页面摘要信息，包括标题、关键字和内容描述，如图 2-1 所示。

图 2-1　页面摘要信息

▷▷▷ 2.1.3　关联标签 <link>

<link> 标签是关联标签，用于定义当前文档与 Web 集合中其他文档的关系，建立一个树状链接组织。<link> 标签并不将其他文档实际链接到当前文档中，只是提供链接该文档的一个路径。<link> 标签最常用于链接 CSS 样式文件，格式如下。

```
<link rel="stylesheet" href="外部样式表文件名.css" type="text/css">
```

▷▷▷ 2.1.4　脚本标签 <script>

<script> 标签是脚本标签，用于为 HTML 文档定义客户端脚本信息。可通过此标签在文档中包含一段客户端脚本程序。此标签可以位于文档中任何位置，但常位于 <head> 标签内，以便于维护。格式如下。

```
<script type="text/javascript" src="脚本文件名.js"></script>
```

【例 2-1】 制作"爱心包装"页面的摘要信息部分。由于摘要信息不能显示在浏览器窗口中，因此这里只给出本例的代码。

```html
<!DOCTYPE html>
<html>
    <head>
        <meta charset="UTF-8">
```

```
            <title>爱心包装</title>
            <meta name="keywords" content="爱心包装,规模化生产,定制化服务,品质保证" />
            <meta name="description" content="爱心包装采用标准化和定制化服务相结合
的经营模式,以高品质产品为立足点,以技术服务于市场为导向,以先进优良的自动化生产和测试装备
为保障,为客户提供持续的优良产品生产服务和品质保证。" />
        </head>
        <body>
        </body>
</html>
```

2.2 文本元素

在网页制作过程中,通过文本与段落的基本排版即可制作出简单的网页。以下讲解常用的文本与段落排版所使用的标签。

2.2.1 标题文字标签<h>

在页面中,网页中的信息可以分为主要点、次要点,标题是一段文字内容的核心,所以总是用加强的效果来表示。通过设置不同大小的标题,增强文章的条理性。标题文字标签的格式如下。

    <h# align="left|center|right"> 标题文字 </h#>

"#"用来指定标题文字的大小,#取 1～6 之间的整数值,取 1 时文字最大,取 6 时文字最小。<h#>…</h#>标签默认显示宋体,在一个标题行中无法使用不同大小的字体。

【例 2-2】 列出 HTML 中的各级标题。本例在浏览器中的显示效果如图 2-2 所示。

```
<!DOCTYPE html>
<html>
    <head>
        <meta charset="UTF-8">
        <title>标题示例</title>
    </head>
    <body>
        <h1>一级标题</h1>
        <h2>二级标题</h2>
        <h3>三级标题</h3>
        <h4>四级标题</h4>
        <h5>五级标题</h5>
        <h6>六级标题</h6>
    </body>
</html>
```

图 2-2 各级标题

2.2.2 特殊符号

由于大于号 ">" 和小于号 "<" 等已作为 HTML 的语法符号,因此,如果要在页面中显示这些特殊符号,就必须使用相应的 HTML 代码表示。这些特殊符号对应的 HTML 代码被称为字符实体。

常用的特殊符号及对应的字符实体见表 2-1。这些字符实体都以 "&" 开头,以 ";" 结束。

表 2-1　常用的特殊符号及对应的字符实体

特殊符号	字符实体	示　　例
空格		爱心包装. 客服电话：13501149831
大于号（>）	&gt;	30>20
小于号（<）	&lt;	20<30
引号（"）	&quot;	HTML 属性值必须使用成对的"括起来
人民币符号（¥）	&yen;	售价：¥600
破折号（—）	&#8212;	春看玫瑰树，西邻即宋家。门深重暗叶，墙近度飞花。—《芳树》
版权号（©）	&copy;	Copyright © 爱心包装

2.3　文本层次语义元素

为了使 HTML 页面中的文本内容更加形象生动，需要使用一些特殊的元素来突出文本之间的层次关系，这样的元素称之为文本层次语义元素。文本层次语义元素通常用于描述特殊的内容片段，可使用这些语义元素标注出重要信息，例如，名称、评价、注意事项、日期等。

2.3.1　时间和日期标签<time>

<time>标签用于定义公历的时间（24 小时制）或日期，时间和时区偏移是可选的。<time>标签不会在浏览器中呈现任何特殊效果，但是能以机器可读的方式对日期和时间进行编码。例如，用户能够将生日提醒或事件计划添加到用户日程表中，搜索引擎也能够生成更智能的搜索结果。<time>标签的属性见表 2-2。

表 2-2　<time>标签的属性

属性	描　　述
datetime	规定日期/时间，否则由元素的内容给定日期/时间
pubdate	指示<time>标签中的日期/时间是文档（或<article>标签）的发布日期

【例 2-3】 使用<time>标签设置日期和时间。本例在浏览器中的显示效果如图 2-3 所示。

```
<!DOCTYPE html>
<html>
    <head>
        <meta charset="UTF-8">
        <title>time 标签的使用</title>
    </head>
    <body>
        <p>我每天早上<time>7:00</time>起床</p>
        <p>今年的<time datetime="2021-01-16">1 月 16 日</time>是我的生日</p>
        <time datetime="2021-01-16" pubdate="pubdate">
            本消息发布于 2021 年 1 月 16 日
        </time>
    </body>
</html>
```

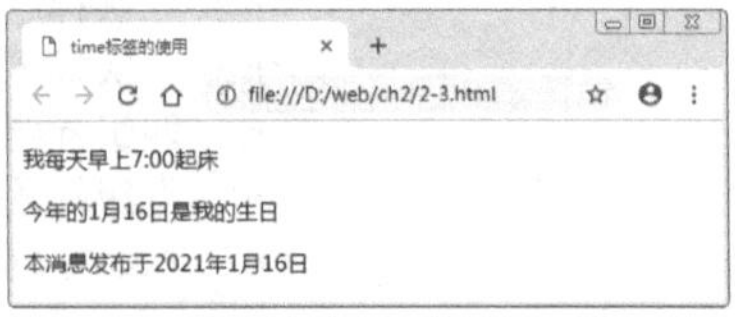

图 2-3　<time>标签示例

2.3.2 标记标签<mark>

<mark>标签用来定义带记号的文本，其主要功能是在文本中高亮显示某个或某几个字符，旨在引起用户的特别注意。

【例2-4】 使用<mark>标签设置文本高亮显示。本例在浏览器中的显示效果如图2-4所示。

```
<!DOCTYPE html>
<html>
    <head>
        <meta charset="UTF-8">
        <title>mark 标签示例</title>
    </head>
    <body>
        <h3>爱心包装的<mark>经营宗旨</mark></h3>
        <p>爱心包装采用<mark>标准化</mark>和<mark>定制化</mark>服务相结合的经营模式，为客户提供持续的优良产品生产服务和品质保证。
    </body>
</html>
```

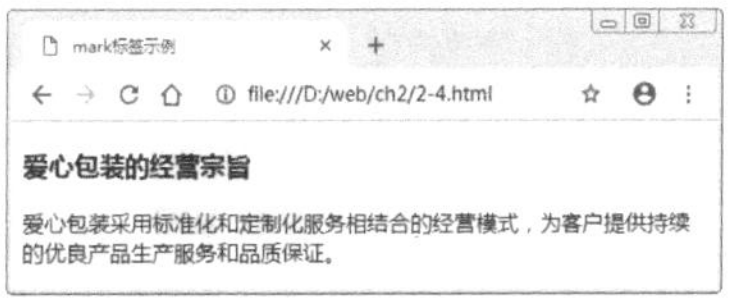

图2-4 <mark>标签示例

2.3.3 引用标签<cite>

<cite>标签可以创建一个引用标记，用于对文档参考文献的引用说明。一旦在文档中使用了该标签，被标记的文档内容将以斜体的样式显示在页面中，以区别于段落中的其他字符。

【例2-5】 使用<cite>标签设置文档引用说明。本例在浏览器中的显示效果如图2-5所示。

```
<!DOCTYPE html>
<html>
    <head>
        <meta charset="UTF-8">
        <title>cite 标签示例</title>
    </head>
    <body>
        <p>天下大势，分久必合，合久必分。</p>
        <cite>——罗贯中《三国演义》</cite>
    </body>
</html>
```

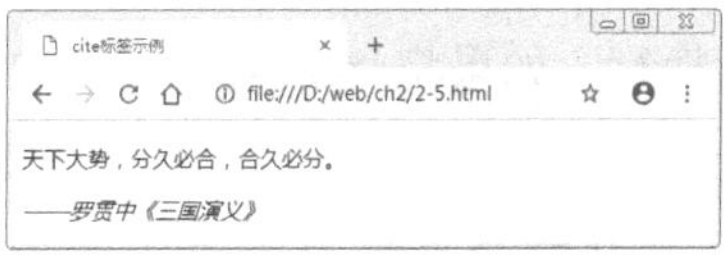

图2-5 <cite>标签示例

2.4 基本排版元素

段落和水平线属于最基本的文档结构元素。在网页制作过程中，通过段落的排版即可制作出简单的网页。以下讲解基本的文档结构元素。

2.4.1 段落标签<p>

由于浏览器忽略用户在HTML编辑器中输入的回车符，为了使文字段落排列得整齐、清晰，常用段落标签<p>…</p>实现这一功能。段落标签<p>是HTML格式中特有的段落元素，在HTML格式里不需要在意文章每行的宽度，不必担心文字太长而被截掉，它会根据窗口的宽度自动转折到下一行。段落标签的格式如下。

```
<p align="left|center|right"> 文字 </p>
```

【例2-6】 列出包含<p>标签的多种属性。本例在浏览器中的显示效果如图2-6所示。

```
<!DOCTYPE html>
<html>
    <head>
        <meta charset="UTF-8">
        <title>段落p标签示例</title>
    </head>
    <body>
        <p>爱心包装新闻发布</p>
        <p>编辑：王老虎</p>
        <p>爱心包装有限公司获得北京开发区百强企业荣誉称号。2021年1月，百强企业表彰大会在开发区投资服务中心举行。</p>
        <p>Copyright &copy; 2021 爱心包装</p>
    </body>
</html>
```

图2-6 <p>标签示例

【说明】段落标签<p>会在段落前后加上额外的空行，相当于使段落间的间距加了两个换行标签
，用以区别不同段落。

▷▷▷ 2.4.2 换行标签

网页内容并不都是像段落那样，有时候没有必要用多个<p>标签去分割内容。如果编辑网页内容只是为了换行，而不是从新段落开始的话，可以使用
标签。

标签将打断HTML文档中正常段落的行间距和换行。将
放在任意一行中都会使该行换行，如果将
放在一行的末尾，可以使后面的文字、图像、表格等显示于下一行，而又不会在行与行之间留下空行，即强制文本换行。换行标签的格式如下。

```
<br/>文字
```

浏览器解释为从该处换行。换行标签单独使用，可使页面清晰、整齐。

【例2-7】 制作爱心包装联系方式的页面。本例的显示效果如图2-7所示。

```
<!DOCTYPE html>
<html>
    <head>
        <meta charset="UTF-8">
        <title>br标签示例</title>
    </head>
    <body>
        <h2>联系方式</h2> QQ：100588023
        <br/> 企业微信号：13501149831
        <br/> 客服邮箱：angel@love.com
        <br/><br/> 客服电话：13501149831
        <br/> 联系人：爱心天使
        <br/>
    </body>
</html>
```

图2-7
标签示例

【说明】用户可以使用段落标签<p>制作页面中较大的行间距，如本例中"客服邮箱"和"客服电话"之间的间距，也可以使用两个
标签实现这一效果。

2.4.3 预格式化标签<pre>

<pre>标签可定义预格式化的文本。<pre>标签中的文本块通常会保留空格和换行符,而文本也会呈现为等线字体。<pre>标签的一个常见应用就是用来表示计算机的源代码。预格式化标签的格式如下:

```
<pre>文本块</pre>
```

【例 2-8】 <pre>标签的基本用法。本例在浏览器中显示的效果如图 2-8 所示。

```
<!DOCTYPE html>
<html>
    <head>
        <meta charset="UTF-8">
        <title>pre 标签示例</title>
    </head>
    <body>
        <pre>
            这是
            预格式文本。
            它保留了      空格
            和换行。
        </pre>
        <p>pre 标签很适合显示计算机代码:</p>
        <pre>
            for i = 1 to 10
                print i
            next i
        </pre>
    </body>
<html>
```

图 2-8 <pre>标签示例

【说明】<pre>标签所定义的文本块里不允许包含使段落断开的标签(例如<h#>标签、<p>标签)。

2.4.4 缩排标签<blockquote>

<blockquote>标签可定义一个文本块引用。<blockquote>与</blockquote>之间的所有文本都会从常规文本中分离出来,通常在左、右两边进行缩进,而且有时使用斜体。也就是说,文本块引用拥有自己的空间。缩排标签的格式如下:

```
<blockquote>文本块</blockquote>
```

【例 2-9】 <blockquote>标签的基本用法。本例在浏览器中的显示效果如图 2-9 所示。

```
<!DOCTYPE html>
<html>
    <head>
        <meta charset="UTF-8">
        <title>blockquote 标签示例</title>
    </head>
    <body>
        <p align="center">爱心包装经营宗旨</p>
```

图 2-9 <blockquote>标签示例

```
<blockquote>
    爱心包装采用标准化和定制化服务相结合的经营模式，以高品质产品为立足点，以
技术服务于市场为导向，为客户提供持续的优良产品生产服务和品质保证。
</blockquote>
    请注意，浏览器在 blockquote 标签前后添加了换行，并增加了外边距。
</body>
<html>
```

【说明】浏览器会自动在<blockquote>标签前后进行换行，并增加外边距。

2.4.5 水平线标签<hr/>

水平线可以作为段落与段落之间的分隔线，使得文档结构清晰、层次分明。当浏览器解释到 HTML 文档中的<hr/>标签时，会在此处换行，并加入一条水平线段。水平线标签的格式如下。

<hr/>

【例 2-10】 <hr/>标签的基本用法。本例在浏览器中的显示效果如图 2-10 所示。

```
<!DOCTYPE html>
<html>
    <head>
        <meta charset="UTF-8">
        <title>hr 标签示例</title>
    </head>
    <body>
        <p>爱心包装新闻发布
            <hr/> 爱心包装有限公司获得北京开发区百强企业荣誉称号。
        </p>
    </body>
<html>
```

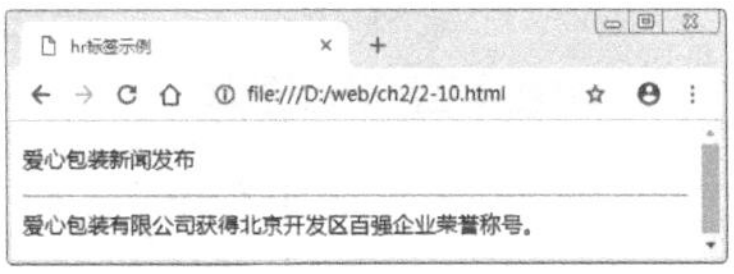

图 2-10　<hr/>标签示例

【说明】<hr/>标签强制执行一次换行，将导致段落的对齐方式重新回到默认设置。

2.4.6 案例——制作爱心包装品牌简介页面

经过前面文档结构元素的学习，接下来使用基本的段落排版制作爱心包装品牌简介页面。

【例 2-11】 制作爱心包装品牌简介页面。本例在浏览器中的显示效果如图 2-11 所示。

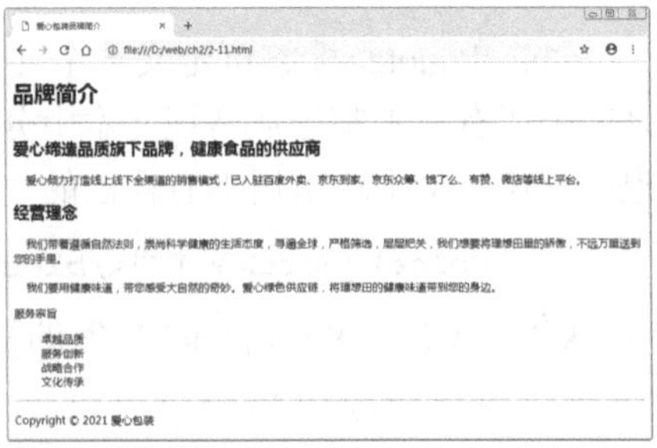

```
<!DOCTYPE html>
    <html>
        <head>
            <meta charset="UTF-8">
            <title>爱心包装品牌简介</title>
        </head>
        <body>
            <h1>品牌简介</h1>
            <!--一级标题-->
            <hr/>
            <!--水平分隔线-->
            <h2>爱心缔造品质旗下品牌，健康食品的供应商</h2>
            <p>    爱心倾力打造线上线下……（此处省略文字）</p>
            <h2>经营理念</h2>
            <!--二级标题-->
            <p>
```

图 2-11　爱心包装品牌简介页面显示效果

```
                            我们带着遵循自然……（此处省略文字）<br />
<br />
                        <!--换行-->
                            我们要用健康味道，带您……（此处省略文字）
                    </p>
                    服务宗旨<br/>
                    <blockquote>
                        卓越品质<br/> 服务创新
                        <br/> 战略合作
                        <br/> 文化传承
                    </blockquote>
                    <hr>
                    <!--水平分隔线-->
                    <p>
                        Copyright &copy; 2021 爱心包装
                    </p>
            </body>
        </html>
```

▷▷ 2.5 列表元素

8 列表元素

列表是以结构化、易读性的方式提供信息的方法。列表不但使用户可以方便地查找重要的信息，而且使文档结构更加清晰明了。在制作网页时，列表经常用于写提纲和品种说明书。通过列表标签的使用能使这些内容在网页中条理清晰、层次分明、格式美观地表现出来。本节将重点介绍列表元素的使用。列表按形式主要分为：无序列表、有序列表、定义列表以及嵌套列表等。

▷▷ 2.5.1 无序列表

无序列表就是列表中列表项的前导符号没有一定的次序，而是用黑点、圆圈、方框等一些特殊符号标识。无序列表使列表项的结构更清晰，更合理。

当创建一个无序列表时，主要使用 HTML 的<ul>标签和<li>标签来标记。其中，<ul>标签标识一个无序列表的开始；<li>标签标识一个无序列表项。无序列表标签的格式如下。

```
<ul>
    <li> 第一个列表项
    <li> 第二个列表项
    …
</ul>
```

从浏览器上看，无序列表的特点是列表作为一个整体，与上下文本段间各有一行空白；列表项向右缩进并左对齐，每行前面有项目符号。

【例 2-12】 使用无序列表显示爱心乐园的文章分类。本例在浏览器中的显示效果如图 2-12 所示。

```
<!DOCTYPE html>
<html>
    <head>
        <meta charset="UTF-8">
        <title>无序列表</title>
```

图 2-12 无序列表示例

```
        </head>
        <body>
            <h2>文章分类</h2>
            <ul>
                <li>科技前沿
                <li>爱心社区
                <li>心得体验
                <li>爱心学堂
            </ul>
        </body>
</html>
```

2.5.2 有序列表

有序列表是一个有特定顺序的列表项的集合。在有序列表中，各个列表项有先后顺序之分，因此以编号来标记各列表项。使用<ol>标签可以创建有序列表，列表项的标签仍为<li>。有序列表标签的格式如下。

```
<ol>
    <li> 第一个列表项
    <li> 第一个列表项
    ...
</ol>
```

在浏览器中显示时，有序列表中整个列表与上下文本段之间各有一行空白；列表项向右缩进并左对齐；各列表项前带顺序号。

【例2-13】使用有序列表显示爱心学堂注册步骤。本例在浏览器的显示效果如图2-13所示。

```
<!DOCTYPE html>
<html>
    <head>
        <meta charset="UTF-8">
        <title>有序列表</title>
    </head>
    <body>
        <h2>爱心学堂注册步骤</h2>
        <ol>
            <li>填写会员信息；
            <li>接收电子邮件；
            <li>激活会员账号；
            <li>注册成功。
        </ol>
    </body>
</html>
```

图2-13 有序列表示例

2.5.3 定义列表

定义列表又称为释义列表或字典列表，定义列表不是带有前导字符的列项目，而是一系列术语以及与其相关的解释。当创建一个定义列表时，主要用到3个HTML标签：<dl>标签、<dt>标签和<dd>标签。定义列表标签的格式如下。

```
<dl>
    <dt>…第一个标题项…</dt>
```

```
            <dd>…对第一个标题项的解释文字…</dd>
            <dt>…第二个标题项…</dt>
            …
            <dd>…对第二个标题项的解释文字…</dd>
        </dl>
```

在<dl>、<dt>和<dd>3个标签的组合中，<dt>是标题，<dd>是内容，<dl>可以看作承载标题和内容的容器。当出现多组这样的标签组合时，应尽量使用一个<dt>标签搭配一个<dd>标签的方法。如果<dd>标签中内容很多，可以嵌套<p>标签使用。

【例 2-14】 使用定义列表显示爱心学堂联系方式。本例在浏览器中的显示效果如图 2-14 所示。

```
<!DOCTYPE html>
<html>
    <head>
        <meta charset="UTF-8">
        <title>定义列表</title>
    </head>
    <body>
        <h2>爱心学堂联系方式</h2>
        <dl>
            <dt>电话：</dt>
            <dd>13501149831</dd>
            <dt>地址：</dt>
            <dd>北京市开发区喜来登商务大厦</dd>
        </dl>
    </body>
</html>
```

图 2-14 定义列表示例

【说明】在本例中，<dl>列表中每一个列表项的名称不再用<li>标签，而是用<dt>标签进行标记，后面跟着由<dd>标签标记的条目定义或解释。默认情况下，浏览器一般会在左边界显示条目的名称，并在下一行以缩进形式显示其定义或解释。

▷▷▷ 2.5.4 嵌套列表

嵌套列表就是无序列表与有序列表嵌套混合使用。嵌套列表可以把页面分为多个层次，给人以层次感。有序列表和无序列表不仅可以自身嵌套，而且可以彼此互相嵌套。嵌套方式可分为：无序列表中嵌套无序列表、有序列表中嵌套有序列表、无序列表中嵌套有序列表、有序列表中嵌套无序列表等方式，读者需要灵活掌握。

【例 2-15】 制作爱心乐园页面。本例在浏览器中的显示效果如图 2-15 所示。

```
<!DOCTYPE html>
<html>
    <head>
        <meta charset="UTF-8">
        <title>嵌套列表</title>
    </head>
    <body>
        <h2>爱心乐园</h2>
        <ul>
```

图 2-15 页面显示效果

```
            <li>文章分类
                <ul>
                    <li>科技前沿
                    <li>爱心社区
                    <li>心得体验
                    <li>爱心学堂
                </ul>
                <hr />
                <!--水平分隔线-->
            <li>爱心学堂注册步骤
                <ol>
                    <li>填写会员信息；
                    <li>接收电子邮件；
                    <li>激活会员账号；
                    <li>注册成功。
                </ol>
                <hr />
                <!--水平分隔线-->
            <li>爱心学堂联系方式
                <dl>
                    <!--嵌套定义列表-->
                    <dt>电话：</dt>
                    <dd>13501149831</dd>
                    <dt>地址：</dt>
                    <dd>北京市开发区喜来登商务大厦</dd>
                </dl>
        </ul>
    </body>
</html>
```

▷▷ 2.6 图像元素

图像是美化网页最常用的元素之一。HTML 的一个重要特性就是可以在文本中加入图像，既可以把图像作为文档的内在对象加入，又可以作为超链接加入，同时还可以将图像作为背景加入。

▷▷▷ 2.6.1 网页图像的常用格式

1．常用的网页图像格式

虽然计算机图像格式有很多种，但由于受网络带宽和浏览器的限制，在网页上常用的图像格式有 3 种：GIF、JPEG 和 PNG。

（1）GIF

GIF 是 Internet 上应用最广泛的图像文件格式之一，是一种索引颜色的图像格式。它的特点是体积小、支持小型翻页型动画。GIF 图像最多可以使用 256 种颜色，最适合用于徽标、图标、按钮和其他颜色及风格比较单一的图片。

（2）JPEG

JPEG 也是 Internet 上应用最广泛的图像文件格式之一，适用于摄影或连续色调的图像。JPEG 图像可以包含多达数百万种颜色，因此 JPEG 格式的文件体积较大，图片质量较佳。通常可以通过压缩 JPEG 文件在图像品质和文件大小之间取得良好的平衡。当对图片的质量有要求时，建议使用此格式。

（3）PNG

PNG 是一种新型的无专利权限的图像格式，兼有 GIF 和 JPEG 的优点。它的显示速度很快，只须下载 1/64 的图像信息就可以显示出低分辨率的预览图像。它可以用来代替 GIF 格式，同样支持透明层，在质量和体积方面都具有优势，适合在网络中传输。

2. 使用网页图像的要点

1）高质量的图像因其图像体积过大，不太适合网络传输。一般在网页设计中选择的图像不要超过 8KB，如必须选用较大图像，可先将其分成若干小图像，显示时再通过表格将这些小图像拼合起来。

2）当在同一文件中多次使用相同的图像时，最好使用相对路径查找该图像。相对路径是相对于文件而言的，从相对文件所在目录依次往下直到文件所在的位置。例如，文件 X.Y 与 A 文件夹在同一目录下，文件 B.A 在目录 A 下的 B 文件夹中，文件 B.A 相对于文件 X.Y 的相对路径则为 A/B/B.A，如图 2-16 所示。

图 2-16　相对路径

▷▷▷ 2.6.2　图像标签<img>

9　图像元素 img

在 HTML 中，用<img>标签在网页中添加图像，图像是以嵌入的方式添加到网页中的。图像标签的格式如下。

```
<img src="图像文件名" alt="替代文字" title="鼠标悬停提示文字" width="图像宽度"
    height="图像高度" border="边框宽度" hspace="水平空白" vspace="垂直空白"
    align="环绕方式|对齐方式" />
```

<img>标签的常用属性见表 2-3，其中 src 是必需的属性。

表 2-3　<img>标签的常用属性

属　性	说　明
src	指定图像源，即图像的 URL 路径
alt	图像无法显示时用以代替图像的说明文字
title	为浏览者提供额外的提示或帮助信息，方便用户使用
width	指定图像的显示宽度（像素数或百分数），通常设为图像的真实大小以免失真。若需要改变图像大小，最好事先使用图像编辑工具进行修改。百分数是指相对于当前浏览器窗口的百分比
height	指定图像的显示高度（像素数或百分数）
border	指定图像的边框大小，用数字表示，默认单位为像素，默认情况下图片没有边框，即 border=0
hspace	设置图片左侧和右侧的空白像素数（水平边距）
vspace	设置图片顶部和底部的空白像素数（垂直边距）
align	指定图像的对齐方式，设置图像在水平（环绕方式）或垂直方向（对齐方式）上的位置，包括 left（图像居左，文本在图像的右边）、right（图像居右，文本在图像的左边）、top（文本与图像在顶部对齐）、middle（文本与图像在中央对齐）、bottom（文本与图像在底部对齐）

需要注意的是，对于 width 和 height 属性，如果只设置了其中一个属性，则另一个属性会根据已设置的属性按原图等比例显示。如果对两个属性都进行了设置，且其比例和原图大小的比例不一致，那么显示的图像会相对于原图变形或失真。

1．图像的替换文本说明

由于网络过忙或者用户在图片还没有下载完全就单击了浏览器的停止键，导致用户不能在浏览器中看到图片，这时使用替换文本说明就十分有必要了。替换文本说明应该简洁而清晰，能为用户提供足够的图片说明信息，在无法看到图片的情况下也可以了解图片的内容信息。

2．调整图像大小

在 HTML 中，通过<img>标签的 width 和 height 属性来调整图像大小，其目的是通过指定图像的宽度和高度加快图像的下载速度。默认情况下，页面中显示的是图像的原始大小。如果不设置 width 和 height 属性，浏览器就要等到图像下载完毕才显示网页，因此延缓了其他页面元素的显示。

width 和 height 属性的单位可以是像素，也可以是百分比。百分比表示图像显示大小占浏览器窗口大小的百分比。

例如，设置产品图像的宽度和高度的代码如下。

```
<img src="images/prod.jpg" width="200" height="150">
```

3．图像的边框

在网页中显示的图像如果没有边框，会显得有些单调，可以通过<img>标签的 border 属性为图像添加边框，添加边框后的图像显得更醒目、美观。

border 属性的值用数字表示，单位为像素；默认情况下图像没有边框，即 border=0；图像边框的颜色不可调整，为黑色；当图片作为超链接使用时，图像边框的颜色和文字超链接的颜色一致，默认为深蓝色。

【例 2-16】 图像的基本用法。本例在浏览器中正常显示的效果如图 2-17 所示；当显示的图像路径错误时，显示效果如图 2-18 所示。

```
<!DOCTYPE html>
<html>
    <head>
        <meta charset="UTF-8">
        <title>图像的基本用法</title>
    </head>
    <body>
        <img src="images/prod.jpg" width="275" height="304" border="1" alt="产品简介" title="爱心包装" />
    </body>
</html>
```

图 2-17　正常显示的图像效果

图 2-18　图像路径错误时的显示效果

【说明】 ① 当显示的图像不存在时，页面中图像的位置将显示出网页图片丢失的信息，但由于设置了 alt 属性，因此在图像占位符上显示出替代文字"产品简介"；同时，由于设置了 title

属性，因此在图像占位符上还显示出提示信息"爱心包装"。

② 在使用<img>标签时，最好同时使用 alt 属性和 title 属性，避免图片路径错误引起的错误信息；同时，增加了鼠标提示信息也方便了浏览者使用。

2.6.3 设置网页背景图像

在网页中可以利用图像作为背景，就像在照相的时候取背景一样。但是要注意不要让背景图像影响网页内容的显示，因为背景图像只是起到渲染网页的作用。此外，背景图片最好不要设置边框，这样有利于生成无缝背景。

设置背景属性时，属性值为背景图像路径（URL）。如果图像尺寸小于浏览器窗口尺寸，那么图像将在整个浏览器窗口进行复制。格式如下。

```
<body background="背景图像路径">
```

设置网页背景图像应考虑以下要点。
1）背景图像是否增加了页面的加载时间，背景图像文件大小不应超过 10KB。
2）背景图像是否与页面中的其他图像搭配良好。
3）背景图像是否与页面中的文字颜色搭配良好。

【例 2-17】 设置网页背景图像。本例在浏览器中的显示效果如图 2-19 所示。

```
<!DOCTYPE html>
<html>
    <head>
        <meta charset="UTF-8" />
        <title>设置网页背景图像</title>
    </head>
    <body background="images/prod.jpg">
    </body>
</html>
```

图 2-19 设置网页背景图像示例

2.6.4 图文混排

在制作网页的时候往往要在网页中的某个位置插入一个图像，使文本环绕在图像的周围。<img>标签的 align 属性用来指定图像与周围元素的对齐方式，实现图文混排效果，其取值见表 2-4。

表 2-4 align 属性常用取值及说明

align 的取值	说　　明
left	在水平方向上向上左对齐
center	在水平方向上向上居中对齐
right	在水平方向上向上右对齐
top	图片顶部与同行其他元素顶部对齐
middle	图片中部与同行其他元素中部对齐
bottom	图片底部与同行其他元素底部对齐

与其他元素不同的是，图像的 align 属性既包括水平对齐方式，又包括垂直对齐方式。align 属性的默认值为 bottom。

2.6.5 案例——制作爱心包装经营模式图文简介页面

【例 2-18】 制作爱心包装经营模式图文简介页面。本例在浏览器中的显示效果如图 2-20 所示。

```
<!DOCTYPE html>
<html>
    <head>
        <meta charset="UTF-8" />
        <title>爱心包装经营模式图文简介</title>
    </head>
    <body>
        <h1 align="center">经营模式</h1>
        <hr/>
        <img src="images/prod.jpg" width="200" height="221" align="right" hspace="20" vspace="10" alt="经营模式" /> 爱心包装采用标准化和定制化服务……（此处省略文字）
        <br/> <br/> 我们已和知名企业客户累积合作金额……（此处省略文字）
    </body>
</html>
```

图 2-20　图文混排显示效果

【说明】① 本例中为图像设置了 align="right"，实现了图像居右、文字居左的图文混排效果；同时还为图像设置了 hspace="20"和 vspace="10"，定义了图像和文字之间的水平间距和垂直间距。

② 如果不设置文本对图像的环绕，图像将在页面中占用一整片空白区域。

2.7 超链接

HTML 的主要优点在于能够轻而易举地实现互联网上的信息访问、资源共享。HTML 可以链接到其他的网页、图像、多媒体、电子邮件地址、可下载的文件等。

2.7.1 超链接概述

1. 超链接的定义

超链接（Hyperlink）是指从一个网页指向一个目标的链接关系，这个目标可以是另一个网页，也可以是相同网页上的不同位置，还可以是一个图片，一个电子邮件地址，一个文件，甚至是一个应用程序。

超链接是一个网站的精髓，它在本质上属于网页的一部分，通过超链接将各个网页链接在一起后，才能真正构成一个网站。超链接除了可链接文本外，也可链接各种媒体，如声音、图像和动画等，从而将网站建设成一个丰富多彩的多媒体世界。

当网页中包含超链接时，其外观形式为彩色（一般为蓝色）且带下画线的文字或图像。单击这些文本或图像，可跳转到相应位置。鼠标指针指向超链接时，将变成手形。

2. 超链接的分类

根据目标文件的不同，可将超链接分为页面超链接、锚点超链接、电子邮件超链接等；根据单击对象的不同，可将超链接分为文字超链接、图像超链接、图像映射超链接等。

3．路径

创建超链接之前必须先了解链接与被链接文本的路径。在一个网站中，路径通常有 3 种表示方式：绝对路径、根目录相对路径和文档目录相对路径。

（1）绝对路径

绝对路径是包括通信协议名、服务器名、路径及文件名的完全路径。如链接清华大学信息科学技术学院首页，绝对路径是 http://www.sist.tsinghua.edu.cn/docinfo/index.jsp。如果站点之外的文档在本地计算机上，比如链接 D 盘 book 目录下的 default.html 文件，那么它的路径就是 file:///D:/book/default.html。这种完整地描述文件位置的路径也是绝对路径。

（2）根目录相对路径

根目录相对路径的根是指本地站点文件夹（根目录），以"/"开头，路径是从当前站点的根目录开始计算。比如一个网页链接或引用站点根目录下 images 目录中的一个图像文件 a.gif，用根目录相对路径表示就是/images/a.gif。

（3）文档目录相对路径

文档目录相对路径是指当前文档所在的文件夹，也就是以当前文档所在的文件夹为基础开始计算路径。文档目录相对路径适合用于创建网站内部链接。它是以当前文件所在的路径为起点，进行相对文件的查找。

▷▷▷ 2.7.2 超链接的应用

10　超链接元素 a

1．创建锚点

锚点与超链接的文字可以在同一个页面，也可以在不同的页面。在实现锚点超链接之前，需要先创建锚点，通过创建的锚点才能对页面的内容进行引导与跳转。创建锚点的语法格式如下。

```
<a href="url" title="指向链接显示的文字" target="窗口名称"> 热点文本 </a>
```

其中，锚点的名称可以是数字或英文字母，也可以是两者混合。在同一页面中可以有多个锚点，但锚点名称不能相同。创建超链接时，href 属性定义了这个超链接所指的目标地址，也就是路径。如果要创建一个不链接到其他位置的空超链接，可用"#"代替 URL。

target 属性用于设置超链接被单击后所要开始打开窗口的方式，有以下 4 种方式。

_blank：在新窗口中打开被链接文档。

_self：默认。在相同的框架中打开被链接文档。

_parent：在父框架集中打开被链接文档。

_top：在整个窗口中打开被链接文档。

2．在不同页面中使用锚点

在不同页面中使用锚点，就是在当前页面与其他相关页面之间创建超链接。根据目标文件与当前文件的目录关系，有 4 种写法。注意，超链接应该尽量采用相对路径。

（1）链接到同一目录内的网页文件

格式如下。

```
<a href="目标文件名.html"> 热点文本 </a>
```

其中，"目标文件名"是超链接所指向的文件。

（2）链接到下一级目录中的网页文件

格式如下。

    `<a href="子目录名/目标文件名.html">` 热点文本 `</a>`

（3）链接到上一级目录中的网页文件

格式如下。

    `<a href="../目标文件名.html">` 热点文本 `</a>`

其中，"../"表示退到上一级目录中。

（4）链接到同级目录中的网页文件

格式如下。

    `<a href="../子目录名/目标文件名.html">` 热点文本 `</a>`

表示先退到上一级目录中，再进入目标文件所在的目录。

3．书签超链接

在浏览页面时，如果页面篇幅很长，需要不断地拖动滚动条，给浏览带来不便。为了使浏览者既可以从头阅读到尾，又可以很快找到自己感兴趣的特定内容进行部分阅读，这个时候就可以通过书签超链接来实现。当浏览者单击页面上的某一"标签"，就能自动跳到网页相应的位置进行阅读，给浏览者带来方便。

书签就是用`<a>`标签对网页元素做一个记号，其功能类似于用于固定船的锚。如果页面中有多个书签超链接，对不同目标元素要设置不同的书签名。书签名在`<a>`标签的 name 属性中定义，格式如下。

    `<a name="记号名">` 目标文本附近的内容 `</a>`

（1）页面内的书签超链接

要在当前页面内实现书签超链接，需要定义两个标签：一个为超链接标签，另一个为书签标签。超链接标签的格式如下。

    `<a href="#记号名">` 热点文本 `</a>`

即单击"热点文本"，将跳转到"记号名"开始的网页元素。

（2）其他页面的书签超链接

书签超链接还可以在不同页面间进行链接。当单击书签超链接标题，页面会根据超链接中的 href 属性所指定的地址，将网页跳转到目标地址中书签名称所表示的内容。要在其他页面内实现书签超链接，需要定义两个标签：一个为当前页面的超链接标签，另一个为跳转页面的书签标签。当前页面的超链接标签的格式如下。

    `<a href="目标文件名.html #记号名">` 热点文本 `</a>`

即单击"热点文本"，将跳转到目标页面"记号名"开始的网页元素。

4．下载文件超链接

当需要在网站中提供资料下载功能时，就需要为资料文件提供下载链接。如果超链接指向的不是一个网页文件，而是其他文件，如 zip、rar、mp3、exe 文件等，单击超链接时就会下载相应的文件。格式如下。

    `<a href="文件路径">` 热点文本 `</a>`

例如，下载一个包装指南的压缩包文件 guide.rar，可以创建如下超链接。

包装指南:<a href="guide.rar">下载</a>

5．电子邮件超链接

网页中的电子邮件地址超链接，可以使网页浏览者将有关信息以电子邮件的形式发送给电子邮件的接收者。通常情况下，接收者的电子邮件地址位于网页页面的底部。当用户单击电子邮件超链接，系统会自动启动默认的电子邮件软件，打开一个邮件窗口。格式如下。

    <a href="mailto:E-mail 地址"> 热点文本 </a>

例如，E-mail 地址是 angel@love.com，可以创建如下超链接。

    电子邮件:<a href="mailto: angel@love.com">联系我们</a>

▷▷▷ **2.7.3　案例——制作爱心包装下载专区页面**

【例 2-19】 制作爱心包装下载专区页面。本例文件 2-19.html 和 2-19-doc.html 在浏览器中的显示效果如图 2-21、2-22 所示。

图 2-21　页面之间的链接

图 2-22　下载文件链接

页面 2-19.html 的代码如下。

```
<!DOCTYPE html>
<html>
    <head>
        <meta charset="UTF-8" />
        <title>爱心包装下载专区</title>
    </head>
    <body>
        <h2><a name="top">下载专区</a></h2>
        分类/标题<br/>
```

```html
        <hr>
        <!--水平分隔线-->
        <a href="2-19-doc.html" target="_blank">市场营销文档</a><br/>
        <a href="#" target="_blank">产品包装文档</a><br/>
        <a href="#" target="_blank">技术手册文档</a><br/>
        <a href="#" target="_blank">日常维护文档</a><br/>
        <a href="#" target="_blank">工程合同文档</a><br/>
    </body>
</html>
```

页面 2-19-doc.html 的代码如下。

```html
<!DOCTYPE html>
<html>
    <head>
        <meta charset="UTF-8" />
        <title>下载文档详细页面</title>
    </head>
    <body>
        <h2><a name="top">技术文档</a></h2>
        <hr>
        <!--水平分隔线-->
        <img src="images/doc.jpg" align="left" hspace="20" />市场营销文档<br/><br/> 下载次数：    20
        <br/><br/> 文件大小：    19.33 k<br/><br/> 添加时间：    2021-01-12
        <br/><br/><br/><br/><br/>
        <h2><a name="top">下载</a></h2>
        <hr1>
        <!--水平分隔线-->
        文件名称：市场营销文档  文件大小：19.33 KB    
        <a href="guide.rar">下载</a> <br/><br/> 和我联系：
        <a href="mailto:angel@love.com">爱心包装下载专区</a>  
        <a href="#top">返回页顶</a>
    </body>
</html>
```

【说明】 在下载专区页面中，将鼠标指针移动到下载文档的超链接时，鼠标指针变为手形，单击文档标题超链接，则打开指定的网页 2-19-doc.html。如果在<a>标签中省略属性 target，则在当前窗口中显示；当 target="_blank"时，将在新的浏览器窗口中显示。

▷▷ 2.8 div 元素

11 分区元素 div

前面讲解的几类标签通常用于组织小区块的内容，为了方便管理，有时还需要将许多小区块放到一个大区块中进行布局。div 的英文全称为 division，意为"区分"。区块标签<div>是一个块级元素，用来为 HTML 文档中大区块内容提供结构和背景。它可以把文档分割为独立的、不同的部分，其中的内容可以是任意 HTML 元素。

如果有多个<div>标签把文档分成多个部分，可以使用 id 或 class 属性来区分不同的区块。由于<div>标签没有明显的外观效果，因此需要为其添加 CSS 样式属性，才能看到区块的外观效果。<div>标签的格式如下。

```
<div> HTML 元素 </div>
```

12　范围元素 span

▷▷ 2.9　span 元素

<div>标签主要用来定义网页上的区域，通常用于较大范围的设置，而<span>标签被用来组合文档中的行级元素。

▷▷▷ 2.9.1　基本语法

范围标签<span>用来定义文档中一行的一部分，是行级元素。行级元素没有固定的宽度，根据<span>标签的内容决定。<span>标签的内容主要是文本，其语法格式如下。

```
<span>内容</span>
```

例如，显示企业品牌的广告宣传语，特意将广告宣传语一行中的文字设置为深红色，以吸引浏览者的注意，如图 2-23 所示。代码如下。

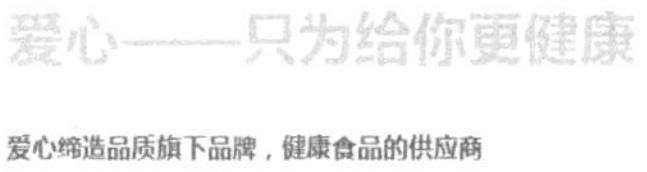

爱心——只为给你更健康

爱心缔造品质旗下品牌，健康食品的供应商

图 2-23　范围标签<span>

```
<span style="color: #e5314f;"> 爱心缔造品质旗下品牌，健康食品的供应商</span>
```

其中，<span>…</span>标签限定页面中某个范围的局部信息，style="color:#e5314f;"用于为范围添加突出显示的样式（深红色）。

▷▷▷ 2.9.2　<span>与<div>标签的区别

<span>与<div>标签都可以用于在网页上产生区域范围，以定义不同的文字段落，且区域间彼此是独立的。不过，两者在使用上还是有一些差异。

1．区域内是否换行

<div>标签区域内的对象与区域外的上下文会自动换行，而<span>标签区域内的对象与区域外的对象不会自动换行。

2．标签相互包含

<div>与<span>标签可以同时在网页上使用，一般用<div>标签包含<span>标签；<span>标签最好不包含<div>标签，否则会造成<span>标签的区域不完整，形成断行的现象。

▷▷▷ 2.9.3　使用<div>和<span>标签布局网页内容

本节通过一个综合的案例讲解如何使用<div>和<span>标签布局网页内容，包括文本、水平线、列表、图像和链接等常见的网页元素。

【例 2-20】使用<div>和<span>标签布局网页内容，通过为<div>标签添加 style 样式设置分区的宽度、高度及背景色区块的外观效果。本例在浏览器中的显示效果如图 2-24 所示。

图 2-24　用<div>和<span>标签布局网页示例

```
<!DOCTYPE html>
<html>
    <head>
```

```html
            <meta charset="UTF-8">
            <title>使用<div>标签和<span>标签布局网页内容</title>
        </head>
        <body>
            <div style="width:720px; height:170px; background:#ddd">
                <h2 align="center">会员注册步骤</h2>
                <hr/>
                <ol>
                    <li>填写会员信息（请填写您的个人信息）
                    <li>接收电子邮件（网站将向您发送电子邮件）
                    <li>激活会员账号（请您打开邮件，激活会员账号）
                    <li>注册成功（会员注册成功，欢迎您成为我们的一员）
                </ol>
            </div>
            <div style="width:718px;height:56px;border:1px solid #f96;text-align:center">
                <span><img src="images/logo.png" align="middle"/>  版权 &copy; 2021 爱心包装</span>
            </div>
        </body>
</html>
```

【说明】① 本例中设置了两个分区：内容分区和版权分区。

② 内容分区中<div>标签的样式为 style="width:720px; height:170px; background:#ddd"，表示分区的宽度为 720px，高度为 170px 及背景色为浅灰色。

③ 版权分区中<div>标签的样式为 style="width:718px;height:56px;border:1px solid #f96;text-align:center "，表示分区的宽度为 718px，高度为 56px 及边框为 1px 橘红色实线。

④ 版权分区中的<span>标签的内容包括图像和文本两种行级元素。

习题 2

1. 使用段落与文字的基本排版技术制作如图 2-25 所示的页面。
2. 使用图文混排技术制作如图 2-26 所示的爱心包装公司简介页面。

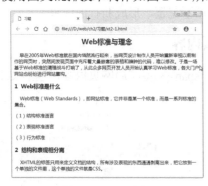

图 2-25 题 1 图

图 2-26 题 2 图

3. 使用锚点超链接和电子邮件超链接制作如图 2-27 所示的网页。
4. 使用嵌套列表制作如图 2-28 所示的爱心包装公司名片页面。

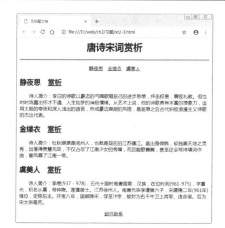 

图 2-27　题 3 图　　　　　　　图 2-28　题 4 图

第 3 章　HTML5 页面的布局与交互

网页的布局指对网页上元素的位置进行合理的安排，布局好的网页往往给浏览者带来赏心悦目的感受；表单是网站管理者与访问者之间进行信息交流的桥梁，网页管理者可以利用表单收集用户意见，作出科学决策。前面讲解了网页的基本排版方法，并未涉及网页的布局与页面交互，本章将重点讲解使用 HTML 标签实现页面布局及页面交互的方法。

3.1 使用结构标签构建网页布局

HTML5 可以使用结构标签构建网页布局，使 Web 设计和开发变得容易起来。HTML5 提供的各种切割和划分页面的手段允许用户创建切割组件，这些切割组件不仅能用来逻辑地组织站点，而且能够赋予网站聚合的能力。HTML5 可谓是"信息到网站设计的映射方法"，因为它体现了信息映射的本质，即划分信息并给信息加上标签，使信息变得容易使用和理解。

在 HTML5 中，为了使文档的结构更加清晰明确，通常使用文档结构元素构建网页布局。HTML5 中的主要文档结构标签包括以下内容。

<section>标签：用于定义文档中的一段或者一节。

<nav>标签：用于构建导航链接。

<header>标签：用于定义页面的页眉。

<footer>标签：用于定义页面的页脚。

<article>标签：用于定义页面、应用程序或网站中一体化的内容。

<aside>标签：用于定义与页面内容相关、但有别于主要内容的部分。

<hgroup>标签：用于定义段或者节的标题。

<time>标签：用于定义日期和时间。

<mark>标签：用于定义文档中需要突出的文字。

使用结构元素构建网页布局的典型布局如图 3-1 所示。

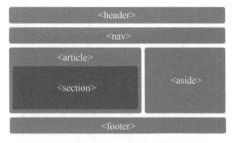

图 3-1　使用结构元素构建网页布局示例

3.1.1　区段标签<section>

<section>标签用来定义文档中的节（section、区段），比如章节、页眉、页脚或文档中的其他部分。例如，下面的代码定义了文档中的区段，用于解释 CSS 的含义。

```
<section>
   <h1> CSS</h1>
   <p>是 Cascading Style Sheets（层叠样式表单）的简称</p>
</section>
```

3.1.2　导航标签<nav>

<nav>标签用来定义导航链接的部分。例如，下面的代码定义了导航条中常见的首页、上一页和下一页链接。

```
<nav>
    <a href="index.html">首页</a>
    <a href="prev.html">上一页</a>
    <a href="next.html">下一页</a>
</nav>
```

3.1.3 页眉标签<header>

<header>标签用来定义页面的页眉。例如，下面的代码定义了文档的欢迎信息。

```
<header>
    <h1>欢迎光临我的主页</h1>
    <p>我的名字是王老虎</p>
</header>
```

3.1.4 页脚标签<footer>

<footer>标签用来定义节（section）或页面（document）的页脚。该标签通常包含网站的版权、创作者的姓名、文档的创作日期及联系信息。例如，下面的代码定义了网站的版权信息。

```
<footer>
    <p>Copyright &copy; 2021 爱心包装 版权所有</p>
</footer>
```

3.1.5 独立内容标签<article>

<article>标签用来定义独立的内容，该标签定义的内容可独立于页面中的其他内容。<article>标签经常应用于论坛帖子、新闻文章、博客条目和用户评论等。

<section>标签可以包含<article>标签，<article>标签也可以包含<section>标签。<section>标签用来将相类似的信息进行分组，而<article>标签则用来放置诸如一篇文章或博客等的信息。这些内容可在不影响上下文含义的情况下被删除或是被放置到新的上下文中。与<article>标签提供了一个完整的信息包相比较，<section>标签包含的是有关联的信息，但这些信息自身不能被放置到不同的上下文中，否则其代表的含义就会丢失。

一个<article>标签通常有它自己的标题（一般放在<header>标签里面），有时还有自己的脚注。

【例 3-1】 使用<article>标签定义新闻内容。本例在浏览器中的显示效果如图 3-2 所示。

```
<!DOCTYPE html>
<html>
    <head>
        <meta charset="UTF-8">
        <title>article 标签示例</title>
    </head>
    <body>
        <article>
            <header>
                <h1>爱心包装产品发布</h1>
```

图 3-2 <article>标签的页面显示效果

```
            <p>发布日期:2021/01/16</p>
        </header>
        <p><b>春节即将来临</b>,爱心包装将发布第一季度...(文章正文)</p>
        <footer>
            <p>Copyright &copy; 2021 爱心包装 版权所有</p>
        </footer>
    </article>
</body>
</html>
```

【说明】 这个示例讲述的是使用<article>标签定义新闻的方法。在<header>标签中嵌入了新闻的标题部分,标题"爱心包装产品发布"被嵌入到<h1>标签中,新闻的发布日期被嵌入到<p>标签中;在标题下面的<p>标签中,嵌入了新闻的正文;在结尾处的<footer>标签中嵌入了新闻的版权,作为脚注。整个示例的内容相对比较独立、完整,因此使用了<article>标签。

<article>标签是可以嵌套使用的,内层的内容在原则上需要与外层的内容相关联。例如,针对该新闻的评论就可以使用嵌套<article>标签的方法实现,评论的<article>标签被包含在整个页面的<article>标签里面。

【例 3-2】 使用嵌套的<article>标签定义新闻内容及评论。本例在浏览器中的显示效果如图 3-3 所示。

图 3-3 嵌套<article>标签的页面显示效果

```
<!DOCTYPE html>
<html>
    <head>
        <meta charset="UTF-8">
        <title>嵌套定义 article 标签示例</title>
    </head>
    <body>
        <article>
            <header>
                <h1>爱心包装产品发布</h1>
                <p>发布日期:2021/01/16</p>
            </header>
            <p><b>春节即将来临</b>,爱心包装将发布第一季度...(文章正文)</p>
            <section>
                <h2>评论</h2>
                <article>
                    <header>
                        <h3>发表者:王小虎</h3>
                        <p>2 小时前</p>
                    </header>
                    <p>我更喜欢月光达人系列,性价比更高。</p>
                </article>
                <article>
                    <header>
                        <h3>发表者:赵小帅</h3>
                        <p>3 小时前</p>
                    </header>
                    <p>我喜欢爱心包装公司出品的……(此处省略文字)。</p>
                </article>
            </section>
```

```
        </article>
    </body>
</html>
```

【说明】① 这个示例相较于例 3-1 内容更加完整了，添加了新闻的评论内容，示例的整体内容还是比较独立、完整的，因此使用了<article>标签。其中，示例的内容又分为几个部分，新闻的标题放在了<header>标签中，新闻正文放在了<header>标签后面的<p>标签中，然后<section>标签把正文与评论部分进行了区分，在<section>标签中嵌入了评论的内容，在评论中的<article>标签中又可以分为标题与评论内容部分，分别放在<header>标签和<p>标签中。

② 在 HTML5 中，<article>标签可以被看作一种特殊的<section>标签，它比<section>标签更强调独立性。即<section>标签强调分段或分块，而<article>标签强调独立性。具体来说，如果一块内容相对来说比较独立、完整，应该使用<article>标签；但是如果用户需要将一块内容分成几段，应该使用<section>标签。另外，用户不要为没有标题的内容区块使用<section>标签。

3.1.6 附属信息标签<aside>

<aside>标签用来表示当前页面或新闻的附属信息部分，它可以包含与当前页面或主要内容相关的引用、侧边栏、广告、导航条，以及其他类似的有别于主要内容的部分。

【例 3-3】 使用<aside>标签定义网页的侧边栏信息。本例在浏览器中的显示效果如图 3-4 所示。

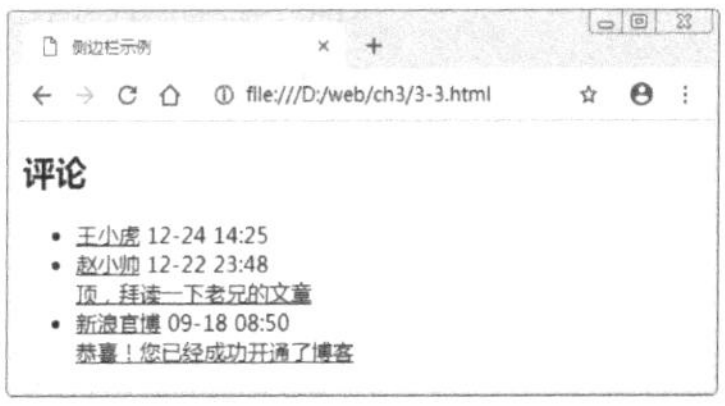

```
<!DOCTYPE html>
<html>
<head>
    <meta charset="UTF-8">
    <title>侧边栏示例</title>
</head>
<body>
<aside>
    <nav>
        <h2>评论</h2>
        <ul>
            <li><a href="http://blog.sina.com.cn/1683">王小虎</a> 12-24 14:25</li>
            <li><a href="http://blog.sina.com.cn/u/1345">赵小帅</a> 12-22 23:48
<br/>
                <a href="http://blog.sina.com.cn/s/1256">顶，拜读一下老兄的文章</a>
            </li>
            <li>
                <a href="http://blog.sina.com.cn/u/1259295385">新浪官博</a>
09-18 08:50<br/>
                <a href="#">恭喜！您已经成功开通了博客</a>
            </li>
        </ul>
    </nav>
</aside>
</body>
</html>
```

图 3-4 <aside>标签的页面显示效果

【说明】本例为一个典型的博客网站中的侧边栏部分，因此将其放在了<aside>标签中；该侧边栏中的导航链接放在<nav>标签中;侧边栏的标题"评论"放在了<h2>标签中;在标题之后使用了一个无序列表<ul>标签,用来存放具体的导航链接。

3.1.7 分组标签

分组标签用于对页面中的内容进行分组。HTML5 中包含 3 个分组标签,分别是<figure>标签、<figcaption>标签和<hgroup>标签。

1. <figure>标签和<figcaption>标签

<figure>标签用于定义独立的流内容(图像、图表、照片、代码等),一般指一个单独的单元。<figure>标签的内容应该与主内容相关,但如果将其删除,也不会对文档流产生影响。<figcaption>标签用于为<figure>标签组添加标题,一个<figure>标签内最多允许使用一个<figcaption>标签,该标签应该放在<figure>标签的第一个或者最后一个子标签的位置。

【例 3-4】 使用<figure>标签和<figcaption>标签将页面内容分组。本例在浏览器中的显示效果如图 3-5 所示。

图 3-5 <figure>和<figcaption>标签的页面显示效果

```
<!DOCTYPE html>
<html>
    <head>
        <meta charset="UTF-8">
        <title>figure 和 figcaption 标签示例</title>
    </head>
    <body>
        <p>爱心包装……(此处省略文字)</p>
        <figure>
            <figcaption>爱心包装公司总部</figcaption>
            <p>编辑:王小虎 时间:2021 年 01 月</p>
            <img src="images/com.jpg">
        </figure>
    </body>
</html>
```

【说明】本例中,<figcaption>标签用于定义文章的标题。

2. <hgroup>标签

<hgroup>标签用于将多个标题(主标题和副标题)组成一个标题组,并与 h1~h6 元素组合使用。通常,将<hgroup>标签放在<header>标签中。

在使用<hgroup>标签时要注意以下几点。

① 如果只有一个标题元素,不建议使用<hgroup>标签。

② 当出现一个或者一个以上的标题元素时,推荐使用<hgroup>标签作为标题元素。

③ 当一个标题包含副标题、<section>标签或者<article>标签时,建议将<hgroup>标签和标题相关元素存放到<header>标签中。

【例 3-5】 使用<hgroup>标签分组页面内容。本例在浏览器中的显示效果如图 3-6 所示。

图 3-6 <hgroup>标签的页面显示效果

```
<!DOCTYPE html>
<html>
    <head>
        <meta charset="UTF-8">
        <title>hgroup 标签示例</title>
    </head>
    <body>
        <header>
            <hgroup>
                <h1>爱心包装网站</h1>
                <h2>爱心包装新闻中心</h2>
            </hgroup>
            <p>爱心包装产品发布</p>
        </header>
    </body>
</html>
```

3.1.8 案例——制作爱心包装新品发布页面

【例 3-6】使用结构标签构建网页布局，制作爱心包装新品发布页面。本例在浏览器中的显示效果如图 3-7 所示。

图 3-7 爱心包装新品发布页面显示效果

```
<!DOCTYPE html>
<html>
  <head>
    <title>使用结构元素构建网页布局</title>
  </head>
  <body>
    <article id="main">
      <header>
        <h1 align="center">爱心包装新品发布</h1>
      </header>
      <aside>
        <h3>产品系列</h3>
        <section>
          <table>
```

```html
            <tr><td>保健产品包装系列</td></tr>
            <tr><td>智能手机包装系列</td></tr>
            <tr><td>MINI 家电包装系列</td></tr>
          </table>
        </section>
      </aside>
      <section>
        <header>
          <hgroup>
            <h1>新品发布</h1>
            <h3>2021 年 01 月 16 日，爱心包装召开电子屏护目镜发布会</h3>
          </hgroup>
        </header>
        <section>
          <img src="images/eye.jpg"/>
        </section>
        <article>
            <span>基本信息</span>
            <hr/>
            <p>电子屏护目镜是指针对危害视力……（此处省略文字）</p>
        </article>
        <article>
            <span>镀膜分类</span>
            <hr/>
            <p>蓝色镀膜一定程度上可起到……（此处省略文字）</p>
        </article>
      </section>
      <footer>
        <p align="center">Copyright &copy; 2021 爱心包装 版权所有</p>
      </footer>
    </article>
  </body>
</html>
```

3.2 页面交互元素

对于网站应用来说，表现最为突出的就是客户端与服务器端的交互。HTML5 增加了交互体验元素，本节将详细讲解这些元素。

3.2.1 \<details>标签和\<summary>标签

\<details>标签用于描述文档或文档某个部分的细节。\<summary>标签经常与\<details>标签配合使用，作为\<details>标签的第一个子标签，\<summary>标签用于为\<details>标签定义标题。标题是可见的，当用户单击标题时，会显示或隐藏\<details>标签中的其他内容。

【例 3-7】 使用\<details>标签和\<summary>标签描述文档。本例在浏览器中的显示效果如图 3-8 所示。

```html
<!DOCTYPE html>
<html>
  <head>
```

```
      <title>details 和 summary 标签示例</title>
    </head>
  <body>
    <details>
      <summary>爱心包装</summary>
      <ul>
        <li>爱心包装测试基地</li>
        <li>爱心包装管理体系</li>
        <li>爱心包装经营模式</li>
      </ul>
    </details>
  </body>
</html>
```

【说明】目前只有 Chrome 和 Safari 浏览器支持<details>标签的折叠效果。本例若要实现标题的折叠效果，需要在 Chrome 浏览器中浏览验证，单击标题的展开效果图 3-9 所示。

图 3-8　<details>标签和<summary>标签的页面显示效果　　　图 3-9　标题的展开效果

3.2.2 <progress>标签

<progress>标签用于表示一个任务的完成进度。这个进度可以是不确定的，只表示进度正在进行，但是不清楚还有多少工作量没有完成。<progress>标签的常用属性值有两个，具体如下。

1）value：已经完成的工作量。
2）max：总共有多少工作量。

其中，value 和 max 的属性值必须大于 0，且 value 的属性值要小于或等于 max 的属性值。

【例 3-8】使用<progress>标签显示项目开发进度。本例在浏览器中的显示效果如图 3-10 所示。

```
<!DOCTYPE html>
<html>
<head>
    <meta charset="UTF-8">
    <title>progress 标签示例</title>
</head>
<body>
  <h1>电子屏护目镜项目开发进度</h1>
  <p><progress min="0" max="100" value="60"></progress></p>
</body>
</html>
```

图 3-10　<progress>标签的页面显示效果

【说明】IE 9 浏览器并不支持<progress>标签，本例的显示效果是在 Chrome 浏览器中实现的。

3.3 表格

表格是网页中的一个重要容器元素，表格除了用来显示数据外，还用于搭建网页的结构。

3.3.1 表格的结构

表格是由行和列组成的二维表，而每行又由一个或多个单元格组成，用于放置数据或其他内容。表格中的单元格是行与列的交叉部分，它是组成表格的最基本单元。单元格的内容是数据，所以单元格也称数据单元格。单元格可以包含文本、图片、列表、段落、表单、水平线或表格等元素。表格中的内容按照相应的行或列进行分类和显示，如图 3-11 所示。

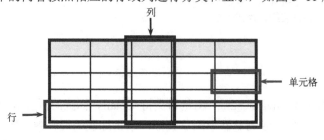

图 3-11 表格的基本结构

3.3.2 表格的基本语法

在 HTML 语法中，表格主要由 3 个标签构成，包括表格标签<table>、行标签<tr>、表项标签<td>。表格的语法格式如下。

13 表格元素 table

```
<table border="n" width="x|x%" height="y|y%" cellspacing="i" cellpadding=
"j">
    <caption align="left|right|top|bottom valign=top|bottom>标题</caption>
    <tr> <th>表头 1</th> <th>表头 2</th> <th>…</th> <th>表头 n</th></tr>
    <tr> <td>表项 1</td> <td>表项 2</td> <td>…</td> <td>表项 n</td></tr>
    …
    <tr> <td>表项 1</td> <td>表项 2</td> <td>…</td> <td>表项 n</td></tr>
</table>
```

在上面的语法格式中，使用<caption>标签可为每个表格指定唯一的标题。一般情况下，标题会出现在表格的上方，<caption>标签的 align 属性可以用来定义表格标题的对齐方式。HTML 标准规定，<caption>标签要放在打开的<table>标签之后，且网页中的表格标题不能多于一个。

表格是按行建立的，在每一行中填入该行每一列的表项数据。表格的第一行为表头，文字样式为居中、加粗显示，通过<th>标签实现。

在浏览器中显示时，<th>标签的文字按粗体显示，<td>标签的文字按正常字体显示。

表格的整体外观由<table>标签的属性决定，下面将详细讲解如何设置表格的属性。

3.3.3 表格的属性

表格是页面布局中的重要元素，它有丰富的属性，可以通过属性设置来美化表格。

1. 设置表格的边框

可以使用<table>标签的 border 属性为表格添加边框并设置边框宽度及颜色。按照数据单元格将表格分割成单元格，边框的宽度以像素为单位，默认情况下表格边框值为 0。

2. 设置表格大小

如果需要表格在网页中占用适当的空间，可以通过 width 和 height 属性指定像素值来设置表格的宽度和高度,也可以通过表格宽度占浏览器窗口的百分比来设置表格的大小。

width 和 height 属性不但可以设置表格的大小,还可以设置表格单元格的大小。为表格单元格设置 width 或 height 属性,会影响整行或整列单元的大小。

3．设置表格背景颜色

根据网页设计要求,通过 bgcolor 属性设置表格背景颜色,以增强视觉效果。表格背景默认为白色。

4．设置表格背景图像

表格背景图像可以是 GIF、JPEG 或 PNG 三种图像格式。通过 background 属性,可以设置表格背景图像。

同样,可以使用 bgcolor 和 background 属性为表格中的单元格添加背景颜色或背景图像。需要注意的是,为表格添加背景颜色或背景图像时,必须使表格中的文本内容颜色与表格的背景颜色或背景图像形成足够的反差,否则,将不容易分辨表格中的文本内容。

5．设置表格单元格间距

使用 cellspacing 属性可以调整表格的单元格和单元格之间的间距,使得表格布局不会显得过于紧凑。

6．设置表格单元格边距

单元格边距是指单元格中的内容与单元格边框的距离,使用 cellpadding 属性可以调整单元格中的内容与单元格边框的距离。

7．设置表格在网页中的对齐方式

表格在网页中的位置有 3 种,分别为居左、居中和居右。使用 align 属性设置表格在网页中的对齐方式,在默认的情况下表格的对齐方式为左对齐。格式如下。

```
<table align="left|center|right">
```

当表格位于页面的左侧或右侧时,文本填充在另一侧;当表格居中时,表格两边没有文本;当 align 属性省略时,文本在表格的下面。

8．表格数据的对齐方式

(1) 行数据水平对齐

使用 align 属性可以设置表格中数据的水平对齐方式,如果在<tr>标签中使用 align 属性,将影响整行数据在单元格中的水平对齐方式。align 属性的值可以是 left、center、right,默认值为 left。

(2) 单元格数据水平对齐

如果在某个单元格的<td>标签中使用 align 属性,那么 align 属性将影响该单元格数据的水平对齐方式。

(3) 行数据垂直对齐

如果在<tr>标签中使用 valign 属性,那么 valign 属性将影响整行数据单元的垂直对齐方式。这里的 valign 值可以是 top、middle、bottom、baseline,它的默认值是 middle。

【例 3-9】 制作爱心包装季度销量一览表。本例在浏览器中显示的效果如图 3-12 所示。

```
<!DOCTYPE html>
<html>
  <head>
    <meta charset="UTF-8">
```

图 3-12 爱心包装季度销量一览表

```html
        <title>爱心包装季度销量一览表</title>
    </head>
    <body>
        <h1 align="center">爱心包装季度销量一览表</h1>
        <table width="720" height="200" border="3" bordercolor="#cccccc" align="center" bgcolor="#dddddd " cellspacing="5" cellpadding="3">
            <tr bgcolor="#eeeeee">             <!--设置表格第 1 行-->
              <th>分类</th>                    <!--设置表格的表头-->
              <th>一季度</th>                  <!--设置表格的表头-->
              <th>二季度</th>                  <!--设置表格的表头-->
              <th>三季度</th>                  <!--设置表格的表头-->
              <th>四季度</th>                  <!--设置表格的表头-->
            </tr>
            <tr>                              <!--设置表格第 2 行-->
              <td align="center">保健产品包装系列</td>   <!--单元格内容居中对齐-->
              <td align="center">300</td>
              <td align="center">400</td>
              <td align="center">500</td>
              <td align="center">400</td>
            </tr>
            <tr>                              <!--设置表格第 3 行-->
              <td align="center">智能手机包装系列</td>   <!--单元格内容居中对齐-->
              <td align="center">450</td>
              <td align="center">350</td>
              <td align="center">550</td>
              <td align="center">500</td>
            </tr>
            <tr>                              <!--设置表格第 4 行-->
              <td align="center"> MINI 家电包装系列</td>   <!--单元格内容居中对齐-->
              <td align="center">560</td>
              <td align="center">450</td>
              <td align="center">300</td>
              <td align="center">250</td>
            </tr>
        </table>
    </body>
</html>
```

【说明】<th>标签用于定义表格的表头,以粗体、居中的方式显示。

▷▷▷ 3.3.4 不规范表格

colspan 和 rowspan 属性用于创建不规范表格。所谓不规范表格是指单元格的个数不等于行乘以列的数值。在实际应用中经常使用不规范表格,需要把多个单元格合并为一个单元格,也就是要用到表格的跨行跨列功能。

1. 跨行

跨行是指单元格在垂直方向上合并,语法如下。

```html
<table>
    <tr>
        <td rowspan="所跨的行数">单元格内容</td>
    </tr>
```

其中，rowspan 属性指明该单元格应有多少行的跨度，在<th>和<td>标签中使用。

2. 跨列

跨列是指单元格在水平方向上合并，语法如下。

```
<table>
    <tr>
        <td colspan="所跨的列数">单元格内容</td>
    </tr>
</table>
```

其中，colspan 属性指明该单元格应有多少列的跨度，在<th>和<td>标签中使用。

3. 跨行、跨列

【例 3-10】 制作一个跨行跨列展示的产品销量表格。本例在浏览器中显示的效果如图 3-13 所示。

```
<!DOCTYPE html>
<html>
<head>
    <meta charset="UTF-8">
    <title>跨行跨列表格</title>
</head>
<body>
<table width="300" border="3" bgcolor="#dddddd">
    <tr>
        <td colspan="3">产品销量</td>           <!--设置单元格水平跨 3 列-->
    </tr>
    <tr>
        <td rowspan="2">保健产品包装系列</td>   <!--设置单元格垂直跨 2 行-->
        <td>电子屏护目镜</td>
        <td>200</td>
    </tr>
    <tr>
        <td>颈椎按摩仪</td>
        <td>150</td>
    </tr>
    <tr>
        <td rowspan="2">智能手机包装系列</td>   <!--设置单元格垂直跨 2 行-->
        <td>OPPO 手机</td>
        <td>300</td>
    </tr>
    <tr>
        <td>VIVO 手机</td>
        <td>250</td>
    </tr>
</table>
</body>
</html>
```

图 3-13 跨行跨列的效果

【说明】表格的跨行跨列并不改变表格的特点。表格中同行的内容总高度一致，同列的内容总宽度一致，各单元格的宽度或高度互相影响，结构相对稳定。不足之处是不能灵活地进行布局控制。

3.3.5 表格数据的分组

表格数据的分组标签包括<thead>标签、<tbody>标签和<tfoot>标签，主要用于对表格数据进行逻辑分组。其中，<thead>标签定义表格的头部；<tbody>标签定义表格主体，即表格详细的数据描述；<tfoot>标签定义表格的脚部，即对各分组数据进行汇总的部分。

<thead>标签、<tbody>标签和<tfoot>标签必须同时使用，它们出现的次序是<thead>标签、<tbody>标签、<tfoot>标签，必须在<table>标签内部使用这些标签，<thead>标签内部必须嵌套<tr>标签。

【例 3-11】 制作产品销量季度数据报表。本例文件 3-11.html 的浏览效果如图 3-14 所示。

图 3-14 产品销量季度数据报表

```html
<!DOCTYPE html>
<html>
    <head>
        <meta charset="UTF-8">
        <title>产品销量季度数据报表</title>
    </head>
    <body>
        <table width="600" border="6" align="center"><!--设置表格宽度为 600px，边框 6px-->
            <caption>产品销量季度数据报表</caption>      <!--设置表格的标题-->
            <thead style="background: #0af">          <!--设置报表的页眉-->
              <tr>
                <th>季度</th>
                <th>销量</th>
              </tr>
            </thead>                                   <!--页眉结束-->
            <tbody style="background: #6cc">          <!--设置报表的数据主体-->
              <tr>
                <td>一季度</td>
                <td>1310</td>
              </tr>
              <tr>
                <td>二季度</td>
                <td>1200</td>
              </tr>
              <tr>
                <td>三季度</td>
                <td>1350</td>
              </tr>
              <tr>
                <td>四季度</td>
                <td>1150</td>
              </tr>
            </tbody>                                   <!--数据主体结束-->
            <tfoot style="background: #ff6">          <!--设置报表的数据页脚-->
              <tr>
                <td>季度平均产品销量</td>
```

```
                <td>1252</td>
            </tr>
            <tr>
                <td>总计</td>
                <td>5010</td>
            </tr>
        </tfoot>                                        <!--页脚结束-->
    </table>
</body>
</html>
```

▷▷▷ 3.3.6 案例——使用表格布局爱心包装产品展示页面

在讲解了表格基本语法的基础上，下面介绍表格在页面局部布局中的应用。在设计页面时，常需要利用表格来定位页面元素。使用表格可以导入表格化数据，设计页面分栏，定位页面上的文本和图像等。使用表格还可以实现页面局部布局，例如产品展示、新闻列表这样的效果，都可以采用表格来实现。

【例 3-12】 使用表格布局爱心包装产品展示页面。本例在浏览器中显示的效果如图 3-15 所示。

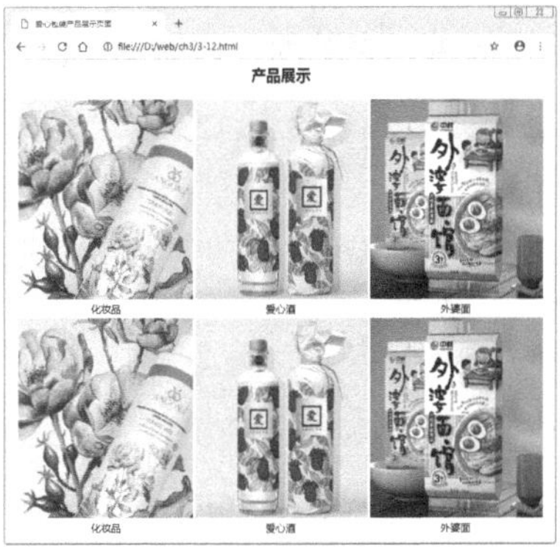

```
<!DOCTYPE html>
<html>
<head>
    <meta charset="UTF-8">
    <title>爱心包装产品展示页面</title>
</head>
<body>
    <h2 align="center">产品展示</h2>
    <table width="528" border="0" align="center">
        <tr>
            <td height="304" align="center"><img src="images/01.jpg"/></td>
            <td align="center"><img src="images/02.jpg"/></td>
            <td align="center"><img src="images/03.jpg"/></td>
        </tr>
        <tr>
            <td width="275" height="20" align="center">化妆品</td>
            <td align="center">爱心酒</td>
            <td align="center">外婆面</td>
        </tr>
        <tr>
            <td height="304" align="center"><img src="images/01.jpg"/></td>
            <td align="center"><img src="images/02.jpg"/></td>
            <td align="center"><img src="images/03.jpg"/></td>
        </tr>
        <tr>
            <td width="275" height="20" align="center">化妆品</td>
            <td align="center">爱心酒</td>
            <td align="center">外婆面</td>
        </tr>
    </table>
```

图 3-15 产品展示页面

```
</body>
</html>
```

3.4 表单

表单是网页中最常用的元素，是网站服务器端与客户端之间沟通的桥梁。表单在网页上随处可见，如用于在登录页面输入账号、客户留言、搜索产品等，如图 3-16 中的留言板表单所示。

3.4.1 表单的基本概念

表单被广泛用于各种信息的搜集与反馈。一个完整的交互表单由两部分组成，一是客户端包含的表单页面，用于填写浏览者进行交互的信息；另一个是服务器端的应用程序，用于处理浏览者提交的信息。当访问者在 Web 浏览器中显示的表单中输入信息后，单击"提交"按钮，这些信息将被发送给服务器。服务器端脚本或应用程序将对这些信息进行处理，并将结果发送回访问者。表单的工作原理如图 3-17 所示。

图 3-16　留言板表单

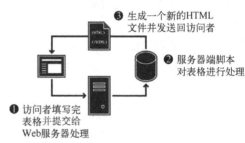

图 3-17　表单的工作原理

3.4.2 表单标签

网页上由可输入表项或选择项目的控件所组成的栏目称为表单。<form>标签用于创建供用户输入的 HTML 表单。<form>标签是成对出现的，在开始标签<form>和结束标签</form>之间的部分就是一个表单。

14　表单

在一个 HTML 页面中允许有多个表单，表单的基本语法及格式如下。

```
<form name="表单名" action="URL" method="get|post">
    ...
</form>
```

<form>标签主要处理表单结果的处理和传送，常用属性的含义如下。

① name 属性：name 属性用于表单命名，表单命名之后就可以用 JavaScript 脚本语言对它进行控制。

② action 属性：action 属性用于指定表单处理的方式，即指定处理表单信息的服务器端应用程序，往往是 E-mail 地址或网址。

③ method 属性：method 属性用于指定表单处理表单数据的方法，method 的值可以为 get 或 post，默认方式是 get。

3.4.3 表单元素

表单是一个容器，可以存放各种表单元素，如按钮、文本域等。表单中通常包含一个或多个表单元素，常见的表单元素见表 3-1。

表 3-1 常见的表单元素

表单元素	功　　能
input	该标签规定用户可输入数据的输入字段
keygen	该标签规定用于表单的密钥对生成器字段
object	该标签用来定义一个嵌入的对象
output	该标签用来定义不同类型的输出，比如脚本的输出
select	该标签用来定义下拉列表/菜单
textarea	该标签用来定义一个多行的文本输入区域

例如，常见的网络问卷调查表单，其中包含的表单元素如图 3-18 所示。

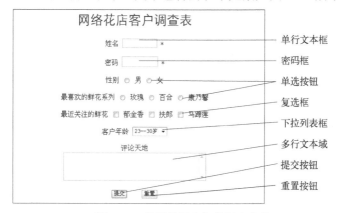

图 3-18 常见的网络问卷调查表单

1．<input>标签

<input>标签用来定义用户输入数据的输入字段，根据不同的 type 属性，输入字段可以是文本字段、密码字段、复选框、单选按钮、按钮、隐藏域、电子邮件、日期时间、数值、范围、图像、文件等。<input>标签的基本语法及格式如下。

```
<input type="表项类型" name="表项名" value="默认值" size="x" maxlength="y" />
```

<input>标签常用属性的含义如下。

① type 属性：指定要加入表单项目的类型（text，password，checkbox，radio，button，hidden，email，date pickers，number，range，image，file，submit 或 reset 等）。

② name 属性：该表项的控制名，主要在处理表单时起作用。

③ size 属性：输入字段中的可见字符数。

④ maxlength 属性：允许输入的最大字符数。

⑤ checked 属性：当页面加载时是否预先选择该 input 元素（适用于 type="checkbox"或 type="radio"的情况）。

⑥ step 属性：输入字段的合法数字间隔。

⑦ max 属性：输入字段的最大值。

⑧ min 属性：输入字段的最小值。

⑨ required 属性：设置必须输入字段的值。

⑩ pattern 属性：输入字段的值的模式或格式。

⑪ readonly 属性：设置字段的值无法修改。

⑫ placeholder 属性：设置用户填写输入字段的提示。

⑬ autocomplete 属性：设置是否使用输入字段的自动完成功能。

⑭ autofocus 属性：设置输入字段在页面加载时是否获得焦点（不适用于 type="hidden"的情况）。

⑮ disabled 属性：当页面加载时是否禁用该 input 元素（不适用于 type="hidden"的情况）。

（1）文字和密码的输入

使用<input>标签的 type 属性，可以在表单中加入表项，并控制表项的风格。如果 type 属性值为 text，则输入的文本以标准的字符显示；如果 type 属性值为 password，则输入的文本显示为 "*"。在表项前应加入表项的名称，如 "您的姓名" 等，以告诉浏览者在随后的表项中应该输入的内容。文本框和密码框的格式如下。

```
<input type="text" name="文本框名">
<input type="password" name="密码框名">
```

（2）重置和提交

表单按钮用于控制网页中的表单。表单按钮有 4 种类型，即提交按钮、重置按钮、普通按钮和图片按钮。使用提交按钮（submit）可以将填写在表单中的内容发送到服务器；使用重置按钮（reset）可以将表单的内容返回初始值；使用普通按钮（button）可以制作一个用于触发事件的按钮；使用图片按钮（image）可以制作一个美观的按钮。

4 种按钮的格式如下。

```
<input type="reset" value="按钮名">
<input type="submit" value="按钮名">
<input type="button" value="按钮名">
<input type="image" src="图片来源">
```

（3）复选框和单选按钮

在页面中有些地方需要列出几个项目，让浏览者通过选择钮来选择项目。选择钮可以是复选框（checkbox）或单选按钮（radio）。用<input>标签的 type 属性可设置选择钮的类型；value 属性可设置该选择钮的控制初值，用以告诉表单制作者选择结果；用 checked 属性表示是否为默认选中项；name 属性是控制名，同一组的选择钮的控制名是一样的。复选框和单选钮的格式如下。

```
<input type="radio" name="单选按钮名" value="提交值" checked="checked">
<input type="checkbox" name="复选框名" value="提交值" checked="checked">
```

（4）电子邮件输入框

当用户需要通过表单提交电子邮件信息时，可以将<input>标签的 type 属性设置为 email 类型，即可设计用于包含 Email 地址的输入框。当用户提交表单时，会自动验证输入的 Email 地址的合法性。电子邮件输入框的格式如下。

```
<input type="email" name="电子邮件输入框名">
```

（5）日期时间选择器

HTML5 提供了日期时间选择器 date pickers，拥有多个可供选取日期和时间的新型输入文本框，类型如下。

① date：选取日、月、年。

② month：选取月、年。
③ week：选取周和年。
④ time：选取时间（小时和分钟）
⑤ datetime：选取时间日、月、年（UTC 世界标准时间）。
⑥ datetime-local：选取时间日、月、年（本地时间）。
日期时间选择器的语法格式如下。

```
<input type="选择器类型" name="选择器名">
```

（6）URL 输入框

当用户需要通过表单提交网站的 URL 地址时，将<input>标签的 type 属性设置为 url 类型，即可设计用于输入 URL 地址的输入框。当用户提交表单时，会自动验证输入的 URL 地址的合法性。格式如下。

```
<input type="url" name="url 输入框名">
```

（7）数值输入框

当用户需要通过表单提交数值型数据时，将<input>标签的 type 属性设置为 number 类型，即可设计用于包含数值型数据的输入框。当用户提交表单时，会自动验证输入的数值型数据的合法性。格式如下。

```
<input type="number" name="数值输入框名">
```

（8）范围滚动条

当用户需要通过表单提交限定在一定范围内的数值型数据时，将<input>标签的 type 属性设置为 range 类型，即可设计用于设置输入数值范围的滚动条。当用户提交表单时，会自动验证输入数值的范围合法性。格式如下。

```
<input type="range" name="范围滚动条名">
```

另外，用户在使用数值输入框和范围滚动条时可以配合使用 max（最大值）、min（最小值）、step（数字间隔）和 value（默认值）属性来限定数值。

2．选择栏<select>标签

当浏览者选择的项目较多时，如果用选择钮来选择，所占页面的空间就会较大，这时可以用<select>标签和<option>标签来设置选择栏。

（1）<select>标签

<select>标签的格式如下。

```
<select size="x" name="控制操作名" multiple>
    <option …> … </option>
    <option …> … </option>
    …
</select>
```

<select>标签各个属性的含义如下。

① size 属性：可选项，用于改变下拉列表的大小。size 属性的值是数字，表示显示在下拉列表中选项的数目，当 size 属性的值小于列表项数目时，浏览器会为该下拉列表添加滚动条，用户可以使用滚动条来查看所有的选项，size 属性默认值为 1。

② name 属性：选择栏的名称。

③ multiple 属性：如果加上该属性，表示允许用户从列表中选择多项。

（2）<option>标签

<option>标签的格式如下。

```
<option value="可选择的内容" selected ="selected"> … </option>
```

<option>标签各个属性的含义如下。

① selected 属性：用来指定选项的初始状态，表示该选项在初始时被选中。

② value 属性：用于设置当该选项被选中并提交后，浏览器传送给服务器的数据。

选择栏有两种形式：弹出式选择栏和字段式选择栏。字段式选择栏与弹出式选择栏的主要区别在于，前者在<select>标签中的 size 属性值取大于 1 的值，此值表示在选择栏中不拖动滚动条可以显示的选项的数目。

3. 多行文本域<textarea>…</textarea>

意见反馈栏可以供浏览者发表意见和建议，所以提供的输入区域一般较大，可以输入较多的文字。使用<textarea>标签可以定义高度超过一行的文本输入框。<textarea>标签是成对标签，开始标签<textarea>和结束标签</textarea>之间的内容就是显示在文本输入框中的初始信息。格式如下。

```
<textarea name="文本域名" rows="行数" cols="列数">
    初始文本内容
</textarea>
```

其中的行数和列数是指不拖动滚动条就可看到的部分。

▷▷▷ 3.4.4 案例——制作爱心包装会员注册表单

前面讲解了表单元素的基本用法，其中，文本字段比较简单，也是最常用的表单标签。选择栏在具体的应用过程中有一定的难度，读者需要结合实践、反复练习才能够掌握。下面通过一个综合的案例将这些表单元素集成在一起，制作爱心包装会员注册表单。

【例 3-13】 制作爱心包装会员注册表单。本例在浏览器中显示的效果如图 3-19 所示。

图 3-19 会员注册表单

```
<!DOCTYPE html>
<html>
<head>
    <meta charset="UTF-8">
    <title>会员注册表</title>
</head>
<body>
  <h2>会员注册</h2>
  <form>
    <p>
    账号：<input type="text" required name="username">
    </p>
    <p>
    密码：<input type="password" required name="pass">
    </p>
    <p>
```

```html
      性别:  <input type="radio" name="sex" value="男" checked>男
             <input type="radio" name="sex" value="女">女
      </p>
      <p>
      爱好:  <input type="checkbox" name="like" value="音乐">音乐
             <input type="checkbox" name="like" value="上网" checked>上网
             <input type="checkbox" name="like" value="足球">足球
             <input type="checkbox" name="like" value="下棋">下棋
      </p>
      <p>
      职业:  <select size="3" name="work">
                <option value="政府职员">政府职员</option>
                <option value="工程师" selected>工程师</option>
                <option value="工人">工人</option>
                <option value="教师" selected>教师</option>
                <option value="医生">医生</option>
                <option value="学生">学生</option>
             </select>
      </p>
      <p>
      收入:  <select name="salary">
                <option value="1000元以下">1000元以下</option>
                <option value="1000-2000元">1000-2000元</option>
                <option value="2000-3000元">2000-3000元</option>
                <option value="3000-4000元" selected>3000-4000元</option>
                <option value="4000元以上">4000元以上</option>
             </select>
      </p>
      <p>
      电子邮箱: <input type="email" required name="email" id="email" placeholder="您的电子邮箱">
      </p>
      <p>
      生日: <input type="date" min="1960-01-01" max="2017-3-16" name="birthday" id="birthday" value="1990-11-11">
      </p>
      <p>
      博客地址: <input type="url" name="blog" placeholder="您的博客地址" id="blog">
      </p>
      <p>
      年龄: <input type="number" name="age" id="age" value="25" autocomplete="off" placeholder="您的年龄">
      </p>
      <p>
      工作年限: <input type="range" min="1" step="1" max="20" name="slider" name="workingyear" id="workingyear" placeholder="您的工作年限" value="3">
      </p>
      <p>
      个人简介: <textarea name="think" cols="40" rows="4"></textarea>
      </p>
      <p>
```

```
                        <input type="submit" name="submit" value="提交
"/>  
                        <input type="reset" name="reset" value="重写" />
        </p>
    </form>
</body>
</html>
```

【说明】"职业"选择栏使用的是弹出式选择栏;"收入"选择栏使用的是字段式选择栏,<select>标签中的 size 属性值设置为 3。

▷▷▷ 3.4.5 表单分组

大型表单容易在视觉上产生混淆,通过对表单分组可以将表单上的元素在形式上进行组合,达到一目了然的效果。常见的分组标签有<fieldset>和<legend>标签,格式如下。

```
<form>
    <fieldset>
        <legend>分组标题</legend>
        表单元素…
    </fieldset>
    ...
</form>
```

其中,<fieldset>标签可以看作表单的一个子容器,将所包含的内容以边框环绕方式显示;<legend>标签则是为<fieldset>标签边框添加相关的标题。

【例 3-14】 表单分组示例。本例文件 3-14.html 在浏览器中显示的效果如图 3-20 所示。

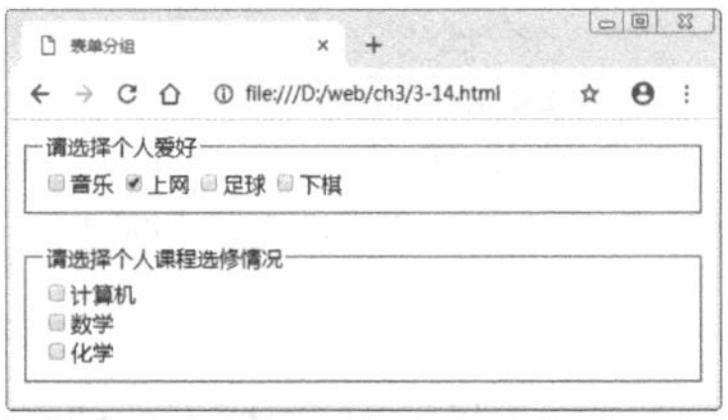

```
<!DOCTYPE html>
<html>
<head>
    <meta charset="UTF-8">
    <title>表单分组</title>
</head>
<body>
  <form>
      <fieldset>
        <legend>请选择个人爱好</legend>
        <input type="checkbox" name="like" value="音乐">音乐
        <input type="checkbox" name="like" value="上网" checked>上网
        <input type="checkbox" name="like" value="足球">足球
        <input type="checkbox" name="like" value="下棋">下棋
      </fieldset>
       <br/>
      <fieldset>
        <legend>请选择个人课程选修情况</legend>
        <input type="checkbox" name="choice" value="computer" />计算机 <br/>
        <input type="checkbox" name="choice" value="math" />数学 <br/>
        <input type="checkbox" name="choice" value="chemical" />化学 <br/>
      </fieldset>
  </form>
</body>
</html>
```

图 3-20 表单分组示例

3.4.6 使用表格布局表单

从第3.4.4节的爱心包装会员注册表单案例中可以看出，由于表单没有经过布局，页面整体看起来不太美观，如图3-19所示。在实际应用中，可以采用以下两种方法布局表单：一是使用表格布局表单，二是使用CSS样式布局表单。本节主要讲解使用表格布局表单。

【例3-15】 使用表格布局制作爱心包装联系我们表单，表格布局示意图如图3-21所示，最外围的虚线表示表单，表单内部包含一个6行3列的表格。其中，第一行和最后一行使用了跨2列的设置。本例文件3-15.html在浏览器中显示的效果如图3-22所示。

图3-21 表格布局示意图　　　　图3-22 表格布局表单的页面显示效果

```
<!DOCTYPE html>
<html>
<head>
    <meta charset="UTF-8">
    <title>爱心包装联系我们表单</title>
</head>
<body>
<h2>联系我们</h2>
<p>    爱心包装客户支持中心服务于……（此处省略文字）</p>
<form>
    <table>
        <tr>
          <td><h3>发送邮件</h3></td>
          <td colspan="2"> </td>  <!--内容跨2列并且用"空格"填充-->
        </tr>
        <tr>
          <td> </td>         <!--内容用"空格"填充以实现布局效果-->
          <td>姓名:</td>
          <td> <input type="text" name="username" size="30"></td>
        </tr>
        <tr>
          <td> </td>         <!--内容用"空格"填充以实现布局效果-->
          <td>邮箱:</td>
          <td> <input type="text" name="email" size="30"></td>
        </tr>
        <tr>
          <td> </td>         <!--内容用"空格"填充以实现布局效果-->
          <td>网址:</td>
          <td> <input type="text" name="url" size="30" value="http://"></td>
```

```html
            </tr>
            <tr>
                <td> </td>              <!--内容用"空格"填充以实现布局效果-->
                <td>咨询内容:</td>
                <td> <textarea name="intro" cols="40" rows="4">请输入您咨询的问题...</textarea></td>
            </tr>
            <tr>
                <td> </td>              <!--内容用"空格"填充以实现布局效果-->
                <!--下面的发送图片按钮跨 2 列-->
                <td colspan="2"> <input type="image" src="images/submit.gif" /></td>
            </tr>
        </table>
    </form>
  </body>
</html>
```

▷▷▷ 3.4.7 表单的高级用法

在某些情况下，用户需要对表单元素进行限制，如设置表单元素为只读或禁用。限制表单元素常应用于以下场景。

1）只读场景：网站服务器不希望用户修改的数据，这些数据在表单元素中显示。例如，注册或交易协议、商品价格等。

2）禁用场景：只有满足某个条件后，才能选用某项功能。例如，只有用户同意注册协议后，才允许单击"注册"按钮。

只读和禁用两种效果分别通过设置 readonly 和 disabled 属性来实现。

【例 3-16】 制作爱心包装服务协议页面，服务协议只能阅读而不能修改，并且只有用户同意注册协议后，才允许单击"注册"按钮。本例在浏览器中显示的效果如图 3-23 所示。

图 3-23 只读和禁用表单元素的页面显示效果

```html
<!DOCTYPE html>
<html>
<head>
    <meta charset="UTF-8">
    <title>爱心包装服务协议</title>
</head>
<body>
<h2>阅读爱心包装服务协议</h2>
<form>
  <textarea name="content" cols="50" rows="5" readonly="readonly">
    欢迎阅读服务条款协议，爱心包装的权利和义务......
  </textarea><br /><br />
    同意以上协议<input name="agree" type="checkbox" />          <!--复选框-->
    <input name="register" type="submit" value="注册" disabled="disabled" />
<!--提交按钮禁用-->
</form>
</body>
```

```
</html>
```

【说明】用户勾选"同意以上协议"复选框并不能真正实现使"注册"按钮有效，还需要为复选框添加 JavaScript 脚本才能实现这一功能，这里只是讲解如何使表单元素只读和禁用。

习题 3

1. 使用结构元素构建网页布局，制作如图 3-24 所示的页面。
2. 使用表格布局商城支付选择页面，如图 3-25 所示。

图 3-24 题 1 图

图 3-25 题 2 图

3. 使用表格布局技术制作用户注册表单，如图 3-26 所示。
4. 制作如图 3-27 所示的调查问卷表单。

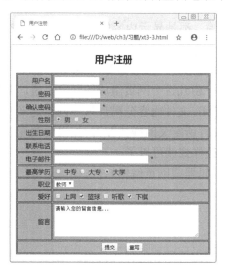

图 3-26 题 3 图

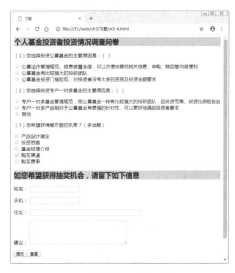

图 3-27 题 4 图

第 4 章 CSS3 基础

CSS（Cascading Style Sheet，层叠样式表单，简称样式表）是一种格式化网页的标准方式，它扩展了 HTML 的功能，使网页设计者能够以更有效的方式设置网页格式。CSS 功能强大，CSS 的样式设置功能比 HTML 多，几乎可以定义所有的网页元素。本章将详细讲解 CSS 的基本语法和使用方法。

4.1 CSS 简介

CSS 的表现与 HTML 的结构相分离，CSS 通过控制页面结构的风格，进而控制整个页面的风格。也就是说，将要在页面中显示的内容放在结构里，而将起修饰、美化作用的样式放在表现里，做到结构（内容）与表现分开。这样，当页面使用不同的表现时，呈现的样式是不一样的，就像人穿了不同的衣服，表现就是结构的外衣，W3C 推荐使用 CSS 来完成表现。

4.1.1 什么是 CSS

CSS 是用于控制网页样式并允许将样式信息与网页内容分离的一种标记性语言。样式就是格式，在网页中，像文字的大小、颜色以及图片位置等，都是显示内容的样式。层叠是指当在 HTML 文档中引用多个定义样式的样式文件（CSS 文件）时，若多个样式文件间所定义的样式发生冲突，将依据层次顺序处理。如果不考虑样式的优先级，一般会遵循"最近优选原则"。

众所周知，用 HTML 编写网页并不难，但对于一个由几百个网页组成的网站来说，要统一采用相同的格式就困难了。CSS 能将样式的定义与 HTML 文件内容分离，只要创建定义样式的 CSS 文件，并且让所有的 HTML 文件都调用这个 CSS 文件所定义的样式即可。如果要改变 HTML 文件中任意部分的显示风格，只要打开 CSS 文件并更改样式就可以了。

CSS 的编辑方法同 HTML 一样，可以用任何文本编辑器或网页编辑软件，还可用专门的 CSS 编辑软件。

4.1.2 CSS 的开发环境

CSS 的开发环境需要浏览器的支持，否则即使编写出再漂亮的样式代码，如果浏览器不支持 CSS，那么它也只是一段字符串而已。

1. CSS 的显示环境

浏览器是 CSS 的显示环境。目前，浏览器的种类多种多样，虽然 IE、Opera、Chrome、Firefox 等主流浏览器都支持 CSS，但它们之间仍存在着符合标准的差异。也就是说，相同的 CSS 样式代码在不同的浏览器中的显示效果可能有所不同。在这种情况下，设计人员只有不断地测试，了解各主流浏览器的特性才能让页面在各种浏览器中正确地显示。

2. CSS 的编辑环境

能够编辑 CSS 的软件很多，例如 HBuilder、Dreamweaver、Edit Plus 和 TopStyle 等。这些软件有些还具有"可视化"功能，但本书不建议读者太依赖"可视化"。本书中所有的 CSS 样式均采用在 HBuilder 中手工输入的方法，不仅能够使设计人员对 CSS 代码有更深入的了解，还可以节省很多不必要的属性声明，效率反而比具有"可视化"功能的软件还要快。

▷▷▷ 4.1.3 CSS 编写规则

虽然 CSS 的样式设计功能很强大，但是如果设计人员管理不当，将导致样式混乱、维护困难。本节学习 CSS 编写中的一些技巧和规则，使读者在今后设计页面时胸有成竹，编写的代码可读性高、结构良好。

1．目录结构命名规则

存放 CSS 样式文件的目录一般被命名为 style 或 css。

2．样式文件的命名规则

在项目初期，会把不同类别的样式放于不同的 CSS 文件中，这是为了 CSS 编写和调试的方便；在项目后期，从网站性能考虑会把不同的 CSS 文件整合到一个 CSS 文件中，这个文件一般命名为 style.css 或 css.css。

3．样式的命名规则

所有样式名由小写英文字母或"_"下画线组成，必须以字母开头，不能为纯数字。设计者要用有意义的单词或缩写组合来命名选择符，做到"见其名，知其意"，这样就节省了查找样式的时间。样式名必须能够表示样式的大概含义（禁止出现如 Div1、Div2、Style1 等命名），读者可以参考表 4-1 中的样式名。

表 4-1 样式名参考

页面功能	样式命名参考	页面功能	样式命名参考	页面功能	样式命名参考
容器	wrap/container/box	头部	header	加入	joinus
导航	nav	底部	footer	注册	register
滚动	scroll	页面主体	main	新闻	news
主导航	mainnav	内容	content	按钮	button
顶导航	topnav	标签页	tab	服务	service
子导航	subnav	版权	copyright	注释	note
菜单	menu	登录	login	提示信息	msg
子菜单	submenu	列表	list	标题	title
子菜单内容	subMenuContent	侧边栏	sidebar	指南	guide
标志	logo	搜索	search	下载	download
广告	banner	图标	icon	状态	status
页面中部	mainbody	表格	table	投票	vote
小技巧	tips	列定义	column_1of3	友情链接	friendlink

当定义的样式名比较复杂时用下画线把层次分开，例如以下定义导航标志的样式名的 CSS 代码如下。

```
#nav_logo{…}
#nav_logo_ico{…}
```

4．CSS 代码注释

为代码添加注释是一种良好的编程习惯。注释可以增强 CSS 文件的可读性，后期维护也将更加便利。

在 CSS 中添加注释非常简单，它是以"/*"开始，以"*/"结尾。注释可以是单行，也可以是多行，并且可以出现在 CSS 代码的任何地方，但注释内容不会被显示或引用在网页上。

（1）结构性注释

结构性注释仅仅是用风格统一的大注释块从视觉上区分被分隔的部分，如以下代码所示。

```
/*header(定义网页头部区域)---------------------------------------------*/
```

（2）提示性注释

在编写 CSS 代码时，可能需要某种技巧解决某个问题。在这种情况下，最好将这个解决方案简要地注释在代码后面，如以下代码所示。

```
.news_list li span {
    float:left;         /* 设置新闻发布时间向左浮动，与新闻标题并列显示 */
    width:80px;
    color:#999;         /* 定义新闻发布时间为灰色，弱化发布的时间在视觉上的感觉 */
}
```

▷▷ 4.2　CSS 的引用方法

要想在浏览器中显示出样式表的效果，就要让浏览器识别并调用样式表。当浏览器读取样式表时，要依照文本格式来读。这里介绍在页面中引入 CSS 样式表的 4 种方法：定义行内样式、定义内部样式表、链入外部样式表和导入外部样式表。

▷▷▷ 4.2.1　定义行内样式

行内样式是引用 CSS 样式表的各种方法中最直接的一种。定义行内样式就是通过直接设置各个元素的 style 属性，从而达到设置样式的目的。这样的设置方式，使得各个元素都有自己的独立样式，但是会使整个页面变得更加臃肿。即便两个元素的样式是一模一样的，用户也需要写两遍。

定义行内样式可以很简单地对某个标签单独定义样式表。这种样式表只对所定义的标签起作用，并不对整个页面起作用。行内样式在 style 属性中定义，style 属性值可以包含任何 CSS 样式声明，格式如下。

```
<标签 style="属性:属性值；属性:属性值；…">
```

需要说明的是，由于行内样式将表现和内容混在一起，不符合 Web 标准，因此慎用这种方法。当样式仅需要在一个元素上应用一次时可以使用行内样式。

【例 4-1】使用行内样式将样式表的功能加入到网页。本例在浏览器中的显示效果如图 4-1 所示。

图 4-1　行内样式示例

```
<!DOCTYPE html>
<html>
    <head>
        <meta charset="UTF-8">
        <title>直接定义标签的 style 属性</title>
    </head>
```

```
    <body>
        <p style="font-size:18px; color:red">此行文字被 style 属性定义为红色显示</p>
        <p>此行文字没有被 style 属性定义</p>
    </body>
</html>
```

【说明】代码中第 1 个段落标签被直接定义了 style 属性，此行文字大小是 18px，颜色为红色；而第 2 个段落标签没有被定义，将按照默认的设置显示文字样式。

▷▷▷ 4.2.2 定义内部样式表

内部样式表是指样式表的定义处于 HTML 文件一个单独的区域，与 HTML 的具体标签分离开来，从而可以实现对整个页面范围的内容的显示进行统一的控制与管理。与定义行内样式只能对所在标签进行样式设置不同，内部样式表处于页面的<head>与</head>标签之间。单个页面需要应用样式时，最好使用内部样式表。定义内部样式表的格式如下。

```
<style type="text/css">
<!--
    选择符1{属性:属性值；属性:属性值 …}   /* 注释内容 */
    选择符2{属性:属性值；属性:属性值 …}
    …
    选择符n{属性:属性值；属性:属性值 …}
-->
</style>
```

<style>…</style>标签用来说明所要定义的样式，type 属性指定使用 CSS 的语法来定义，当然也可以指定使用像 JavaScript 之类的语法来定义。属性和属性值之间用冒号"："隔开，各属性之间用分号"；"隔开。

<!-- … -->的作用是应对旧版本浏览器不支持 CSS 的情况，把<style>…</style>的内容以注释的形式表示，这样不支持 CSS 的浏览器会自动略过此段内容。

样式名可以使用 HTML 标签的名称，所有 HTML 标签都可以作为 CSS 样式名使用。

【例 4-2】 使用内部样式表将样式表的功能加入到网页。本例在浏览器中的显示效果如图 4-2 所示。

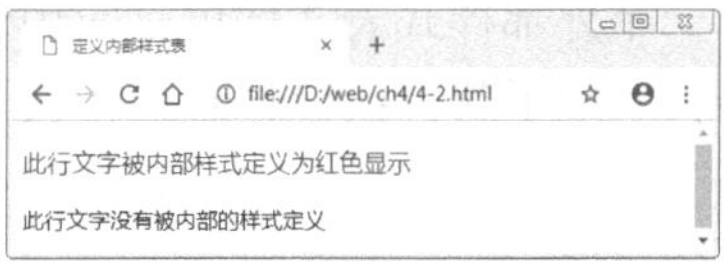

图 4-2 内部样式表示例

```
<!DOCTYPE html>
<html>
    <head>
        <meta charset="UTF-8">
        <title>定义内部样式表</title>
        <style text="text/css">
            <!-- .red {
                font-size: 18px;
                color: red;
            }
            -->
        </style>
    </head>
    <body>
        <p class="red">此行文字被内部样式定义为红色显示</p>
        <p>此行文字没有被内部的样式定义</p>
```

```
        </body>
</html>
```

【说明】代码中第 1 个段落标签使用内部样式表中定义的.red 类，此行文字大小为 18px，颜色为红色；而第 2 个段落标签没有被定义，将按照默认的设置显示文字样式。

4.2.3 链入外部样式表

外部样式表通过在某个 HTML 页面中添加链接的方式生效。同一个外部样式表可以被多个网页甚至是整个网站的所有网页所采用，这就是它最大的优点。如果说内部样式表在总体上定义了一个网页的显示方式，那么外部样式表可以说在总体上定义了一个网站的显示方式。

外部样式表把声明的样式放在样式文件中，当页面需要使用样式时，通过<link>标签链接外部样式表文件。使用外部样式表，只须改变一个样式文件就能改变整个站点的外观。

1．用<link>标签链接外部样式表文件

<link>标签必须放到页面的<head>…</head>标签对内。其格式如下。

```
<head>
    …
    <link rel="stylesheet" href="外部样式表文件名.css" type="text/css">
    …
</head>
```

其中，<link>标签表示浏览器从"外部样式表文件名.css"文件中以文档格式读出定义的样式表。rel="stylesheet"属性定义在网页中使用外部的样式表，type="text/css"属性定义文件的类型为样式表文件，href 属性用于定义 CSS 文件的 URL 地址。

2．样式表文件的格式

样式表文件可以用任何文本编辑器（如记事本）打开并编辑，一般样式表文件的扩展名为.css。样式表文件的内容是定义的样式表，不包含 HTML 标签。样式表文件的格式如下。

```
选择符 1{属性:属性值；属性:属性值 …}         /* 注释内容 */
选择符 2{属性:属性值；属性:属性值 …}
    …
选择符 n{属性:属性值；属性:属性值 …}
```

一个外部样式表文件可以应用于多个页面。在修改外部样式表时，引用它的所有外部页面也会自动地更新。在设计者制作大量相同样式页面的网站时，外部样式表文件非常有用，不仅减少了重复的工作量，而且有利于以后的修改，浏览时也减少了重复下载的代码，加快了显示网页的速度。

【例 4-3】使用链入外部样式表将样式表的功能加入到网页，链入外部样式表文件至少需要两个文件，一个是 HTML 文件，另一个是 CSS 文件。本例在浏览器中的显示效果如图 4-3 所示。

CSS 文件名为 style.css，存放于文件夹 style 中，代码如下。

```
.red{
    font-size:18px;
    color:red;
}
```

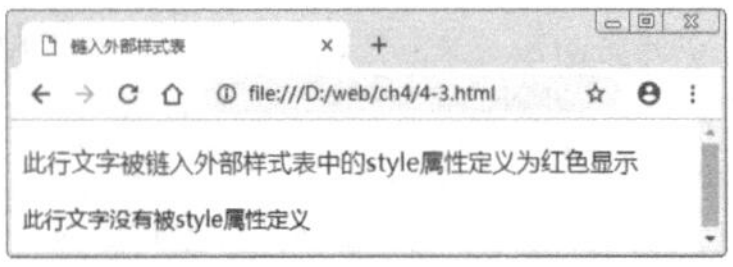

本例网页结构文件 4-3.html 的 HTML 代码如下。

图 4-3 链入外部样式表示例

```
<!DOCTYPE html>
```

```
        <html>
            <head>
                <meta charset="UTF-8">
                <title>链入外部样式表</title>
                <link rel="stylesheet" type="text/css" href="style/style.css" />
            </head>
            <body>
                <p class="red">此行文字被链入外部样式表中的 style 属性定义为红色显示</p>
                <p>此行文字没有被 style 属性定义</p>
            </body>
        </html>
```

【说明】代码中第 1 个段落标签使用链入外部样式表 style.css 中定义的.red 类，此行文字大小为 18px 大小，颜色为红色；第 2 个段落标签没有被定义，将按照默认的设置显示文字样式。

▷▷▷ 4.2.4 导入外部样式表

导入外部样式表是指在内部样式表的<style>标签里导入一个外部样式表，当浏览器读取 HTML 文件时，复制一份样式表到这个 HTML 文件中。其格式如下。

```
<style type="text/css">
<!--
    @import url("外部样式表的文件名1.css");
    @import url("外部样式表的文件名2.css");
    其他样式表的声明
-->
</style>
```

导入外部样式表与链入外部样式表很相似，都是将样式表定义保存为单独文件。两者的本质区别是：导入方式是在浏览器下载 HTML 文件时将样式表文件的全部内容复制到@import 关键字位置，以替换该关键字；而链入方式仅在 HTML 文件需要引用 CSS 样式文件中的某个样式时，浏览器才链接样式表文件读取需要的内容，但是并不进行替换。

需要注意的是，@import 语句后的"；"号不能省略。所有的@import 声明必须放在样式表的开始部分，在其他样式表声明的前面，其他 CSS 规则放在其后的<style>标签对中。如果在内部样式表中指定了规则（如.bg{ color: black; background: orange }），其优先级将高于导入的外部样式表中相同的规则。

【例 4-4】使用导入外部样式表将样式表的功能加入到网页，导入外部样式表文件至少需要两个文件，一个是 HTML 文件，另一个是 CSS 文件。本例在浏览器中的显示效果如图 4-4 所示。

CSS 文件名为 extstyle.css，存放于文件夹 style 中，代码如下。

```
.red{
    font-size:18px;
    color:red;
}
```

网页结构文件的 HTML 代码如下。

图 4-4 导入外部样式表示例

```
<!DOCTYPE html>
<html>
    <head>
        <meta charset="UTF-8">
```

```
            <title>导入外部样式表</title>
            <style type="text/css">
                @import url("style/extstyle.css");
            </style>
        </head>
        <body>
            <p class="red">此行文字被导入外部样式表中的style属性定义为红色显示</p>
            <p>此行文字没有被style属性定义</p>
        </body>
</html>
```

【说明】代码中第 1 个段落标签使用导入外部样式表 extstyle.css 中定义的.red 类，文字大小为 18px、红色文字；第 2 个段落标签没有被定义，将按照默认的设置显示文字样式。

以上 4 种定义与使用 CSS 样式表的方法中，最常用的是先将样式表保存为一个样式表文件，然后使用链入外部样式表的方法在网页中引用 CSS。

▷▷ 4.3　CSS 语法基础

前面介绍了如何在网页中定义和引用 CSS 样式表，接下来要讲解 CSS 是如何定义网页外观的。其定义的网页外观由样式规则和选择符决定。

16　CSS 的基本语法

▷▷▷ 4.3.1　CSS 样式规则

CSS 为样式化网页内容提供了一条捷径，即样式规则。每一条样式规则都是单独的语句。

1. 样式规则

样式表的每条规则都有两个主要部分：选择符（selector）和声明（declaration）。选择符决定哪些因素要受到影响，声明由一个或多个属性及其属性值组成。其语法如下。

```
selector{attribute:value}         /*（选择符{属性：属性值}）*/
```

selector 表示要进行格式化的元素；在选择器后的大括号中的即为声明部分；用"属性:属性值"描述要应用的格式化操作。

例如，分析一条如图 4-5 所示的 CSS 样式规则。

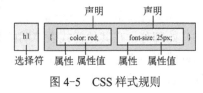

图 4-5　CSS 样式规则

选择符：h1 代表 CSS 样式的名字。

声明：声明包含在一对大括号"{}"内，用于告诉浏览器如何渲染页面中与选择符相匹配的对象。声明内部由属性及其属性值组成，并用冒号隔开，以分号结束。声明可以是一个或者多个属性及其属性值的组合。

属性（property）：是定义的具体样式（如颜色、字体等）。

属性值（value）：属性值放置在属性名和冒号后面，具体内容随属性的类别而呈现不同形式，一般包括数值、单位及关键字。

例如，将 HTML 中<body>和</body>标签内的所有文字设置为"华文中宋"、文字大小为 12px、黑色文字、白色背景，则只需要在样式中如下定义。

```
body
{
    font-family:"华文中宋";        /*设置字体*/
```

```
        font-size:12px;             /*设置文字大小为12px*/
        color:#000;                 /*设置文字颜色为黑色*/
        background-color:#fff;      /*设置背景颜色为白色*/
    }
```

从上述代码片段可以看出，这样的 CSS 代码结构十分清晰，为方便以后编辑，还可以在每行后面添加注释说明。但是，这种写法虽然使得阅读 CSS 变得方便，却无形中增加了很多字节，对于有一定基础的 Web 设计人员来说，可以将上述代码改写为如下格式。

```
    body{font-family:"华文中宋";font-size:12px;color:#000;background-color:#fff;}
    /*定义body的样式为12px大小的黑色华文中宋字体，且背景颜色为白色*/
```

2．选择符的类型

选择符决定了格式化将应用于哪些元素。CSS 选择符包括基本选择符、复合选择符、通配符选择符和特殊选择符。

17　CSS 的选择器-1

▷▷▷ 4.3.2　基本选择符

基本选择符包括标签选择符、class 类选择符和 id 选择符。

1．标签选择符

标签选择符是指以文档对象模型（DOM）作为选择符，即选择某个 HTML 标签为对象，设置其样式规则。一个 HTML 页面由许多不同的标签组成，而标签选择符就是声明哪些标签采用哪种 CSS 样式。因此，每一种 HTML 标签的名称都可以作为相应的标签选择符的名称。标签选择符就是网页元素本身，定义时直接使用元素名称。其格式如下。

```
    E
    {
        /*CSS代码*/
    }
```

其中，E 表示网页元素（Element）。例如以下代码表示标签选择符。

```
    body{                           /*body 标签选择符*/
        font-size:13pt;             /*定义body文字大小*/
    }
    div{                            /*div 标签选择符*/
        border:3px double #f00;     /*边框为3px红色双线*/
        width: 300px ;              /*把所有的div元素定义为宽度为300像素*/
    }
```

应用上述样式的代码如下。

```
    <body>
        <div>第一个div元素显示宽度为300像素</div><br/>
        <div>第二个div元素显示宽度也为300像素</div>
    </body>
```

本例在浏览器中的显示效果如图 4-6 所示。

图 4-6　标签选择符示例

2．class 类选择符

class 类选择符用来定义 HTML 页面中需要特殊表现的样式，使用元素的 class 属性值为一组元素指定样式。class 类选择符的名称可以由用户自定义，属性和属性值跟 HTML 标签选择符一样，必须符合 CSS 规范。其格式如下。

```
<style type="text/css">
<!--
    .类名称1{属性:属性值; 属性:属性值 …}
    .类名称2{属性:属性值; 属性:属性值 …}
    …
    .类名称n{属性:属性值; 属性:属性值 …}
-->
</style>
```

使用 class 类选择符时，需要使用英文.（点）进行标识，示例代码如下。

```
.blue{
    color:#00f;              /*class 类 blue 定义为蓝色文字*/
}
p{                           /*p 标签选择符*/
    border:2px dashed #f00;  /*边框为 2px 红色虚线*/
    width:280px ;            /*所有 p 元素定义为宽度为 280 像素*/
}
```

应用 class 类选择符的代码如下。

```
<h3 class="blue">标题可以应用该样式，文字为蓝色</h3>
<p class="blue">段落也可以应用该样式，文字为蓝色</p>
```

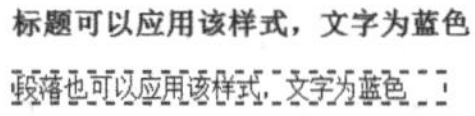

本例在浏览器中的显示效果如图 4-7 所示。

图 4-7 class 类选择符示例

3．id 选择符

id 选择符用来对某个单一元素定义单独的样式。id 选择符只能在 HTML 页面中使用一次，针对性更强。定义 id 选择符时要在 id 名称前加上一个"#"号。其格式如下。

```
<style type="text/css">
<!--
    #id 名1{属性:属性值; 属性:属性值 …}
    #id 名2{属性:属性值; 属性:属性值 …}
    …
    #id 名n{属性:属性值; 属性:属性值 …}
-->
</style>
```

其中，"#id 名"是定义的 id 选择符名称。该选择符名称在一个文档中是唯一的，只对页面中的唯一元素进行样式定义。这个样式定义在页面中只能出现一次，其适用范围为整个 HTML 文档中所有由 id 选择符所引用的设置。

示例代码如下。

```
#top {
    line-height:20px;          /*定义行高*/
    margin:15px 0px 0px 0px;   /*定义外边距*/
    font-size:24px;            /*定义字号大小*/
    color:#f00;                /*定义字体颜色*/
}
```

应用 id 选择符的代码如下。

```
<div>id 选择符以&ldquo;#&rdquo;开头（此 div 不带 id）</div>
<div id="top">id 选择符以&ldquo;#&rdquo;开头(此 div 带 id)</div>
```

本例在浏览器中的显示效果如图 4-8 所示。

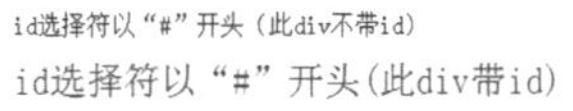

4.3.3 复合选择符

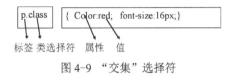

图 4-8 id 选择符示例

复合选择符包括"交集"选择符、"并集"选择符和"后代"选择符。

1. "交集"选择符

"交集"选择符由两个选择符直接连接构成，其结果是选中两者各自元素范围的交集。其中，第一个选择符必须是标签选择符，第二个选择符必须是 class 类选择符或 id 选择符。这两个选择符之间不能有空格，必须连续书写。

图 4-9 "交集"选择符

例如，如图 4-9 所示的"交集"选择符，第一个选择符是段落标签选择符，第二个选择符是 class 类选择符。

【例 4-5】 "交集"选择符示例。本例在浏览器中的显示效果如图 4-10 所示。

```
<!DOCTYPE html>
<html>
    <head>
        <meta charset="UTF-8">
        <title>"交集"选择符示例</title>
        <style type="text/css">
            p {
                font-size: 14px;
                /*定义文字大小*/
                color: #00F;
                /*定义文字颜色为蓝色*/
                text-decoration: underline;
                /*让文字带有下画线*/
            }
            .myContent {
                font-size: 20px;
                /*定义文字大小为18px*/
                text-decoration: none;
                /*让文字不再带有下画线*/
                border: 1px solid #C00;
                /*设置文字带边框效果*/
            }
        </style>
    </head>
    <body>
        <p>1."交集"选择符示例</p>
        <p class="myContent">2."交集"选择符示例</p>
        <p>3."交集"选择符示例</p>
    </body>
</html>
```

图 4-10 "交集"选择符示例

【说明】 页面中只有第 2 个段落使用了"交集"选择符，可以看到两个选择符样式交集的效果为字体大小为 20px、红色边框且无下画线。

2. "并集"选择符

与"交集"选择符相对应的还有一种"并集"选择符，或者称为"集体声明"。它的结果是同时选中各个基本选择符所选择的范围。任何形式的基本选择符都可以作为"并集"选择符的一部分。

例如，如图 4-11 所示的"并集"选择符，集合中分别是<h1>、<h2>和<h3>标签选择符，"集体声明"将为多个标签设置同一样式。

图 4-11 "并集"选择符

【例 4-6】"并集"选择符示例。本例在浏览器中的显示效果如图 4-12 所示。

```
<!DOCTYPE html>
<html>
    <head>
        <meta charset="UTF-8">
        <title>"并集"选择符示例</title>
        <style type="text/css">
            h1,
            h2,
            h3 {
                color: purple;
            }
            h2.special,
            #one {
                text-decoration: underline;
            }
        </style>
    </head>
    <body>
        <h1>示例文字 h1</h1>
        <h2 class="special">示例文字 h2</h2>
        <h3>示例文字 h3</h3>
        <h4 id="one">示例文字 h4</h4>
    </body>
</html>
```

图 4-12 "并集"选择符示例

【说明】页面中<h1>、<h2>和<h3>标签使用了"并集"选择符，可以看到这 3 个标签设置了同一样式，即文字颜色均为紫色。

3. "后代"选择符

在 CSS 选择符中，还可以通过嵌套的方式，对选择符或者 HTML 标签进行声明。当标签发生嵌套时，内层的标签就成为外层标签的"后代"。"后代"选择符在样式中会常常用到，因布局中常常用到容器的外层和内层，使用"后代"选择符就可以控制某个容器层的子层，使其他同名的对象不受该规则影响。

"后代"选择符能够简化代码，实现大范围的样式控制。例如，当用户对<h1>标签下面的<span>标签进行样式设置时，就可以使用"后代"选择符进行相应的控制。"后代"选择符的写法就是把外层的标签写在前面，内层的标签写在后面，之间用空格隔开。

例如，如图 4-13 所示的"后代"选择符，外层的标签是<h1>，内层的标签是<span>，<span>标签就成为<h1>标

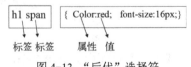

图 4-13 "后代"选择符

签的后代。

【例 4-7】 "后代"选择符示例。本例在浏览器中的显示效果如图 4-14 所示。

```
<!DOCTYPE html>
<html>
    <head>
        <meta charset="UTF-8">
        <title>"后代"选择符示例</title>
        <style type="text/css">
            p span {
                color: red;
            }
            span {
                color: blue;
            }
        </style>
    </head>
    <body>
        <p>嵌套使用<span>CSS 标签</span>的方法</p>
        嵌套之外的<span>标签</span>不生效
    </body>
</html>
```

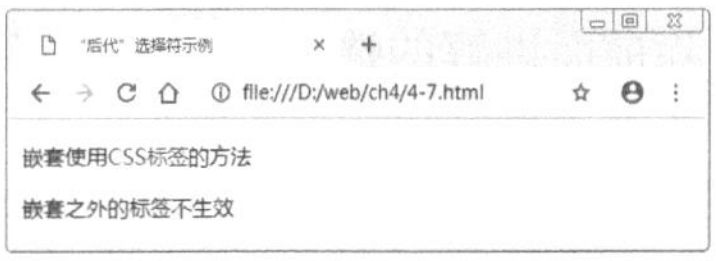

图 4-14 "后代"选择符示例

▷▷▷ 4.3.4 通配符选择符

通配符选择符是一种特殊的选择符，用"*"表示，与 Windows 通配符"*"具有相似的功能，可以定义所有元素的样式。其格式如下。

* {CSS 代码}

例如，通常在制作网页时首先将页面中所有元素的外边距和内边距设置为 0，代码如下。

```
*{
    margin:0px;        /*外边距设置为0*/
    padding:0px;       /*内边距设置为0*/
}
```

此外，还可以对特定元素的子元素应用样式，例如以下代码。

```
* {color:#000;}          /*定义所有文字的颜色为黑色*/
p {color:#00f;}          /*定义段落文字的颜色为蓝色*/
p * {color:#f00;}        /*定义段落子元素文字的颜色为红色*/
```

应用上述样式的代码如下。

```
<h2>通配符选择符</h2>
<div>默认的文字颜色为黑色</div>
<p>段落文字颜色为蓝色</p>
<p><span>段落子元素的文字颜色为红色</span></p>
```

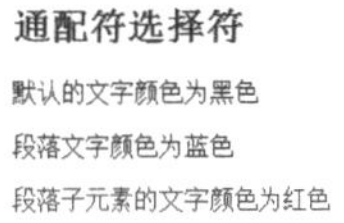

图 4-15 通配符选择符示例

上述代码在浏览器中的显示效果如图 4-15 所示。

从代码的执行结果可以看出，由于通配符选择符定义了所有文字的颜色为黑色，因此<h2>和<div>标签中文字的颜色为黑色。接着又定义了<p>标签的文字颜色为蓝色，所以<p>标签中文字的颜色呈现为蓝色。最后定义了<p>标签内所有子元素的文字颜色为红色，所以<p><span>和

</span></p>标签之间的文字颜色呈现为红色。

4.3.5 特殊选择符

除前面讲解的选择符外，还有两个比较特殊的、针对属性操作的选择符——伪类选择符和伪元素。

1. 伪类选择符

伪类选择符可看作一种特殊的类选择符，是能被支持 CSS 的浏览器自动识别的特殊选择符。其最大的用处是，可以对链接在不同状态下的内容定义不同的样式效果。之所以名字中有"伪"字，是因为它所指定的对象在文档中并不存在，它指定的是一个与其相关的选择符的状态。伪类选择符和类选择符不同，它不能像类选择符一样随意用别的名字。

伪类选择符可以让用户在使用页面的过程中增加更多的交互效果，例如应用最为广泛的锚点标签<a>的几种状态（未访问超链接状态、已访问超链接状态、鼠标指针悬停在超链接上的状态以及被激活的超链接状态），具体代码如下所示。

```
a:link {color:#FF0000;}          /*未访问的超链接状态*/
a:visited {color:#00FF00;}       /*已访问的超链接状态*/
a:hover {color:#FF00FF;}         /*鼠标悬停在超链接上的状态*/
a:active {color:#0000FF;}        /*被激活的超链接状态*/
```

需要注意的是，要把 active 样式写到 hover 样式后面，否则 active 样式是不生效的。因为当浏览者按下鼠标按键未松手（active）的时候其实也是获取焦点（hover）的时候，所以如果把 hover 样式写到 active 样式后面就把样式重写了。

【例 4-8】 伪类选择符的应用。当鼠标悬停在超链接上的时候背景色变为其他颜色，文字字体变大，并且添加了边框线，待鼠标离开超链接时又恢复到默认状态，这种效果就可以通过伪类选择符实现。本例在浏览器中的显示效果如图 4-16 和图 4-17 所示。

图 4-16 鼠标悬停在超链接上时　　　　图 4-17 鼠标离开超链接时

```
<!DOCTYPE html>
<html>
    <head>
        <meta charset="UTF-8">
        <title>伪类示例</title>
        <style type="text/css">
            a:hover {
                background-color: #ff0;
                /*定义背景颜色*/
                border: 1px dashed #00f;
                /*定义边框粗细、类型及其颜色*/
                font-size: 32px;
                /*定义字体大小*/
            }
        </style>
    </head>
```

```
<body>
    <p>乾坤大挪移：鼠标指向
        <a href="#">变脸</a>看发生了什么变化</p>
    </form>
</body>
</html>
```

21　CSS 的选择器-5

2．伪元素

与伪类选择符类似，伪元素通过对插入到文档中的虚构元素进行触发，从而达到某种效果。CSS 的主要目的是给 HTML 元素添加样式，然而，在一些案例中给文档添加额外的元素是多余的或是不可能的。CSS 有一个特性——允许用户添加额外元素而不扰乱文档本身，这就是"伪元素"。伪元素的语法如下。

选择符 : 伪元素{属性: 属性值; }

伪元素及其作用见表 4-2。

表 4-2　伪元素及其作用

伪元素	作用
:first-letter	将特殊的样式添加到文本的首字母
:first-line	将特殊的样式添加到文本的首行
:before	在某元素之前插入内容
:after	在某元素之后插入内容

【例 4-9】　伪元素的应用。本例在浏览器中的显示效果如图 4-18 所示。

```
<!DOCTYPE html>
<html>
    <head>
        <meta charset="UTF-8">
        <title>伪元素示例</title>
        <style type="text/css">
            h4:first-letter {
                color: #ff0000;
                font-size: 36px;
            }
            p:first-line {
                color: #ff0000;
            }
        </style>
    </head>
    <body>
        <h4>尊贵的客户，您好！欢迎进入爱心包装客户服务中心。</h4>
        <p>我们的服务宗旨是"品质第一，服务第一……（此处省略文字）</p>
    </body>
</html>
```

图 4-18　伪元素的显示效果

【说明】在本示例代码中，分别对"h4:first-letter""p:first-line"进行了样式设置。从图 4-18 中可以看出，凡是<h4>与</h4>之间的内容，都应用了首字号增大且变为红色的样式；凡是<p>与</p>之间的内容，都应用了首行文字变为红色的样式。

4.4 CSS 的属性单位

在设置 CSS 文字、排版、边界时，常常会在属性值后加上长度单位或者百分比单位。本节将学习这两种单位的使用。

22 属性值的写法和单位

4.4.1 长度单位和百分比单位

使用 CSS 进行排版时，常常会在属性值后面加上长度单位或者百分比的单位。

1．长度单位

长度单位有相对长度单位和绝对长度单位两种类型。

相对长度单位是指，以该属性前一个属性的单位值为基础来完成目前的属性设置。

绝对长度单位不会随着显示设备的不同而改变。换句话说，属性值使用绝对长度单位时，不论在哪种设备上，显示效果都是一样的，如屏幕上的 1cm 与打印机上的 1cm 是一样长的。

由于相对长度单位确定的是一个长度属性相对于另一个长度属性的长度，因而它能更好地适应不同的设备，所以它是首选。一个长度的值由正号"+"或负号"–"、一个数字和表示单位的两个字母组成。

长度单位见表 4-3。

表 4-3　长度单位

长度单位	简　　介	示　　例	长度单位类型
em	相对于当前对象内大写字母 M 的宽度	div { font-size : 1.2em }	相对长度单位
ex	相对于当前对象内小写字母 x 的高度	div { font-size : 1.2ex }	相对长度单位
px	像素（pixel），像素是相对于显示器屏幕分辨率而言的	div { font-size : 12px }	相对长度单位
pt	点（point），1pt = 1/72in	div { font-size : 12pt }	绝对长度单位
pc	派卡（pica），相当于汉字新四号铅字的尺寸，1pc =12pt	div { font-size : 0.75pc }	绝对长度单位
in	英寸（inch），1in = 2.54cm = 25.4mm = 72pt = 6pc	div { font-size : 0.13in }	绝对长度单位
cm	厘米（centimeter）	div { font-size : 0.33cm }	绝对长度单位
mm	毫米（millimeter）	div { font-size : 3.3mm }	绝对长度单位

2．百分比单位

百分比单位也是一种常用的相对单位类型，通常的参考依据为元素的 font-size 属性。百分比值总是相对于另一个值来说的，该值可以是长度单位或其他单位。每一个可以使用百分比单位指定的属性，同时也自定义了这个百分比值的参照值。在大多数情况下，这个参照值是该元素本身的字体尺寸。并非所有属性都支持百分比单位。

一个百分比值由正号"+"或负号"–"、一个数字和百分号"%"组成。如果百分比值是正的，正号可以不写。正负号、数字与百分号之间不能有空格，示例代码如下。

```
p{ line-height: 200% }          /*本段文字的高度为标准行高的 2 倍*/
hr{ width: 80% }                /*水平线长度是相对于浏览器窗口的 80%*/
```

注意，不论使用哪种单位，在设置时，数值与单位之间都不能加空格。

4.4.2 色彩单位

在 HTML 网页或者 CSS 样式的色彩定义里,设置色彩模式是 RGB。在 RGB 色彩模式中,所有色彩均由红色(Red)、绿色(Green)、蓝色(Blue)三种色彩混合而成。

在 HTML 标记中只提供了两种色彩值表示方法:十六进制数和色彩英文名称。CSS 则提供了 4 种定义色彩的方法:十六进制数、色彩英文名称、rgb 函数和 rgba 函数。

1. 用十六进制数方式表示色彩值

在计算机中,定义每种色彩的强度范围为 0~255。当所有色彩的强度都为 0 时,将产生黑色;当所有色彩的强度都为 255 时,将产生白色。

在 HTML 中,使用 RGB 色彩模式时,表示方法为:#RRGGBB,即前面是一个"#"号,再加上 6 位十六进制数。其中,前两位数代表红光强度,中间两位数代表绿光强度,后两位数代表蓝光强度。以上 3 组参数的取值范围为:00~ff。每组参数都必须是两位数。对于只有 1 位的参数,应在前面补 0。这种方法共可表示 256×256×256 种色彩,即 16M 种色彩。红色、绿色、黑色、白色的十六进制设置值分别为#ff0000、#00ff00、#000000、#ffffff。示例代码如下。

```
div { color: #ff0000 }
```

如果三组参数中每组参数的两位数都相同,则可缩写为#RGB 的方式。例如:#cc9900 可以缩写为#c90。

2. 用色彩英文名称方式表示色彩值

在 CSS 中也提供了与 HTML 一样的用色彩英文名称表示色彩值的方式。CSS 只提供了 16 种色彩名称,示例代码如下。

```
div {color: red }
```

3. 用 rgb 函数方式表示色彩值

在 CSS 中,可以用 rgb 函数设置色彩值。语法格式为:rgb(R,G,B)。其中,R 为红色值,G 为绿色值,B 为蓝色值。这 3 个参数可取正整数值或百分比值,正整数值的取值范围为 0~255,百分比值的取值范围为色彩强度的百分比 0.0%~100.0%。示例代码如下。

```
div { color: rgb(128,50,220) }
div { color: rgb(15%,100,60%) }
```

4. 用 rgba 函数方式表示色彩值

rgba 函数在 rgb 函数的基础上增加了控制 Alpha 透明度的参数。语法格式为:rgba(R,G,B,A)。其中,R、G、B 参数与 rgb 函数中的 R、G、B 参数相同,A 参数表示 Alpha 透明度,取值在 0~1 之间,不可为负值。示例代码如下。

```
<div style="background-color: rgba(0,0,0,0.5);">alpha 值为 0.5 的黑色背景</div>
```

4.5 文档结构

CSS 通过与 HTML 文档结构相对应的选择符来达到控制页面表现的目的,CSS 之所以功能强大,是因为它采用 HTML 文档结构来决定其样式的应用。

23 HTML 文档结构与元素类型

4.5.1 文档结构的基本概念

为了更好地理解"CSS 采用 HTML 文档结构来决定其样式的应用"这句话,读者需要先理解文档是怎样结构化的,也为以后学习继承、层叠等知识打下基础。

【例 4-10】 文档结构示例。本例在浏览器中的显示效果如图 4-19 所示。

```
<!DOCTYPE html>
<html>
    <head>
        <meta charset="UTF-8">
        <title>文档结构示例</title>
    </head>
    <body>
        <h1>初识 CSS</h1>
        <p>CSS 是一组格式设置规则,用于控制<em>Web</em>页面的外观。</p>
        <ul>
            <li>CSS 的优点
                <ul>
                    <li>表现和内容(结构)分离</li>
                    <li>易于维护和<em>改版</em></li>
                    <li>更好地控制页面布局</li>
                </ul>
            </li>
            <li>CSS 设计与编写原则</li>
        </ul>
    </body>
</html>
```

【说明】 在 HTML 文档中,文档结构都是基于元素层次关系的,本例的代码中,元素间的层次关系可以用如图 4-20 所示的树形图来描述。

图 4-19 文档结构的示例效果

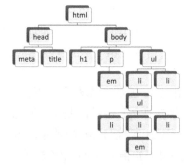

图 4-20 HTML 文档结构树形图

在这样的层次关系中,每个元素都处于文档结构中的某个位置,而且每个元素或是父元素或是子元素,或既是父元素又是子元素。例如,文档中的 body 元素既是 html 元素的子元素,又是 h1、p 和 ul 的父元素。整个代码中,html 元素是所有元素的祖先,也称为根元素。前面讲解的"后代"选择符就是建立在文档结构的基础上的。

4.5.2 继承

继承是指包含在内部的标签能够拥有外部标签的样式,即子元素可以继承父元素的属性。CSS 的主要特征就是继承（Inheritance），它依赖于祖先-子孙关系，这种特性允许样式不仅应用于某个特定的元素，同时也应用于其后代，而后代所定义的新样式却不会影响父代样式。

根据 CSS 规则，子元素继承父元素的属性，示例代码如下。

```
body{font-family:"微软雅黑";}
```

通过继承，body 的所有子元素都应该显示为微软雅黑字体，其子元素的子元素也一样。

【例 4-11】 CSS 继承示例。本例在浏览器中的显示效果如图 4-21 所示。

```
<!DOCTYPE html>
<html>
    <head>
        <meta charset="UTF-8">
        <title>继承示例</title>
        <style type="text/css">
            p {
                color: #00f;
                /*定义文字颜色为蓝色*/
                text-decoration: underline;
                /*增加下画线*/
            }
            p em {
                /*为 p 元素中的 em 子元素定义样式*/
                font-size: 24px;
                /*定义文字大小为 24px*/
                color: #f00;
                /*定义文字颜色为红色*/
            }
        </style>
    </head>
    <body>
        <h1>初识 CSS</h1>
        <p>CSS 是一组格式设置规则，用于控制<em>Web</em>页面的外观。</p>
        <ul>
            <li>CSS 的优点
                <ul>
                    <li>表现和内容（结构）分离</li>
                    <li>易于维护和<em>改版</em></li>
                    <li>更好地控制页面布局</li>
                </ul>
            </li>
            <li>CSS 设计与编写原则</li>
        </ul>
    </body>
</html>
```

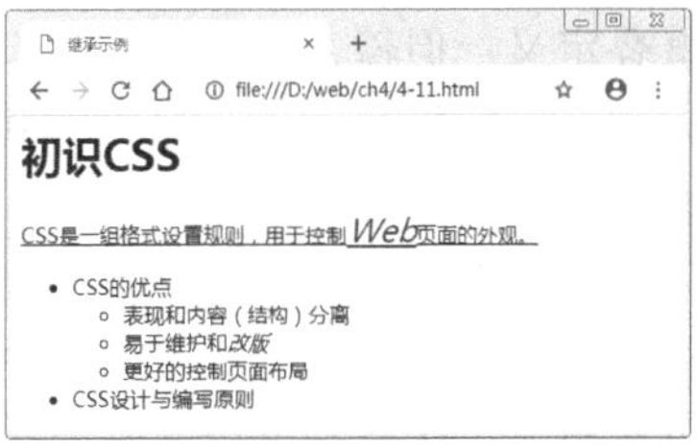

图 4-21 继承页面显示效果

【说明】从图 4-21 的显示效果可以看出，虽然 em 子元素重新定义了新样式，但其父元素 p 并未受到影响，而且 em 子元素中的内容还继承了 p 元素中设置的下画线样式，只是颜色和字体大小采用了自己的样式风格。

需要注意的是，不是所有属性都具有继承性，CSS 强制规定部分属性不具有继承性。下面这些属性不具有继承性：边框、外边距、内边距、背景、定位、布局、元素高度和宽度。

4.5.3 样式表的层叠、特殊性与重要性

1. 样式表的层叠

层叠（Cascade）是指 CSS 能够对同一个元素应用多个样式表的能力。前面介绍了在网页中引用样式表的 4 种方法，如果这 4 种方法同时应用，浏览器会以哪种方法定义的规则为准？这就涉及样式表的优先级和叠加。所谓优先级，即是指 CSS 样式在浏览器中被解析的先后顺序。

一般原则是，最接近目标的样式定义优先级最高。高优先级样式将继承低优先级样式的未重叠定义，但覆盖重叠的定义。根据规定，样式表的优先级别从高到低为：行内样式表、内部样式表、链接样式表、导入样式表和默认浏览器样式表。浏览器将按照上述顺序执行样式表的规则。

样式表的层叠性就是继承性，样式表的继承规则是：外部的元素样式会保留下来，由这个元素所包含的其他元素继承；所有在元素中嵌套的元素都会继承外层元素指定的属性值，如果没有更改，还会把多层嵌套的样式叠加在一起；遇到冲突的地方，以最后定义的为准。

【例 4-12】 样式表的层叠示例。在<div>标签中嵌套<p>标签。本例在浏览器中的显示效果如图 4-22 所示。

```
<!DOCTYPE html>
<html>
    <head>
        <meta charset="UTF-8">
        <title>多重样式表的层叠</title>
        <style type="text/css">
            div {
                color: red;
                font-size: 13pt;
            }
            p {
                color: blue;
            }
        </style>
    </head>
    <body>
        <div>
            <p>这个段落的文字为蓝色 13 号字</p>
            <!-- p 元素里的内容会继承 div 定义的属性 -->
        </div>
    </body>
</html>
```

图 4-22 样式表的层叠示例

【说明】显示结果为段落里的文字大小为 13 号，继承 div 属性；而 color 属性则依照最后的定义为蓝色。

2. 特殊性

在编写 CSS 代码的时候，会出现多个样式规则作用于同一个元素的情况，特殊性描述了不同规则的相对权重，当多个规则作用于同一个元素时权重大的样式会被优先采用。

例如有以下 CSS 代码片段。

```
.color_red{
    color:red;
}
p{
    color:blue;
}
```

应用此样式的结构代码如下。

```
<div>
    <p class="color_red">这里的文字颜色是红色</p>
</div>
```

图 4-23　样式的特殊性示例

上述代码在浏览器中的显示效果如图 4-23 所示。

正如上述代码所示，预定义的<p>标签样式和.color_red 类样式都能匹配上面的 p 元素，那么<p>标签中的文字该使用哪一种样式呢？

根据规范，通配符选择符具有特殊性值 0；基本选择符（例如 p）具有特殊性值 1；class 类选择符具有特殊性值 10；id 选择符具有特殊性值 100；行内样式（style=""）具有特殊性值 1000。选择符的特殊性值越大，规则的相对权重就越大，样式会被优先采用。

在本示例中，显然类选择符.color_red 要比基本选择符 p 的特殊性值大，因此<p>标签中文字的颜色是红色的。

3．重要性

不同的选择符定义相同的元素时，要考虑不同选择符之间的优先级（id 选择符、class 类选择符和 HTML 标签选择符），id 选择符的优先级最高，其次是 class 类选择符，HTML 标签选择符最低。如果想超越这三者之间的关系，可以用!important 来提升样式表的优先权，示例代码如下。

```
p { color: #f00!important }
.blue { color: #00f}
#id1 { color: #ff0}
```

对页面中的一个段落同时应用这 3 种样式,结果会依照被!important 声明的 HTML 标签选择符的样式，显示红色文字。如果去掉!important，则依照优先权最高的 id 选择符，显示黄色文字。

▷▷▷ 4.5.4　元素类型

前面以文档结构树形图的形式讲解了文档中元素的层次关系，这种层次关系同时也依赖于这些元素类型间的关系。CSS 使用 display 属性规定元素应该生成的框的类型，任何元素都可以通过 display 属性改变默认的显示类型。

1．块级元素（display:block）

display 属性设置为 block 将显示块级元素，块级元素的宽度为 100%，而且后面附带隐藏的换行符，使块级元素始终占据一行。如 div 常常被称为块级元素，这意味着这些元素显示为一块内容。标题、段落、列表、表格、分区 div 和 body 等元素都是块级元素。

2．行级元素（display:inline）

行级元素也称内联元素，display 属性设置为 inline 将显示行级元素，元素前后没有换行符，行级元素没有高度和宽度，因此也就没有固定的形状，显示时只占据其内容的大小。超链接、图像、范围 span、表单元素等都是行级元素。

3．列表项元素（display:listitem）

listitem 属性值表示列表项目，其实质上也是块状显示的，不过是一种特殊的块状类型，它增加了缩进和项目符号。

4. 隐藏元素（display:none）

none 属性值表示隐藏并取消盒模型，所包含的内容不会被浏览器解析和显示。通过把 display 设置为 none，该元素及其所有内容就不再显示，也不占用文档中的空间。

5. 其他分类

除了上述常用的元素类型之外，还包括以下元素类型。

```
display : inline-table | run-in | table | table-caption | table-cell |
table-column | table-column-group | table-row | table-row-group | inherit
```

如果从布局角度来分析，上述元素的显示类型都可以划归为 block 和 inline 两种，其他类型都是这两种类型的特殊显示，真正能够应用并获得所有浏览器支持的只有 4 个：none、block、inline 和 listitem。

▷▷▷ 4.5.5 案例——制作爱心包装新闻更新局部页面

本节将结合文档结构的基础知识制作一个实用案例。

【例 4-13】 制作爱心包装新闻更新局部页面。本例在浏览器中的显示效果如图 4-24 所示。

1. 前期准备

（1）栏目目录结构

在栏目文件夹下创建文件夹 images 和 css，分别用来存放图像素材和外部样式表文件。

（2）页面素材

将页面需要使用的素材存放在文件夹 images 下。

图 4-24 页面显示效果

（3）外部样式表

在文件夹 css 下创建名为 style.css 的样式表文件。

2. 制作页面

（1）制作页面的 CSS 样式

打开创建的 style.css 文件，定义页面的 CSS 规则，代码如下。

```
/*---------页面全局样式---------*/
*{                              /*表示针对 HTML 的所有元素*/
    padding:0px;                /*内边距为 0px*/
    margin:0px;                 /*外边距为 0px*/
}
p {                             /*段落样式*/
    margin: 0 0 10px 0;         /*上、右、下、左的外边距依次为 0px,0px,10px,0px*/
    padding: 0;
}
img {                           /*设置图片样式*/
    border: none;               /*图片无边框*/
}
body{                           /*设置页面整体样式*/
    width:985px;
    margin:0 auto;              /*页面自动居中对齐*/
    font-family:Tahoma;
    font-size:12px;             /*设置文字大小为 12px*/
```

```css
    color:#565656;              /*设置默认文字颜色为灰色*/
    position:relative;          /*相对定位*/
}
/*---------右侧区域---------*/
#right {                        /*右侧区域容器样式*/
    width: 238px;               /*容器宽 238px*/
}
.rightblock{                    /*右侧区域内容的样式*/
    padding:0 0 0 14px          /*上、右、下、左的内边距依次为 0px,0px,0px,14px*/
}
.blocks{                        /*右侧区域 3 个子栏目的样式*/
    width:218px;                /*子栏目宽 218px*/
    background-image:url(../images/bg.gif);     /*背景图像*/
    background-position:top left;               /*背景图像顶端左对齐*/
    background-repeat:repeat-y;                 /*背景图像垂直重复*/
    margin:0 0 2px 0;
}
.blocks span{                   /*子栏目中局部文字信息的样式*/
    font-size:11px;
    font-weight:bold;           /*字体加粗*/
    display:block;              /*块级元素*/
    float:left;                 /*向左浮动*/
    width:68px;
    text-align:right;
    padding:0 7px 0 0;
}
#news{                          /*设置最新消息区域的样式*/
    padding:0 5px 5px 13px;
    float:left;                 /*向左浮动*/
}
#right .date{                   /*设置消息发布日期的样式*/
    display:block;              /*块级元素*/
    width:100px;
    line-height:19px;           /*行高 19px*/
    margin:11px 0 12px 0;
    text-align:center;          /*文字居中对齐*/
    font-family:Arial;
    font-size:12px;
    font-weight:normal;         /*文字正常粗细*/
    color:#272727;
    background-image:url(../images/date.gif);
    background-position:top left;
    background-repeat:no-repeat;
}
#news p{                        /*设置最新消息区域中段落的样式*/
    display:block;              /*块级元素*/
    float:left;                 /*向左浮动*/
    width:195px;
    text-indent: 2em;           /*首行缩进*/
}
.more{                          /*更多信息文字的样式*/
    display:block;              /*块级元素*/
```

```
            float:left;                 /*向左浮动*/
            color:#0283DD;              /*青色文字*/
            text-decoration:underline;  /*加下画线*/
            margin:15px 0 0 0;
        }
```

（2）制作页面的网页结构代码

网页结构文件 4-13.html 的代码如下。

```html
<!DOCTYPE html>
<html>
    <head>
        <meta charset="UTF-8">
        <title>爱心包装新闻更新局部页面</title>
        <link rel="stylesheet" type="text/css" href="css/style.css" />
    </head>
    <body>
        <div id="right">
            <div class="rightblock">
                <div class="blocks"><img src="images/top_bg.gif" width="218" height="12" />
                    <div id="news"> <img src="images/title5.gif" alt="" width="201" height="28" /> <span class="date">2021 年 1 月 16 日</span>
                        <p>爱心包装与境内外 60 家银行……（此处省略文字）</p>
                        <a href="#" class="more">更多信息</a>
                    </div>
                    <img src="images/bot_bg.gif" width="218" height="10" />
                </div>
            </div>
        </div>
    </body>
</html>
```

【说明】本例中使用元素的内边距和外边距实现了元素的精确定位，请读者参考后续章节讲解的 CSS 盒模型的相关知识。

习题 4

1. 建立内部样式表，制作如图 4-25 所示的页面。
2. 使用文档结构的基本知识制作如图 4-26 所示的页面。

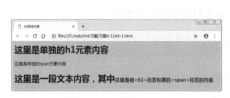

图 4-25　题 1 图

图 4-26　题 2 图

3. 使用 CSS 制作企业加盟信息区，如图 4-27 所示。
4. 使用 CSS 制作包装知识简介页面，如图 4-28 所示。

图 4-27 题 3 图

图 4-28 题 4 图

第 5 章 CSS 盒模型

页面中的所有元素都可以看成一个盒子，占据着一定的页面空间，可以通过 CSS 来控制这些盒子的显示属性，把这些盒子进行定位完成整个页面的布局。盒模型是 CSS 定位布局的核心内容。只有很好地掌握了盒模型以及其中每个元素的用法，才能真正地控制好页面中的各个元素。

▷▷ 5.1 盒模型概述

Web 页面中"盒子"的结构包括厚度、边距（边缘与其他物体的距离）、填充（填充厚度）。引申到 CSS 中，就是 border、margin 和 padding。

24　CSS 盒模型的组成和大小

盒模型将页面中的每个元素看作一个矩形框，这个框由元素的内容、内边距（padding）、边框（border）和外边距（margin）组成，如图 5-1 所示。对象的尺寸与边框等样式表属性的关系，如图 5-2 所示。

一个页面由许多这样的盒子组成，这些盒子之间会互相影响，因此掌握盒模型需要从两方面来理解：一是理解一个孤立的盒子的内部结构；二是理解多个盒子之间的相互关系。

盒模型最里面的部分就是实际的内容，内边距紧紧包围在内容区域的周围，如果给某个元素添加背景色或背景图像，那么该元素的背景色或背景图像也将出现在内边距中。在内边距的外侧边缘是边框，边框以外是外边距。边框的作用就是在内边距与外边距之间创建一个隔离带，以避免视觉上的混淆。

例如，在图 5-3 所示的相框列表中，可以把相框看成一个个盒子，相片看成盒子的内容（content）；相片和相框之间的距离就是内边距；相框的厚度就是边框；相框之间的距离就是外边距。

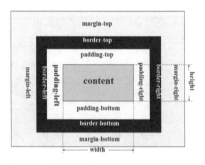

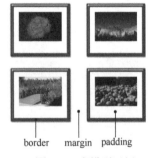

图 5-1　CSS 盒模型　　　图 5-2　尺寸与边框等样式表属性的关系　　　图 5-3　盒模型示例

▷▷ 5.2 盒模型的属性

盒模型是一个极其通用的描述盒子布局形式的方法。对于任何一个盒子，都可以

25　CSS 盒模型的属性-1

26　CSS 盒模型的属性-2

27　CSS 盒模型的属性-3

分别设定 4 条边各自的内边距、边框和外边距，实现各种各样的排版效果。

5.2.1 边框

边框一般用于分隔不同元素，边框的外围即为元素的最外围。边框是围绕元素内容和内边距的一条或多条线，border 属性允许规定元素边框的宽度、颜色和样式。

常用的边框属性有 8 项：border-top、border-right、border-bottom、border-left、border-width、border-color、border-style 和 border-radius。其中 border-width 可以一次性设置所有的边框宽度，border-color 可以同时设置四面边框的颜色，可以连续写上 4 种颜色，并用空格分隔。上述连续设置的边框都是按 border-top、border-right、border-bottom、border-left 的顺序（顺时针）。

1．所有边框宽度（border-width）

语法：`border-width : medium | thin | thick | length`

参数：medium 为默认宽度，thin 为小于默认宽度，thick 为大于默认宽度。length 由数字和单位标识符组成的长度值，不可为负值。其中语法格式中的竖线"|"表示分开的多个选项只能选取一项。

说明：如果提供全部的 4 个参数值，将按上、右、下、左的顺序作用于 4 个边框。如果只提供 1 个，将用于全部的 4 条边（顺时针）。如果提供 2 个，第 1 个用于上、下，第 2 个用于左、右。如果提供 3 个，第 1 个用于上，第 2 个用于左、右，第 3 个用于下。

要使用该属性，必须先设置对象的 height 或 width 属性，或者设置 position 属性为 absolute。如果将 border-style 设置为 none，本属性将失去作用。

示例：

```
span { border-style: solid; border-width: thin }
span { border-style: solid; border-width: 1px thin }
```

2．上边框宽度（border-top）

语法：`border-top : border-width || border-style || border-color`

参数：该属性是复合属性。请参阅各参数对应的属性。其中语法格式中的双竖线"||"表示分开的多个选项可以选取多项。

说明：请参阅 border-width 属性。

示例：

```
div { border-bottom: 25px solid red; border-left: 25px solid yellow; border-right: 25px solid blue; border-top: 25px solid green }
```

3．右边框宽度（border-right）

语法：`border-right : border-width || border-style || border-color`

参数：该属性是复合属性。请参阅各参数对应的属性。

说明：请参阅 border-width 属性。

4．下边框宽度（border-bottom）

语法：`border-bottom : border-width || border-style || border-color`

参数：该属性是复合属性。请参阅各参数对应的属性。

说明：请参阅 border-width 属性。

5．左边框宽度（border-left）

语法：`border-left : border-width || border-style || border-color`

参数：该属性是复合属性。请参阅各参数对应的属性。

说明：请参阅 border-width 属性。

示例：

```
h4{border-top-width: 2px; border-bottom-width: 5px; border-left-width: 1px; border-right-width: 1px}
```

6．边框颜色（border-color）

语法：`border-color : color`

参数：color 指定颜色。

说明：要使用该属性，必须先设置对象的 height 或 width 属性，或者设置 position 属性为 absolute。如果 border-width 值为 0 或 border-style 值为 none，本属性将失去作用。

示例：

```
body { border-color: silver red }
body { border-color: silver red rgb(223, 94, 77) }
body { border-color: silver red rgb(223, 94, 77) black }
h4 { border-color: #ff0033; border-width: thick }
p { border-color: green; border-width: 3px }
p { border-color: #666699 #ff0033 #000000 #ffff99; border-width: 3px }
```

7．边框样式（border-style）

语法：`border-style : none | hidden | dotted | dashed | solid | double | groove | ridge | inset | outset`

参数：border-style 属性包括了多个边框样式的参数。

- none：无边框。与任何指定的 border-width 值无关。
- dotted：边框为点线。
- dashed：边框为长短线。
- solid：边框为实线。
- double：边框为双线。两条单线与其间隔的和等于指定的 border-width 值。
- groove：根据 border-color 的值画 3D 凹槽。
- ridge：根据 border-color 的值画菱形边框。
- inset：根据 border-color 的值画 3D 凹边。
- outset：根据 border-color 的值画 3D 凸边。

说明：如果提供全部 4 个参数值，将按上、右、下、左的顺序作用于 4 个边框。如果只提供 1 个，将用于全部的 4 条边（顺时针）。如果提供 2 个，第 1 个用于上、下，第 2 个用于左、右。如果提供 3 个，第 1 个用于上，第 2 个用于左、右，第 3 个用于下。

要使用该属性，必须先设置对象的 height 或 width 属性，或者设置 position 属性为 absolute。如果 border-width 的值不大于 0，本属性将失去作用。

8．圆角边框（border-radius）

语法：`border-radius : length {1,4}`

参数：length 是由浮点数和单位标识符组成的长度值，不允许为负值。

说明：边框圆角的第 1 个 length 值是水平半径，如果第 2 个值省略，则它等于第 1 个值，这时这个角就是一个四分之一圆角，如果任意一个值为 0，则这个角是矩形，不再是圆角。

【例 5-1】 边框样式的不同表现形式。本例在浏览器中的显示效果如图 5-4 所示。

```
<!DOCTYPE html>
<html>
    <head>
        <meta charset="UTF-8">
        <title>border-style</title>
        <style type="text/css">
            div {
                border-width: 6px; /*边框宽度为6px*/
                border-color:#000000; /*边框颜色为黑色*/
                margin:20px; /*外边距为20px*/
                padding:5px; /*外边距为5px*/
                background-color:#FFFFCC;   /*淡黄色背景*/
            }
        </style>
    </head>
    <body>
        <div style="border-style:dashed">虚线边框</div>
        <div style="border-style:dotted">点线边框</div>
        <div style="border-style:double">双线边框</div>
        <div style="border-style:groove">凹槽边框</div>
        <div style="border-style:inset">凹边边框</div>
        <div style="border-style:outset">凸边边框</div>
        <div style="border-style:ridge">菱形边框</div>
        <div style="border-style:solid">实线边框</div>
    </body>
</html>
```

图 5-4 边框样式示例

【例 5-2】 制作栏目圆角边框。本例在浏览器中的显示效果如图 5-5 所示。

```
<!DOCTYPE html>
<html>
    <head>
        <meta charset="UTF-8">
        <title>圆角边框效果</title>
        <style type="text/css">
            .radius {
                width: 200px;
                /*栏目容器宽度为200px*/
                height: 150px;
                /*栏目容器高度为150px*/
                border-width: 3px;
                /*边框宽度为3px*/
                border-color: #fd8e47;
                /*边框颜色为橘红色*/
                border-style: solid;
                /*实线边框*/
                border-radius: 11px 11px 11px 11px;
                /*圆角半径为11px*/
                padding: 5px;
```

图 5-5 圆角边框示例

```
                    /*内边距为5px*/
            }
        </style>
    </head>
    <body>
        <div class="radius">
            栏目分类
        </div>
    </body>
</html>
```

【说明】在 CSS3 之前，要制作圆角边框的效果可以通过图像切片来实现，实现过程很烦琐。CSS3 的到来简化了实现圆角边框的过程。

▷▷▷ 5.2.2 外边距

外边距指的是元素与元素之间的距离。外边距属性有 margin-top、margin-right、margin-bottom、margin-left，可分别设置，也可以用 margin 属性一次性设置所有外边距。

1．上外边距（margin-top）

语法：`margin-top : length | auto`

参数：length 是由数字和单位标识符组成的长度值或者百分数，百分数是基于父容器的高度。auto 值被设置为对边的值。

说明：设置元素上外边距，外边距始终透明。内联元素要使用该属性，必须先设置元素的 height 或 width 属性，或者设置 position 属性为 absolute。

示例：

```
body { margin-top: 11.5% }
```

2．右外边距（margin-right）

语法：`margin-right : length | auto`

参数：同 margin-top。

说明：同 margin-top。

示例：

```
body { margin-right: 11.5%; }
```

3．下外边距（margin-bottom）

语法：`margin-bottom : length | auto`

参数：同 margin-top。

说明：同 margin-top。

示例：

```
body { margin-bottom: 11.5%; }
```

4．左外边距（margin-left）

语法：`margin-left : length | auto`

参数：同 margin-top。

说明：同 margin-top。

示例：

```
body { margin-left: 11.5%; }
```

以上 4 项属性可以控制一个元素四周的边距，每一个边距都可以有不同的值。或者设置一个边距，然后让浏览器用默认值设置其他几个边距。可以将边距应用于文字和其他元素。

示例：

```
h4 { margin-top: 20px; margin-bottom: 5px; margin-left: 100px; margin-right: 55px }
```

设置边距值最常用的方法是利用长度单位（px、pt 等），也可以用百分比值设置边距值。

将边距值设为负值，就可以将两个对象叠在一起。例如，把下边距设为-55px，右边距为 60px。

5．外边距（margin）

语法：`margin : length | auto`

参数：length 是由数值和单位标识符组成的长度值或百分数，百分数是基于父容器的高度；对于行级元素来说，左右外边距可以是负数值。auto 值被设置为对边的值。

说明：如图 5-2 所示，元素四边的外边距位于盒模型的最外层，包括 4 项属性，即 margin-top（上外边距）、margin-right（右外边距）、margin-bottom（下外边距）、margin-left（左外边距）。外边距始终是透明的。

如果提供全部 4 个参数值，将按上、右、下、左的顺序作用于 4 条边（顺时针）。每两个参数中间用空格分隔。如果只提供 1 个参数值，将用于全部的四边。如果提供 2 个参数值，第 1 个用于上、下，第 2 个用于左、右。如果提供 3 个参数值，第 1 个用于上，第 2 个用于左、右，第 3 个用于下。

行级元素要使用该属性，必须先设置对象的 height 或 width 属性，或者设置 position 属性为 absolute。

示例：

```
body { margin: 36pt 24pt 36pt }
body { margin: 11.5% }
body { margin: 10% 10% 10% 10% }
```

▷▷▷ 5.2.3 内边距

内边距用于控制内容与边框之间的距离，padding 属性定义元素内容与元素边框之间的空白区域。内边距包括了 4 项属性：padding-top（上内边距）、padding-right（右内边距）、padding-bottom（下内边距）、padding-left（左内边距）。内边距属性不允许为负值。也可以用 padding 一次性设置所有的内边距，格式和 margin 相似，这里不再一一列举。

讲解了盒模型的 border、margin 和 padding 属性之后，需要说明的是，各种元素盒子属性的默认值不尽相同，区别如下。

1）大部分 html 元素的盒子属性（margin、padding）默认值都为 0。

2）有少数 html 元素的盒子属性（margin、padding）默认值不为 0，例如：<body>、<p>、<ul>、<li>、<form>标签等，有时有必要先设置它们的这些属性值为 0。

3）<input>标签的边框属性值默认不为 0，可以设置为 0 达到美化输入框和按钮的目的。

5.2.4 案例——盒模型属性之间的关系

在讲解了盒模型的基本属性之后，下面讲解一个综合的案例，演示盒模型的 border、margin 和 padding 属性之间的关系，让读者对盒模型的属性有更深入的理解。

【例 5-3】 演示盒模型的 border、margin 和 padding 属性之间的关系。本例在浏览器中的显示效果如图 5-6 所示。

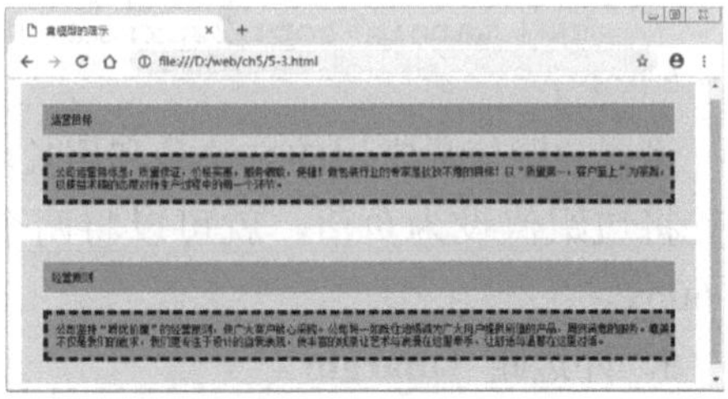

```html
<!DOCTYPE html>
<html>
    <head>
        <meta charset="UTF-8">
        <title>盒模型的演示</title>
        <style type="text/css">
            body {
                margin: 0px auto;
                /*内容水平居中*/
                font-family: 宋体;
                font-size: 12px;
            }
            ul {
                /*列表没有设置边框 */
                background: #ddd;
                /*极浅灰色背景*/
                margin: 15px 15px 15px 15px;
                /*外边距为15px*/
                padding: 5px 5px 5px 5px;
                /*内边距为5px*/
            }
            li {
                /*列表项没有设置边框*/
                color: black;
                /*黑色文本*/
                background: #aaa;
                /*浅灰色背景*/
                margin: 20px 20px 20px 20px;
                /*外边距为20px*/
                padding: 10px 0px 10px 10px;
                /*右内边距为0，其余10px*/
                list-style: none;
                /*取消项目符号*/
            }
            li.withborder {
                /*列表项设置边框*/
                border-style: dashed;
                /*虚线边框*/
                border-width: 5px;
                /*5px 粗细的边框*/
                border-color: black;
                /*黑色边框*/
                margin-top: 20px;
                /*上外边距为20px*/
```

图 5-6 盒模型属性之间关系页面显示效果

```
            }
        </style>
    </head>
    <body>
        <ul>
            <li>运营目标</li>
            <li class="withborder">公司运营目标是：质量……（此处省略文字）</li>
        </ul>
        <ul>
            <li>经营原则</li>
            <li class="withborder">公司坚持"质优价廉"（此处省略文字）</li>
        </ul>
    </body>
</html>
```

【说明】需要注意的是，当使用了盒模型属性后，切忌删除页面代码第 1 行的 DOCTYPE 文档类型声明，其目的是使浏览器支持块级元素的水平居中"margin:0px auto;"。

▶▶ 5.3 盒模型的大小

当设计人员进行网页布局的时候，经常会遇到最终网页成型的宽度或高度超出预算数值的情况，这就是盒模型宽度或高度的计算误差造成的。

▷▷▷ 5.3.1 盒模型的宽度与高度

在 CSS 中 width 和 height 属性也经常用到，它们分别表示内容区域的宽度和高度。增加或减少内边距、边框和外边距不会影响内容区域的大小，但是会增加盒模型的总尺寸。盒模型的宽度和高度要在 width 和 height 属性值基础上加上内边距、边框和外边距。

1．盒模型的宽度

盒模型的宽度=左外边距（margin-left）+左边框（border-left）+左内边距（padding-left）+内容宽度（width）+右内边距（padding-right）+右边框（border-right）+右外边距（margin-right）。

2．盒模型的高度

盒模型的高度=上外边距（margin-top）+上边框（border-top）+上内边距（padding-top）+内容高度（height）+下内边距（padding-bottom）+下边框（border-bottom）+下外边距（margin-bottom）。

为了更好地理解盒模型的宽度与高度，定义某个元素的 CSS 样式，代码如下。

```
#test{
    margin:10px 20px;          /*定义元素上下外边距为10px，左右外边距为20px*/
    padding:20px 10px;         /*定义元素上下内边距为20px，左右内边距为10px*/
    border-width:10px 20px;    /*定义元素上下边框宽度为10px，左右边框宽度为20px*/
    border:solid #f00;         /*定义元素边框类型为实线型，颜色为红色*/
    width:100px;               /*定义元素宽度为100px*/
    height:100px;              /*定义元素高度为100px*/
}
```

盒模型的宽度=20px+20px+10px+100px+10px+20px+20px=200px。
盒模型的高度=10px+10px+20px+100px+20px+10px+10px=180px。

5.3.2 设置块级元素与行级元素的宽度和高度

在前面的章节中已经讲到块级元素与行级元素的区别，本节重点讲解两者宽度属性和高度属性的区别。默认情况下，块级元素可以设置宽度、高度，但行级元素是不能设置的。

【例 5-4】 块级元素与行级元素宽度和高度的区别。本例在浏览器中的显示效果如图 5-7 所示。

```
<!DOCTYPE html>
<html>
    <head>
        <meta charset="UTF-8">
        <style type="text/css">
            .special {
                border: 1px solid #036;    /*元素边框为1px蓝色实线*/
                width: 200px;              /*元素宽度200px*/
                height: 50px;              /*元素高度200px*/
                background: #ccc;          /*背景色灰色*/
                margin: 5px;               /*元素外边距5px*/
            }
        </style>
    </head>
    <body>
        <div class="special">这是 div 元素</div>
        <span class="special">这是 span 元素</span>
    </body>
</html>
```

【说明】本例设置行级元素 span 的样式.special 后，由于行级元素设置宽度、高度无效，因此样式中定义的宽度 200px 和高度 50px 并未影响 span 元素的外观。

如何让行级元素也能设置宽度、高度属性呢？这里要用到前面章节讲解的元素显示类型的知识，只需要让元素的 display 属性设置为 display:block（块级显示）即可。在上面的.special 样式的定义中添加一行定义 display 属性的代码，代码如下。

```
display:block;                /*块级元素显示*/
```

浏览网页，即可看到 span 元素的宽度和高度设置为定义的宽度和高度，如图 5-8 所示。

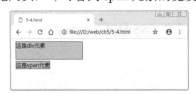

图 5-7 默认情况下行级元素不能设置高度

图 5-8 设置行级元素的宽度和高度

5.4 盒子的定位

前面介绍了独立的盒模型，以及在标准流情况下的盒子的相互关系。如果仅仅按照标准流的方式进行排版，就只能按照仅有的几种可能性进行排版，限制太大。CSS 的制定者也想到了排版限制的问题，因此又给出了若干不同

28 盒子定位属性

的手段以实现各种排版需要。

定位（position）的基本思想很简单，它允许用户精确定义元素框出现的相对位置，这个属性定义创建元素布局所用的定位机制。

▷▷▷ 5.4.1 定位属性

1．定位方式（position）

position 属性可以选择 4 种不同类型的定位方式。

语法：`position : static | relative | absolute | fixed`

参数：static 静态定位为默认值，为无特殊定位，对象遵循 HTML 定位规则。

relative 生成相对定位的元素，相对于其正常位置进行定位。

absolute 生成绝对定位的元素。元素的位置通过 left、top、right 和 bottom 属性进行规定。

fixed 生成绝对定位的元素，相对于浏览器窗口进行定位。元素的位置通过 left、top、right 和 bottom 属性进行规定。

2．左、右、上、下位置

语法：

```
left:auto | length
right:auto | length
top:auto | length
bottom:auto | length
```

参数：auto 无特殊定位，根据 HTML 定位规则在文档流中分配。length 是由数值和单位标识符组成的长度值或百分数。position 属性值必须为 absolute 或者 relative，此取值方可生效。

说明：用于设置元素与其最近的一个定位的父容器四周相关的位置。

3．宽度（width）

语法：`width:auto | length`

参数：auto 无特殊定位，根据 HTML 定位规则在文档中分配。length 是由数值和单位标识符组成的长度值或百分数，百分数是基于父容器的宽度，不可为负值。

说明：用于设置元素的宽度。对于 img 元素来说，仅指定此属性，其 height 值将根据图片原尺寸进行等比例缩放。

4．高度（height）

语法：`height : auto | length`

参数：同宽度（width）。

说明：height 属性用于设置元素的高度。对于 img 元素来说，仅指定此属性，其 width 值将根据图片原尺寸进行等比例缩放。

5．最小高度（min-height）

语法：`min-height : auto | length`

参数：同宽度（width）。

说明：min-height 属性用于设置元素的最小高度，即为元素的高度设置一个最低限制。元素可以比指定值高，但不能比其低，也不允许指定负值。

6．可见性（visibility）

语法：`visibility : inherit | visible | collapse | hidden`

参数：inherit 继承上一个父容器的可见性。visible 使元素可见，如果希望对象可见，其父容器也必须是可见的。hidden 使元素被隐藏。collapse 主要用来隐藏表格的行或列，隐藏的行或列能够被其他内容使用，对于表格外的其他元素，其作用等同于 hidden。

说明：visibility 属性用于设置是否显示元素。与 display 属性不同，此属性为隐藏的元素保留其占据的物理空间，即当一个对象被隐藏后，它仍然要占据浏览器窗口中的原有空间。所以，如果将文字包围在一幅被隐藏的图像周围，则其显示效果是文字包围着一块空白区域。visibility 属性在编写语言和使用动态 HTML 时很有用，例如，可以使图像只在鼠标指针滑过时才显示。

7. 层叠顺序 z-index

语法：`z-index : auto | number`

参数：auto 遵从其父容器的定位。number 为无单位的整数值，可为负数。

说明：z-index 属性用于设置元素的层叠顺序。如果两个绝对定位元素的此属性具有同样的值，那么将依据它们在 HTML 文档中声明的顺序层叠。

示例：当定位多个元素并将其重叠时，可以使用 z-index 属性来设置哪一个元素应出现在最上层。由于 \<h2\> 文字的 z-index 参数值更高，因此它显示在 \<h1\> 文字的上面。

```
h2{ position: relative; left: 10px; top: 0px; z-index: 10}
h1{ position: relative; left: 33px; top: -35px; z-index: 1}
div { position:absolute; z-index:3; width:6px }
```

▷▷▷ 5.4.2 定位方式

1. 静态定位

静态定位是 position 属性的默认值，盒子按照标准流（包括浮动方式）进行布局，即该元素出现在文档的常规位置，不会重新定位。

【例 5-5】 静态定位示例。本例在浏览器中的显示效果如图 5-9 所示。

```html
<!DOCTYPE html>
<html>
    <head>
        <meta charset="UTF-8">
        <title>静态定位</title>
        <style type="text/css">
            body {
                margin: 20px;
                /*页面整体外边距为20px*/
                font: Arial 12px;
            }
            #father {
                background-color: #a0c8ff;
                /*父容器的背景为蓝色*/
                border: 1px dashed #000000;
                /*父容器的边框为1px 黑色实线*/
                padding: 15px;
                /*父容器内边距为15px*/
            }
            #block_one {
```

图 5-9 静态定位示例

```
                background-color: #fff0ac;
                /*盒子的背景为黄色*/
                border: 1px dashed #000000;
                /*盒子的边框为1px黑色实线*/
                padding: 10px;
                /*盒子的内边距为10px*/
            }
        </style>
    </head>
    <body>
        <div id="father">
            <div id="block_one">盒子1</div>
        </div>
    </body>
</html>
```

【说明】"盒子1"没有设置任何 position 属性,相当于使用静态定位方式,页面布局也没有发生任何变化。

2．相对定位

使用相对定位的盒子,通过相对于自身原本的位置偏移指定的距离,到达新的位置。使用相对定位,除了要将 position 属性值设置为 relative 外,还需要指定一定的偏移量。其中,水平方向的偏移量由 left 和 right 属性指定;竖直方向的偏移量由 top 和 bottom 属性指定。

【例 5-6】 相对定位示例。本例在浏览器中的显示效果如图 5-10 所示。

修改例 5-5 中 id="block_one"盒子的 CSS 定义,代码如下。

图 5-10　相对定位示例

```
#block_one{
    background-color:#fff0ac;      /*盒子背景黄色*/
    border:1px dashed #000000;     /*边框为1px 黑色实线*/
    padding:10px;                  /*盒子的内边距为10px*/
    position:relative;             /*relative 相对定位*/
    left:30px;                     /*距离父容器左端 30px*/
    top:30px;                      /*距离父容器顶端 30px*/
}
```

【说明】① id="block_one"的盒子使用相对定位方式,因此向下、向右(相对于初始位置)各移动了 30px。

② 使用相对定位的盒子仍在标准流中,它对父容器没有影响。

3．绝对定位

使用绝对定位的盒子以它的"最近"的一个"已经定位"的"祖先元素"为基准进行偏移。如果没有已经定位的祖先元素,就以浏览器窗口为基准进行定位。

绝对定位的盒子从标准流中脱离,对其后的兄弟盒子的定位没有影响,其他盒子也好像当这个盒子不存在一样。原先在正常文档流中所占的空间会关闭,就好像元素原来不存在一样。元素定位后生成一个块级框,而不论原来它在正常流中生成何种类型的框。

【例 5-7】 绝对定位示例。本例中的父容器包含 3 个使用相对定位的盒子,"盒子2"使用绝对定位前的效果如图 5-11 所示;"盒子 2"使用绝对定位后的效果如图 5-12 所示。

图 5-11 "盒子 2"使用绝对定位前的效果

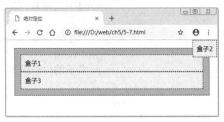

图 5-12 "盒子 2"使用绝对定位后的效果

"盒子 2"使用绝对定位前的代码如下。

```html
<!DOCTYPE html>
<html>
    <head>
        <meta charset="UTF-8">
        <title>绝对定位</title>
        <style type="text/css">
            body {
                margin: 20px;
                /*页面整体外边距为20px*/
                font: Arial 12px;
            }
            #father {
                background-color: #a0c8ff;
                /*父容器的背景为蓝色*/
                border: 1px dashed #000000;
                /*父容器的边框为1px 黑色实线*/
                padding: 15px;
                /*父容器内边距为15px*/
            }
            #block_one {
                background-color: #fff0ac;
                /*盒子的背景为黄色*/
                border: 1px dashed #000000;
                /*盒子的边框为1px 黑色实线*/
                padding: 10px;
                /*盒子的内边距为10px*/
                position: relative;
                /* relative 相对定位 */
            }
            #block_two {
                background-color: #fff0ac;
                /*盒子的背景为黄色*/
                border: 1px dashed #000000;
                /*盒子的边框为1px 黑色实线*/
                padding: 10px;
                /*盒子的内边距为10px*/
                position: absolute;
                /*absolute 绝对定位 */
                top: 0;
                /*向上偏移至祖先元素顶端 */
```

```
                right: 0;
                /*向右偏移至祖先元素右端 */
            }
            #block_three {
                background-color: #fff0ac;
                /*盒子的背景为黄色*/
                border: 1px dashed #000000;
                /*盒子的边框为1px 黑色实线*/
                padding: 10px;
                /*盒子的内边距为10px*/
                position: relative;
                /* relative 相对定位 */
            }
        </style>
    </head>
    <body>
        <div id="father">
            <div id="block_one">盒子1</div>
            <div id="block_two">盒子2</div>
            <div id="block_three">盒子3</div>
        </div>
    </body>
</html>
```

父容器中包含 3 个使用相对定位的盒子，浏览效果如图 5-11 所示。接下来，只修改"盒子 2"的定位方式为绝对定位，代码如下。

```
#block_two{
    background-color:#fff0ac;            /*盒子的背景为黄色*/
    border:1px dashed #000000;           /*盒子的边框为1px 黑色实线*/
    padding:10px;                        /*盒子的内边距为10px*/
    position:absolute;                   /*absolute 绝对定位 */
    top:0;                               /*向上偏移至浏览器窗口顶端 */
    right:0;                             /*向右偏移至浏览器窗口右端 */
}
```

【说明】①"盒子 2"采用绝对定位后从标准流中脱离，对其后的兄弟盒子（"盒子 3"）的定位没有影响。

②"盒子 2"最近的"祖先元素"就是 id="father"的父容器，但由于该容器不是"已经定位"的"祖先元素"。因此，对"盒子 2"使用绝对定位后，"盒子 2"以浏览器窗口为基准进行定位，向右偏移至浏览器窗口右端，向上偏移至浏览器窗口顶端，即"盒子 2"偏移至浏览器窗口的右上角，如图 5-12 所示。

4．固定定位

固定定位（position:fixed;）其实是绝对定位的子类别，一个设置了 position:fixed 的元素是相对于视窗固定的，就算页面文档发生了滚动，它也会一直待在相同的地方。

【例 5-8】 固定定位示例。为了把固定定位演示得更加清楚，将"盒子 2"进行固定定位，并且调整页面高度使浏览器显示出滚动条。本例文件 5-8.html 在浏览器中显示的初始状态如图 5-13 所示，向下拖动滚动条时的状态如图 5-14 所示。

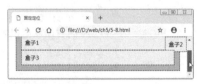

图 5-13　初始状态　　　　　　　　　　图 5-14　向下拖动滚动条时的状态

本例在例 5-7 的基础上只修改"盒子 2"的 CSS 定义,代码如下。

```
#block_two{
    background-color:#fff0ac;      /*盒子的背景为黄色*/
    border:1px dashed #000000;     /*盒子的边框为 1px 黑色实线*/
    padding:10px;                  /*盒子的内边距为 10px*/
    position:fixed;                /*fixed 固定定位*/
    top:0;                         /*向上偏移至浏览器窗口顶端 */
    right:0;                       /*向右偏移至浏览器窗口右端 */
}
```

▷▷ 5.5　浮动与清除浮动

浮动(float)是使用率较高的一种定位方式。有时希望相邻块级元素的盒子左右排列(所有盒子浮动)或者希望一个盒子被另一个盒子中的内容所环绕(一个盒子浮动),做出图文混排的效果。这时最简单的办法就是运用浮动属性使盒子在浮动方式下定位。

▷▷▷ 5.5.1　浮动

浮动元素可以向左或向右移动,直到它的外边距边缘碰到包含块内边距边缘或另一个浮动元素的外边距边缘为止。float 属性定义元素的浮动方向,浮动元素会变成一个块状元素。

语法:`float : none | left |right`

参数:none 表示对象不浮动,left 表示对象浮在左边,right 表示对象浮在右边。

【例 5-9】向右浮动的元素。本例页面布局在浏览器中显示的初始状态如图 5-15 所示,"盒子 1"向右浮动后的效果如图 5-16 所示。

图 5-15　初始状态　　　　　　　　　　图 5-16　"盒子 1"向右浮动的效果

```
<!DOCTYPE html>
<html>
    <head>
        <meta charset="UTF-8">
        <title>向右浮动</title>
        <style type="text/css">
```

```css
body {
    margin: 15px;
    font-family: Arial;
    font-size: 12px;
}
.father {
    /*设置容器的样式*/
    background-color: #ffff99;
    border: 1px solid #111111;
    padding: 5px;
}
.father div {
    /*设置容器中 div 标签的样式*/
    padding: 10px;
    margin: 15px;
    border: 1px dashed #111111;
    background-color: #90baff;
}
.father p {
    /*设置容器中段落的样式*/
    border: 1px dashed #111111;
    background-color: #ff90ba;
}
.son_one {
    width: 100px;
    /*设置元素宽度*/
    height: 100px;
    /*设置元素高度*/
    float: right;
    /*向右浮动*/
}
.son_two {
    width: 100px;
    /*设置元素宽度*/
    height: 100px;
    /*设置元素高度*/
}
.son_three {
    width: 100px;
    /*设置元素宽度*/
    height: 100px;
    /*设置元素高度*/
}
    </style>
</head>
<body>
    <div class="father">
        <div class="son_one">盒子 1</div>
        <div class="son_two">盒子 2</div>
        <div class="son_three">盒子 3</div>
        <p>这里是浮动框外围的演示文字，这里是……（此处省略文字）</p>
    </div>
```

```
        </body>
</html>
```

【说明】本例页面中首先定义了一个类名为.father 的父容器，然后在其内部又定义了 3 个并列关系的 Div 容器。当把其中的类名为.son_one 的 Div（"盒子 1"）增加"float:right;"属性后，"盒子 1"便脱离文档流向右移动，直到它的右边缘碰到包含框的右边缘。

【例 5-10】 向左浮动的元素。使用例 5-9 继续讨论，将单个元素"盒子 1"向左浮动的页面布局在浏览器中的显示效果如图 5-17 所示，所有元素向左浮动后的结果如图 5-18 所示。

图 5-17 单个元素向左浮动

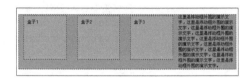
图 5-18 所有元素向左浮动

单个元素向左浮动的布局中只修改了"盒子 1"的 CSS 定义，代码如下。

```
.son_one{
    width:100px;           /*设置元素宽度*/
    height:100px;          /*设置元素高度*/
    float:left;            /*向左浮动*/
}
```

所有元素向左浮动的布局中修改了"盒子 1""盒子 2""盒子 3"的 CSS 定义，代码如下。

```
.son_one{
    width:100px;           /*设置元素宽度*/
    height:100px;          /*设置元素高度*/
    float:left;            /*向左浮动*/
}
.son_two{
    width:100px;           /*设置元素宽度*/
    height:100px;          /*设置元素高度*/
    float:left;            /*向左浮动*/
}
.son_three{
    width:100px;           /*设置元素宽度*/
    height:100px;          /*设置元素高度*/
    float:left;            /*向左浮动*/
}
```

【说明】① 本例页面中如果只将"盒子 1"向左浮动，该元素同样脱离文档流向左移动，直到它的左边缘碰到包含框的左边缘，如图 5-17 所示。由于"盒子 1"不再处于文档流中，因此它不占据空间，实际上覆盖了"盒子 2"，导致"盒子 2"从布局中消失。

② 如果所有元素向左浮动，那么"盒子 1"向左浮动直到碰到左边框时静止，另外两个盒子也向左浮动，直到碰到前一个浮动框时也静止，如图 5-18 所示，这样就将纵向排列的 Div 容

器，变成了横向排列。

【例 5-11】 父容器空间不够时的元素浮动。使用例 5-10 继续讨论，如果类名为.father 的父容器宽度不够，无法容纳 3 个浮动元素"盒子 1""盒子 2""盒子 3"并排放置，那么部分浮动元素将会向下移动，直到有足够的空间放置它们，如图 5-19 所示。如果浮动元素的高度彼此不同，那么当它们向下移动时可能会被其他浮动元素"挡住"，如图 5-20 所示。

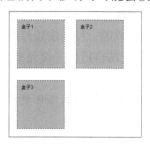
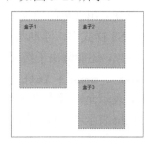

图 5-19 父容器宽度不够时的状态　　图 5-20 父容器宽度不够且浮动元素的高度不同时的状态

当父容器宽度不够时，浮动元素"盒子 1""盒子 2""盒子 3"的 CSS 定义同例 5-11，此处只修改了父容器的 CSS 定义；同时，为了看清盒子之间的排列关系，去掉了父容器中段落的样式定义及结构代码，添加的父容器 CSS 定义代码如下。

```
.father{                    /*设置容器的样式*/
    background-color:#ffff99;
    border:1px solid #111111;
    padding:5px;
    width:330px;            /*父容器的宽度不够，导致浮动元素"盒子 3"向下移动*/
    float:left;             /*向左浮动*/
}
```

当出现父容器宽度不够且浮动元素的高度不同时，"盒子 1""盒子 2""盒子 3"的 CSS 定义代码如下。

```
.son_one{
    width:100px;            /*设置元素宽度*/
    height:150px;           /*浮动元素高度不同导致盒子 3 向下移动时被盒子 1"挡住"*/
    float:left;             /*向左浮动*/
}
.son_two{
    width:100px;            /*设置元素宽度*/
    height:100px;           /*设置元素高度*/
    float:left;             /*向左浮动*/
}
.son_three{
    width:100px;            /*设置元素宽度*/
    height:100px;           /*设置元素高度*/
    float:left;             /*向左浮动*/
}
```

【说明】浮动元素"盒子 1"的高度超过了向下移动的浮动元素"盒子 3"的高度，因此才会出现"盒子 3"向下移动时被"盒子 1"挡住的现象。如果浮动元素"盒子 1"的高度小于浮动元素"盒子 3"的高度，就不会发生"盒子 3"向下移动时被"盒子 1"挡住的现象。

5.5.2 清除浮动

在页面布局时，浮动属性的确能帮助用户实现良好的布局效果，但如果使用不当就会出现页面错位的现象。当容器的高度设置为 auto 且容器的内容中有浮动元素时，容器的高度不能自动伸长以适应内容的高度，使得内容溢出容器出现页面错位，这个现象称为浮动溢出。

为了防止浮动溢出现象的出现而进行的 CSS 处理，就叫清除浮动。清除浮动即清除掉元素 float 属性。在 CSS 样式中，浮动与清除浮动（clear）是相互对立的，使用清除浮动不仅能够解决页面错位的现象，还能解决子级元素浮动导致父级元素背景无法自适应子级元素高度的问题。

语法：`clear : none | left |right | both`

参数：none 表示允许两边都有浮动对象，both 表示不允许有浮动对象，left 表示不允许左边有浮动对象，right 表示不允许右边有浮动对象。

【例 5-12】清除浮动示例。使用例 5-10 继续讨论，将"盒子 1""盒子 2"设置为向左浮动，"盒子 3"设置为向右浮动，未清除浮动时的段落文字填充在"盒子 2"与"盒子 3"之间，如图 5-21 所示。清除浮动后的状态如图 5-22 所示。

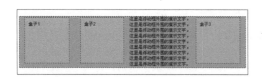

图 5-21　未清除浮动时的状态　　　　　　图 5-22　清除浮动后的状态

将"盒子 1""盒子 2"设置为向左浮动，"盒子 3"设置为向右浮动的 CSS 代码如下。

```
.son_one{
    width:100px;              /*设置元素宽度*/
    height:100px;             /*设置元素高度*/
    float:left;               /*向左浮动*/
}
.son_two{
    width:100px;              /*设置元素宽度*/
    height:100px;             /*设置元素高度*/
    float:left;               /*向左浮动*/
}
.son_three{
    width:100px;              /*设置元素宽度*/
    height:100px;             /*设置元素高度*/
    float:right;              /*向右浮动*/
}
```

设置段落样式中清除浮动的 CSS 代码如下。

```
.father p{                    /*设置容器中段落的样式*/
    border:1px dashed #111111;
    background-color:#ff90ba;
    clear:both;               /*清除所有浮动*/
}
```

【说明】在对段落设置了"clear:both;"清除浮动后，可以将段落之前的浮动全部清除，使段落按照正常的文档流显示，如图 5-22 所示。

▷▷▷ 5.5.3 案例——爱心包装登录页面的整体布局

【例 5-13】 使用盒模型的定位与浮动知识设计爱心包装登录页面的整体布局，布局效果如图 5-23 所示。

制作过程如下。

① 布局规划。wrapper 是整个页面的容器，header 是页面的顶部区域，main 是页面的主体内容，其中又包含登录表单区域 login_left 和表单说明区域 login_right，footer 是页面的底部区域。

② 网页结构文件。新建一个名为 5-13.html 的网页文件，代码如下。

```
<!DOCTYPE html>
<html>
    <head>
        <meta charset="UTF-8">
        <title>爱心包装登录页面整体布局</title>
    </head>
    <style type="text/css">
        body {
            /*body 容器的样式*/
            margin: 0px;
            /*外边距为 0px*/
            padding: 0px;
            /*内边距为 0px*/
        }
        div {
            /*设置各 div 块的边框、字体和颜色*/
            font-size: 30px;
            font-family: 宋体;
        }
        #wrapper {
            /*整个页面容器 wrapper 的样式*/
            width: 900px;
            margin: 0px auto;
            /*容器自动居中*/
        }
        #header {
            /*顶部区域的样式*/
            width: 100%;
            /*宽度 100%*/
            height: 100px;
            /*高度 100%*/
            background: #6ff;
        }
        #main {
            /*主体内容区域的样式*/
            width: 100%;
            /*宽度 100%*/
            height: 200px;
            /*高度 200px*/
            background: #f93;
```

图 5-23 爱心包装登录页面的整体布局

```
            }
            .login_left {
                /*登录表单区域的样式*/
                width: 50%;
                /*宽度占50%*/
                height: 100%;
                /*高度100%*/
                float: left;
                /*向左浮动*/
            }
            .login_right {
                /*表单说明区域的样式*/
                width: 50%;
                /*宽度占50%*/
                height: 100%;
                /*高度100%*/
                float: left;
                /*向左浮动*/
            }
            #footer {
                /*底部区域的样式*/
                width: 100%;
                /*宽度100%*/
                height: 100px;
                /*高度100%*/
                background: #6ff;
            }
        </style>
        <body>
            <div id="wrapper">
                <div id="header">页面顶部(header)</div>
                <div id="main">
                    <div class="login_left">登录(login_left)</div>
                    <div class="login_right">登录说明(login_right)</div>
                </div>
                <div id="footer">页面底部(footer)</div>
            </div>
        </body>
    </html>
```

③ 浏览网页。在浏览器中浏览制作完成的页面，页面显示效果如图 5-23 所示。

【说明】在定义 login_left 和 login_right 的样式时，需要设置 "float:left;" 向左浮动，否则登录说明区域将另起一行显示，这显然是不符合布局要求的。

习题 5

1. 使用盒模型技术制作如图 5-24 所示的商城结算页面。
2. 使用盒模型技术制作如图 5-25 所示的爱心包装市场团队页面。

图 5-24 题 1 图

图 5-25 题 2 图

3. 使用盒模型技术制作如图 5-26 所示的页面。

图 5-26 题 3 图

第 6 章　使用 CSS 美化页面

前面的章节介绍了 CSS 设计中必须了解的盒模型、定位和浮动的基础知识，从本章开始逐一介绍网页设计的各种元素，例如文本、图像、表格、表单、链接、列表、导航菜单等，以及如何使用 CSS 来进行样式设置，进而美化页面外观。

▷▷ 6.1　设置字体样式

CSS 的网页排版功能十分强大，不仅可以控制文本的大小、颜色、对齐方式、字体，还可以控制行高、首行缩进、字母间距和字符间距等。使用 HTML 可以对文本字体进行一些非常简单的样式设置，而使用 CSS 对字体样式进行设置远比使用 HTML 灵活、精确得多。CSS 样式中有关字体样式的常用属性见表 6-1。

表 6-1　字体样式的常用属性

属　性	说　　明
font-family	设置字体的类型
font-size	设置字体的大小
font-weight	设置字体的粗细
font-style	设置字体的倾斜

▷▷▷ 6.1.1　字体类型

字体具有两方面的作用：一是传递语义功能，二是美学效应。由于不同的字体具有不同的风格，因此网页设计人员首先需要考虑的问题就是准确地选择字体。

29　CSS 字体属性

通常，访问者的计算机中不会安装诸如 "方正综艺简体" 和 "方正水柱简体" 等特殊字体，如果网页设计者使用这些字体，极有可能造成访问者看到的页面效果与设计者想要的效果存在很大差异。为了避免这种情况的发生，一般使用系统默认的宋体、仿宋体、黑体、楷体、Arial、Verdana 和 Times New Roman 等常规字体。

CSS 提供 font-family 属性来控制文本的字体类型。

语法：`font-family`：字体名称

参数：字体名称按优先顺序排列，以逗号隔开。

▷▷▷ 6.1.2　字体大小

在设计页面时，通常使用不同大小的字体来突出要表现的主题，在 CSS 样式中使用 font-size 属性设置字体的大小，其值可以是绝对值也可以是相对值。常见的单位有 px（绝对单位）、pt（绝对单位）、em（相对单位）和 %（相对单位）等。

语法：`font-size`：绝对尺寸 | 相对尺寸

参数：绝对尺寸是根据对象字体进行调节的，包括 xx-small、x-small、small、medium、large、x-large 和 xx-large 7 种字体尺寸，这些尺寸都没有精确定义，只是相对而言的，在不同的设备下，可能会显示不同的字号。

相对尺寸是利用百分比或者 em 以相对父元素大小的方式来设置字体大小。

▷▷▷ 6.1.3 字体粗细

CSS 样式中使用 font-weight 属性设置字体的粗细，它有 normal、bold、bolder、lighter、100、200、300、400、500、600、700、800 和 900 多个属性值。

语法：**font-weight : bold | bolder | number | normal | lighter | 100-900**

参数：normal 表示默认字体，bold 表示粗体，bolder 表示粗体再加粗，lighter 表示比默认字体还细，100～900 共分为 9 个层次（100、200、…、900），数字越小字体越细，数字越大字体越粗，数字值 400 相当于关键字 normal，700 相当于 bold。

说明：font-weight 属性用于设置文本字体的粗细。

▷▷▷ 6.1.4 字体倾斜

CSS 中的 font-style 属性用来设置字体的倾斜。

语法：**font-style : normal | italic | oblique**

参数：normal 为正常（默认值），italic 为斜体，oblique 为倾斜体。

说明：font-style 属性用于设置文本字体的倾斜。

▷▷▷ 6.1.5 设置字体样式综合案例

【例 6-1】 设置字体样式综合案例。本例在浏览器中的显示效果如图 6-1 所示。

```
<!DOCTYPE html>
<html>
    <head>
        <meta charset="UTF-8">
        <title>设置字体样式综合案例</title>
        <style type="text/css">
            h1 {
                font-family: 黑体;
                /*设置字体类型*/
            }
            p {
                font-family: Arial, "Times New Roman";
                font-size: 12pt;
                /*设置字体大小*/
            }
            .one {
                font-weight: bold;
                /*设置字体为粗体*/
                font-size: 30px;
            }
            .two {
                font-weight: 400;
                /*设置字体为 400 粗细*/
```

图 6-1　字体样式页面显示效果

```
                font-size: 30px;
            }
            .three {
                font-weight: 900;
                /*设置字体为 900 粗细*/
                font-size: 30px;
            }
            p.italic {
                font-style: italic;
                /*设置斜体*/
            }
        </style>
    </head>
    <body>
        <h1>运营目标</h1>
        <p>公司运营目标是：<span class="one">质量保证</span>，价格实惠，服务细致，便捷！做<span class="two">包装行业</span>的专家是孜孜不倦的目标！以<span class="three">"质量第一，客户至上"</span>为宗旨，以精益求精的态度对待生产过程中的每一个环节。</p>
        <p class="italic">环保包装组织在解决我国在发展中产生的环境问题，建设资源节约型、环境友好型社会，构建和谐社会的过程中发挥着重要作用。</p>
    </body>
</html>
```

【说明】大多数操作系统和浏览器还不能很好地实现非常精细的文本加粗设置，通常只能设置"正常"（normal）和"加粗"（bold）两种属性值。

▷▷ 6.2 设置文本样式

网页的排版离不开对文本的设置，本节主要讲述常用的文本样式，包括文本对齐方式、行高、文本修饰、段落首行缩进、首字下沉、文本截断、文本换行、文本颜色及背景色等。

字体样式主要涉及文字本身的效果，而文本样式主要涉及多个文字的排版效果。所以 CSS 在命名属性时，特意使用了 font 前缀和 text 前缀来区分两类不同样式的属性。

CSS 样式中有关文本样式的常用属性见表 6-2。

表 6-2 文本样式的常用属性

属 性	说 明
text-align	设置文本的水平对齐方式
line-height	设置行高
text-decoration	设置文本修饰效果
text-indent	设置段落首行缩进
first-letter	设置首字下沉
text-overflow	设置文本截断
color	设置文本颜色
background-color	设置文本背景颜色

▷▷▷ 6.2.1 文本水平对齐方式

使用 text-align 属性可以设置元素中文本的水平对齐方式。

语法：`text-align : left | right | center | justify`

参数：left 为左对齐，right 为右对齐，center 为居中，justify 为两端对齐。

说明：设置对象中文本的对齐方式。

▷▷▷ 6.2.2 行高

段落中两行文本之间垂直的距离称为行高。在 HTML 中是无法控制行高的，而在 CSS 样式中，可以使用 line-height 属性控制行与行之间的垂直间距。

语法：`line-height : length | normal`

参数：length 为由百分比数字或由数值、单位标识符组成的长度值，允许为负值。其百分比取值是基于字体的高度尺寸。normal 为默认行高。

说明：line-height 属性用于设置两行文本之间的行高。

▷▷▷ 6.2.3 文本的修饰

使用 CSS 样式可以对文本进行简单的修饰，text 属性所提供的 text-decoration 属性，主要实现文本加下画线、上画线、删除线及文本闪烁等效果。

语法：`text-decoration : underline | blink | overline | line-through | none`

参数：underline 为下画线，blink 为闪烁，overline 为上画线，line-through 为删除线，none 为无装饰。

说明：text-decoration 属性用于设置对象中文本的修饰。对象 a、u、ins 的文本修饰默认值为 underline。对象 strike、s、del 的默认值是 line-through。如果应用的对象不是文本，则此属性不起作用。

▷▷▷ 6.2.4 段落首行缩进

首行缩进指的是段落的第一行从左向右缩进一定的距离，而首行以外的其他行保持不变，其目的是为了便于阅读和区分文章整体结构。

在 Web 页面中，将段落的第一行进行缩进，同样是一种最常用的文本格式化效果。在 CSS 样式中，text-indent 属性可以方便地实现文本缩进。text-indent 属性可以应用于所有块级元素，但不能应用于行级元素。如果想把一个行级元素的第一行缩进，可以用左内边距或外边距创造这种效果。

语法：`text-indent : length`

参数：length 为百分比数字或由浮点数、单位标识符组成的长度值，允许为负值。

说明：text-indent 属性用于设置对象中的文本段落首行缩进。本属性只应用于整块的内容。

▷▷▷ 6.2.5 首字下沉

在许多文档的排版中经常用到首字下沉的效果，首字下沉指的是设置段落的第一行第一个字的字体变大，并且向下移动一定的距离，而段落的其他部分保持不变。

在 CSS 样式中伪对象：first-letter 可以实现对象内第一个字符的样式控制。

例如，以下代码用于实现段落的首字下沉，浏览器中的显示效果如图 6-2 所示。代码如下。

```
p:first-letter {
    float:left;        /*设置浮动占据多行空间*/
```

图 6-2 首字下沉示例

```
        font-size:2em;     /*下沉字体大小为 2 倍*/
        font-weight:bold;  /*首字体加粗显示*/
}
```

【说明】 如果不使用伪对象:first-letter 来实现首字下沉的效果,就要对段落中的第一个文字添加<span>标签,然后定义<span>标签的样式。但是这样做的后果是,每个段落都要对第一个文字添加<span>标签,非常烦琐。因此,使用伪对象:first-letter 来实现首字下沉提高了网页排版的效率。

▷▷▷ 6.2.6 文本的截断

在 CSS 样式中,text-overflow 属性可以实现文本的截断效果。

语法:`text-overflow : clip | ellipsis`

参数:clip 定义简单的裁切,不显示省略标记(…)。ellipsis 定义当文本溢出时显示省略标记(…)。

说明:text-overflow 属性用于设置文本截断。要实现溢出文本显示省略号的效果,除了使用 text-overflow 属性以外,还必须配合 white-space:nowrap(强制文本在一行内显示)和 overflow:hidden(溢出内容为隐藏)才能实现。

▷▷▷ 6.2.7 文本的颜色

在 CSS 样式中,对文本增加颜色修饰十分简单,只须添加 color 属性即可。color 属性的语法格式如下。

`color : 颜色值;`

颜色值可以用相应的英文名称或以 "#" 引导的一个十六进制代码来表示,见表 6-3。

表 6-3 色彩英文名称及其十六进制代码表

色　彩	色彩英文名称	十六进制代码
黑色	black	#000000
蓝色	blue	#0000ff
棕色	brown	#a52a2a
青色	cyan	#00ffff
灰色	gray	#808080
绿色	green	#008000
乳白色	ivory	#ffff0
橘黄色	orange	#ffa500
粉红色	pink	#ffc0cb
红色	red	#ff0000
白色	white	#ffffff
黄色	yellow	#ffff00
深红色	crimson	#cd061f
黄绿色	greenyellow	#0b6eff
水蓝色	dodgerblue	#0b6eff
淡紫色	lavender	#dbdbf8

▷▷▷ 6.2.8 文本的背景颜色

在 HTML 中，使用标签的 bgcolor 属性可以设置网页的背景颜色，而在 CSS 中，用 background-color 属性不仅可以设置网页背景颜色，还可以设置文本的背景颜色。

语法：**background-color : color | transparent**

参数：color 指定颜色。transparent 表示透明的意思，也是浏览器的默认值。

说明：background-color 属性不能继承，默认值是 transparent，如果一个元素没有指定背景色，那么背景就是透明的，这样其父元素的背景才可见。

▷▷▷ 6.2.9 设置文本样式综合案例

【例 6-2】 设置文本样式综合案例。本例在浏览器中的显示效果如图 6-3 所示。

```
<!DOCTYPE html>
<html>
    <head>
        <meta charset="UTF-8">
        <title>设置字体样式综合案例</title>
        <style type="text/css">
            h1 {
                font-family: 黑体;
                /*设置字体类型*/
                text-align: center;
                /*文本居中对齐*/
            }
            p {
                font-family: Arial, "Times New Roman";
                font-size: 12pt;
                /*设置字体大小*/
                background-color: #ccc;
                /*设置背景色为灰色*/
            }
            p.indent {
                text-indent: 2em;
                /*设置段落缩进两个相对长度*/
                line-height: 200%;
                /*设置行高为字体高度的 2 倍*/
            }
            p.ellipsis {
                width: 300px;
                /*设置裁切的宽度*/
                height: 20px;
                /*设置裁切的高度*/
                overflow: hidden;
                /*溢出隐藏*/
                white-space: nowrap;
                /*强制文本在一行内显示*/
                text-overflow: ellipsis;
                /*当文本溢出时显示省略标记（...）*/
```

图 6-3 文本样式页面显示效果

```
            }
            .red {
                color: rgb(255, 0, 0);
                /*红色文本*/
            }
            .one {
                font-size: 30px;
                text-decoration: overline;
                /*设置上画线*/
            }
            .two {
                font-size: 30px;
                text-decoration: line-through;
                /*设置删除线*/
            }
            .three {
                font-size: 30px;
                text-decoration: underline;
                /*设置下画线*/
            }
        </style>
    </head>
    <body>
        <h1>运营目标</h1>
        <p>公司运营目标是:<span class="one">质量保证</span>,价格实惠,服务细致,便捷!做<span class="two">包装行业</span>的专家是孜孜不倦的目标!以<span class="three">"质量第一,客户至上"</span>为宗旨,以精益求精的态度对待生产过程中的每一个环节。</p>
        <p class="indent">环保包装组织在解决我国在发展中产生的环境问题,建设资源节约型、环境友好型社会,构建和谐社会的过程中发挥着重要作用。</p>
        <p class="ellipsis">保护环境是中国长期稳定发展的根本利益和基本目标之一,实现可持续发展依然是中国面临的严峻挑战。</p>
    </body>
</html>
```

【说明】text-indent 属性是以各种长度为属性值,为了缩进两个汉字的距离,用户最经常用的是 2em 这个距离。1em 为一个中文字符的距离,两个英文字符的距离和一个中文字符的距离相等。因此,如果需要英文段落的首行缩进两个英文字符,只须设置"text-indent:1em;"即可。

▷▷ 6.3 设置图像样式

在 HTML 中,读者已经学习过图像元素的基本知识。图像即 img 元素,作为 HTML 的一个独立对象,需要占据一定的空间。因此,img 元素在页面中的样式仍然可以使用盒模型来设计。

在 HTML 中,图像本身的很多属性可以直接进行调整,但是通过 CSS 统一管理时,不但可以更加精确地调整图像的各种属性,还可以实现很多特殊的效果。CSS 样式中有关图像控制的常用属性见表 6-4。

表 6-4 有关图像控制的常用属性

属　　性	说　　明
width、height	设置图像的缩放
border	设置图像边框样式
opacity	设置图像的不透明度
background-image	设置背景图像
background-repeat	设置背景图像重复方式
background-position	设置背景图像定位
background-attachment	设置背景图像固定
background-size	设置背景图像大小

▷▷▷ 6.3.1 图像缩放

使用 CSS 样式控制图像的大小，可以通过 width 和 height 两个属性来实现。需要注意的是，当 width 和 height 两个属性的取值使用百分比数值时，它是相对于父元素而言的。如果将这两个属性设置为相对于 body 的宽度或高度，就可以实现当浏览器窗口改变时，图像大小也发生相应变化的效果。

【例 6-3】 设置图像缩放。本例在浏览器中的显示效果如图 6-4 所示。

```
<!DOCTYPE html>
<html>
    <head>
        <meta charset="UTF-8">
        <title>设置图像的缩放</title>
        <style type="text/css">
            #box {
                padding: 10px;
                width: 500px;
                height: 200px;
                border: 2px dashed #fd8e47;
            }
            img.test1 {
                width: 30%;
                /* 相对宽度为30% */
                height: 40%;
                /* 相对高度为40% */
            }
            img.test2 {
                width: 180px;
                /* 绝对宽度为150px */
                height: 120px;
                /* 绝对高度为120px */
            }
        </style>
    </head>
    <body>
        <div id="box">
            <img src="images/prod.jpg">
```

图 6-4 图像缩放的页面显示效果

```
            <!--图片的原始大小-->
            <img src="images/prod.jpg" class="test1">
            <!--相对于父元素缩放的大小-->
            <img src="images/prod.jpg" class="test2">
            <!--绝对像素缩放的大小-->
        </div>
    </body>
</html>
```

【说明】①本例中图像的父元素为 id="box" 的 Div 容器，在 img.test1 中定义 width 和 height 两个属性的取值为百分比数值，是相对于 id="box" 的 Div 容器而言的，而不是相对于图像本身的。

② 在 img.test2 中定义 width 和 height 两个属性的取值为绝对像素值，图像将按照定义的像素值显示大小。

▷▷▷ 6.3.2　图像边框

图像的边框就是利用 border 属性作用于图像元素而呈现的效果。在 HTML 中可以直接通过 <img> 标签的 border 属性值为图像添加边框，属性值为边框的粗细，以像素为单位，从而控制边框的粗细。当设置 border 属性值为 0 时，则显示为没有边框。示例代码如下。

```
<img src="images/prod.jpg" border="0">    <!--显示为没有边框-->
<img src="images/prod.jpg" border="1">    <!--设置边框的粗细为1px-->
<img src="images/prod.jpg" border="2">    <!--设置边框的粗细为2px -->
<img src="images/prod.jpg" border="3">    <!--设置边框的粗细为3px -->
```

通过浏览器的解析，图像的边框粗细从左至右依次递增，效果如图 6-5 所示。

图 6-5　在 HTML 中控制图像的边框粗细

然而，使用这种方法存在很大的限制，即所有的边框都只能是黑色，而且风格单一，都是实线，只能够调整边框粗细。

如果希望更换边框的颜色或者换成虚线边框，仅仅依靠 HTML 是无法实现的，用户可以使用 CSS 样式美化图像的边框。

▷▷▷ 6.3.3　图像的不透明度

在 CSS3 中，使用 opacity 属性能够使图像呈现出不同的透明效果。其语法格式如下。

```
opacity : opacityValue;
```

opacity 属性用于定义元素的不透明度，参数 opacityValue 表示不透明度的值，是一个介于 0~1 之间的浮点数值。其中，0 表示完全透明，1 表示完全不透明，而 0.5 表示半透明。

【例 6-4】设置图像的透明度。本例在浏览器中的显示效果如图 6-6 所示。

图 6-6　图像透明度的页面显示效果

```
<!DOCTYPE html>
<html>
    <head>
        <meta charset="UTF-8">
        <title>设置图像的透明度</title>
        <style type="text/css">
            #boxwrap {
                width: 150px;
                margin: 10px auto;
                border: 2px dashed #fd8e47;
            }
            img:first-child {
                opacity: 1;
            }
            img:nth-child(2) {
                opacity: 0.8;
            }
            img:nth-child(3) {
                opacity: 0.5;
            }
            img:nth-child(4) {
                opacity: 0.2;
            }
        </style>
    </head>
    <body>
        <div id="boxwrap">
            <img src="images/prod.jpg">
            <img src="images/prod.jpg">
            <img src="images/prod.jpg">
            <img src="images/prod.jpg">
        </div>
    </body>
</html>
```

▷▷▷ 6.3.4 背景图像

在网页设计中，无论是单一的纯色背景，还是加载的背景图片，都能够给整个页面带来丰富的视觉效果。CSS 除了可以设置背景颜色，还可以用 background-image 来设置背景图像。

语法：**background-image : url(url) | none**

参数：url 表示要插入背景图像的路径。none 表示不加载图像。

说明：background-image 属性用于设置对象的背景图像。若把图像添加到整个浏览器窗口，可以将其添加到<body>标签。

【例 6-5】设置背景图像。本例在浏览器中的显示效果如图 6-7 所示。

```
body {
    background-color:#fd8e47;
    background-image:url(images/prod.jpg);
    background-repeat:no-repeat;
}
```

图 6-7 背景图像的页面显示效果

【说明】如果网页中的某个元素同时具有 background-image 属性和 background-color 属性,那么 background-image 属性优先于 background-color 属性,也就是说,背景图像覆盖于背景色之上。

6.3.5 背景重复

背景重复(background-repeat)属性的主要作用是设置背景图像以何种方式在网页中显示。通过背景重复,设计人员使用很小的图像就可以填充整个页面,有效地减少图像字节的大小。

在默认情况下,图像会自动向水平和竖直两个方向平铺。如果不希望平铺,或者只希望沿着一个方向平铺,可以使用 background-repeat 属性来控制。

语法:`background-repeat : repeat | repeat-x | repeat-y | no-repeat`

参数:repeat 表示背景图像在水平和垂直方向重复,是默认值;repeat-x 表示背景图像在水平方向重复;repeat-y 表示背景图像在垂直方向重复;no-repeat 表示背景图像不重复。

说明:background-repeat 属性用于设置对象的背景图像是否重复及如何重复。必须先指定对象的背景图像。

【例 6-6】 设置背景重复。本例在浏览器中的显示效果如图 6-8 所示。

背景不重复　　　　背景水平重复　　　　背景垂直重复　　　　背景重复

图 6-8 背景重复的页面显示效果

背景不重复的 CSS 定义代码如下。

```
body {
    background-color:#fd8e47;
    background-image:url(images/prod.jpg);
    background-repeat:no-repeat;
}
```

背景水平重复的 CSS 定义代码如下。

```
body {
    background-color:#fd8e47;
    background-image:url(images/prod.jpg);
    background-repeat: repeat-x;
}
```

背景垂直重复的 CSS 定义代码如下。

```
body {
    background-color:#fd8e47;
    background-image:url(images/prod.jpg);
    background-repeat: repeat-y;
}
```

背景重复的 CSS 定义代码如下。

```
body {
    background-color:#fd8e47;
    background-image:url(images/prod.jpg);
    background-repeat: repeat;
}
```

6.3.6 背景图像大小

background-size 属性用于设置背景图像的大小。

语法：`background-size : [auto | length | percentage]{1,2} | cover | contain`

参数：

auto：为默认值，保持背景图像的原始高度和宽度。

length：设置具体的值，可以改变背景图像的大小。

percentage：百分比值，可以是 0%～100%之间的任何值，但此值只能应用在块元素上，设置的百分比值由使用的背景图像的大小根据所在元素的宽度的百分比来计算。

cover：将图像放大以适合铺满整个容器，采用 cover 将背景图像放大到适合容器的大小，但这种方法会使背景图像失真。

contain：此值与 cover 刚好相反，用于将背景图像缩小以适合铺满整个容器，这种方法同样会使图像失真。

当 background-size 取值为 length 和 percentage 时可以设置两个值，也可以设置一个值。当只取一个值时，第二个值相当于 auto，但这里的 auto 并不会使背景图像的高度保持原始高度不变，而会与第一个值相同。

说明：background-size 属性用于设置背景图像的大小，以像素或百分比显示。当指定为百分比时，图像大小会由所在区域的宽度、高度决定，还可以通过 cover 和 contain 来对图片进行缩放。

6.4 设置表格样式

在前面的章节中已经讲解了表格的基本用法，本节将重点讲解如何使用 CSS 设置表格样式进而美化表格的外观。虽然我们一直强调网页的布局形式应该是 Div+CSS，但并不是所有的布局都应该如此，在某些时候表格布局更为便利。

6.4.1 常用的 CSS 表格属性

CSS 表格属性可以帮助设计者极大地改善表格的外观，以下是常用的 CSS 表格属性，见表 6-5。

30　CSS 表格属性

表 6-5　常用的 CSS 表格属性

属　　性	说　　明
border-collapse	设置表格的边框和单元格的边框是合并在一起还是按照标准的 HTML 样式分开
border-spacing	设置当表格边框独立时，行和单元格的边框在横向和纵向上的间距
caption-side	设置表格的 caption 对象是在表格的哪一边
empty-cells	设置当表格的单元格无内容时，是否显示该单元格的边框

1. border-collapse 属性

border-collapse 属性用于设置表格的边框是合并成单边框，还是分别有各自的边框。

语法：**border-collapse : separate | collapse**

参数：separate 为默认值，边框分开，不合并。Collapse 表示边框合并，即如果两个边框相邻，则共用同一个边框。

表格的默认样式虽然有点立体的感觉，但它在整体布局中并不是很美观。通常情况下，用户会把表格的 border-collapse 属性设置为 collapse（合并边框），然后设置表格单元格<td>标签的 border 属性为 1px，即可显示细线表格的样式。

【例 6-7】 使用合并边框技术制作细线表格。本例在浏览器中的显示效果如图 6-9 所示。

```
<!DOCTYPE html>
<html>
    <head>
        <meta charset="UTF-8">
        <title>细线表格</title>
        <style type="text/css">
            table {
                border: 1px solid #000000;
                font: 12px/1.5em "宋体";
                border-collapse: collapse;
                /*合并单元格边框*/
            }
            td {
                text-align: center;
                border: 1px solid #000000;
                background: #e5f1f4;
            }
            /*设置所有 td 内容单元格的文字居中显示，并添加黑色边框和背景颜色*/
        </style>
    </head>
    <body>
        <table width="300" border="0">
            <caption>爱心包装项目列表</caption>
            <tr>
                <td>食品饮料包装</td>
                <td>智能家电包装</td>
            </tr>
            <tr>
                <td>生活用品包装</td>
                <td>工业用品包装</td>
            </tr>
        </table>
    </body>
</html>
```

图 6-9 细线表格示例

2. border-spacing 属性

border-spacing 属性用来设置相邻单元格边框间的距离。

语法：**border-spacing : length || length**

参数：由浮点数和单位标识符组成的长度值，不可为负值。

说明：该属性用于设置当表格边框独立（border-collapse 属性为 separate）时，单元格的边框在横向和纵向上的间距。当只指定一个 length 值时，这个值将作用于横向和纵向上的间距；当指定了两个 length 值时，第 1 个值用于横向间距，第 2 个值用于纵向间距。

3．empty-cells 属性

empty-cells 属性用于设置当表格的单元格无内容时，是否显示该单元格的边框。

语法：**empty-cells : hide | show**

参数：show 为默认值，表示当表格的单元格无内容时显示单元格的边框。hide 表示当表格的单元格无内容时隐藏单元格的边框。

说明：只有当表格边框独立时，该属性才起作用。

【例 6-8】 使用 border-spacing 属性设置相邻单元格边框间的距离。本例在浏览器中的显示效果如图 6-10 所示。

```
<!DOCTYPE html>
<html>
    <head>
        <meta charset="UTF-8">
        <style type="text/css">
            table.one {
                border-collapse: separate;
                /*表格边框独立*/
                border-spacing: 10px;
                /*单元格水平、垂直距离均为10px*/
            }
            table.two {
                border-collapse: separate;
                /*表格边框独立*/
                border-spacing: 10px 50px;
                /*单元格水平距离10px、垂直距离50px*/
                empty-cells: hide;
                /*表格的单元格无内容时隐藏单元格的边框*/
            }
        </style>
    </head>
    <body>
        <table class="one" border="1">
            <tr>
                <td>食品饮料包装</td>
                <td>智能家电包装</td>
            </tr>
            <tr>
                <td>生活用品包装</td>
                <td>工业用品包装</td>
            </tr>
        </table>
        <br />
        <table class="two" border="1">
            <tr>
                <td>食品饮料包装</td>
                <td>智能家电包装</td>
```

图 6-10 单元格边框间距离的页面显示效果

```
            </tr>
            <tr>
                <td>生活用品包装</td>
                <td></td>
            </tr>
        </table>
    </body>
</html>
```

6.4.2 案例——使用斑马线表格制作包装项目年度排行榜

当表格的行和列都很多时，单元格若采用相同的背景色，用户在实际使用时会感到凌乱且容易看错行。通常的解决方法就是制作斑马线（即隔行换色）表格，可以降低看错的概率。

所谓斑马线表格，就是表格的奇数行和偶数行采用不同的样式，在行与行之间形成一种交替变换的效果。设计者只需要给表格的奇数行和偶数行分别指定不同的类名，然后设置相应的样式就可以制作出斑马线表格。

【例 6-9】使用斑马线表格制作包装项目年度排行榜。本例在浏览器中的显示效果如图 6-11 所示。

```
<!DOCTYPE html>
<html>
    <head>
        <meta charset="UTF-8">
        <title>斑马线表格</title>
        <style type="text/css">
            table {
                border: 1px solid #000000;
                font: 12px/1.5em "宋体";
                border-collapse: collapse;
                /*合并单元格边框*/
            }
            caption {
                text-align: center;
            }
            /*设置标题信息居中显示 */
            th {
                color: #F4F4F4;
                border: 1px solid #000000;
                background: #328aa4;
            }
            /*设置表头的样式（表头文字颜色、边框、背景色）*/
            td {
                text-align: center;
                border: 1px solid #000000;
                background: #e5f1f4;
            }
            /*设置所有 td 内容单元格的文字居中显示，并添加黑色边框和背景颜色*/
            .tr_bg td {
                background: #FDFBCC;
            }
```

图 6-11 斑马线表格示例

```html
                    /*通过 tr 标签的类名修改相对应的单元格背景颜色 */
            </style>
    </head>
    <body>
            <table width="600" border="0">
                    <caption>包装项目年度排行榜</caption>
                    <tr>
                            <th>项目编号</th>
                            <th>项目名称</th>
                            <th>报价</th>
                            <th>数量</th>
                    </tr>
                    <tr>
                            <td>001</td>
                            <td>食品饮料包装</td>
                            <td>360000</td>
                            <td>8</td>
                    </tr>
                    <tr class="tr_bg">
                            <td>002</td>
                            <td>智能家电包装</td>
                            <td>330000</td>
                            <td>7</td>
                    </tr>
                    <tr>
                            <td>003</td>
                            <td>生活用品包装</td>
                            <td>390000</td>
                            <td>6</td>
                    </tr>
                    <tr class="tr_bg">
                            <td>004</td>
                            <td>工业用品包装</td>
                            <td>380000</td>
                            <td>5</td>
                    </tr>
            </table>
    </body>
</html>
```

▷▷ 6.5 设置表单样式

在前面章节中讲解的表单设计大多采用表格布局，这种布局方法对表单元素的样式控制很少，仅局限于功能上的实现。本节主要讲解如何使用 CSS 控制和美化表单。

▷▷▷ 6.5.1 使用 CSS 修饰常用的表单元素

表单中常用的元素包括的文本域、单选按钮、复选框、下拉列表框和按钮等。

文本域主要用于采集用户在其中编辑的文字信息。通过 CSS 样式可以对文本域内的字体、颜色以及背景图像加以控制。

按钮主要用于控制网页中的表单,通过 CSS 样式可以对按钮的字体、颜色、边框以及背景图像加以控制。

表单中的元素很多,这里不再一一列举每种元素的修饰方法。下面通过一个实例讲解使用 CSS 修饰常用的表单元素。

6.5.2 案例——制作爱心包装用户调查页面

【例 6-10】 使用 CSS 修饰常用的表单元素,制作爱心包装用户调查页面。本例在浏览器中的显示效果如图 6-12 所示。

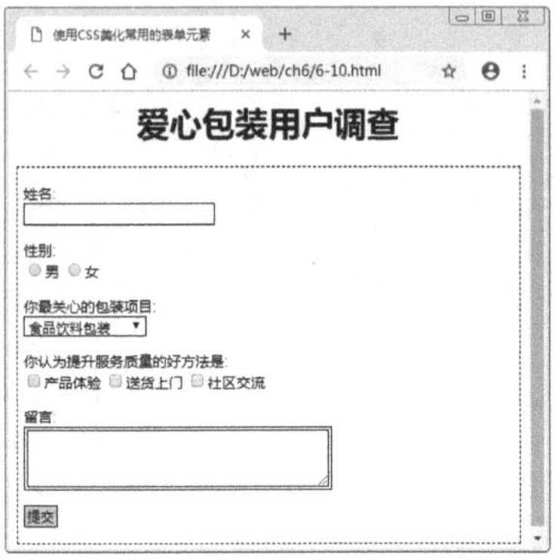

```
<!DOCTYPE html>
<html>
    <head>
        <meta charset="UTF-8">
        <title>使用CSS美化常用的表单元素</title>
        <style type="text/css">
            form {
                border: 1px dashed #00008B;
                padding: 1px 6px 1px 6px;
                margin: 0px;
                font: 14px Arial;
            }
            input {
                /* 所有input 标记 */
                color: #00008B;
            }
            input.txt {
                /* 文本框单独设置 */
                border: 1px solid #00008B;
                padding: 2px 0px 2px 16px;
                background: url(images/username_bg.jpg) no-repeat left center;
            }
            input.btn {
                /* 按钮单独设置 */
                color: #00008B;
                background-color: #ADD8E6;
                border: 1px solid #00008B;
                padding: 1px 2px 1px 2px;
            }
            select {
                width: 120px;
                color: #00008B;
                border: 1px solid #00008B;
            }
            textarea {
                width: 300px;
                height: 60px;
                color: #00008B;
                border: 4px double #00008B;
            }
        </style>
```

图 6-12 爱心包装用户调查页面显示效果

```
        </head>
        <body>
            <h1 align="center">爱心包装用户调查</h1>
            <form method="post">
                <p>姓名:<br><input type="text" name="name" id="name" class="txt"></p>
                <p>性别:<br>
                    <input type="radio" name="sex" id="male" value="male">男
                    <input type="radio" name="sex" id="female" value="female">女</p>
                <p>你最关心的包装项目:<br>
                    <select name="color" id="work">
                        <option value="1">食品饮料包装</option>
                        <option value="2">智能家电包装</option>
                        <option value="3">生活用品包装</option>
                    </select>
                </p>
                <p>你认为提升服务质量的好方法是:<br>
                    <input type="checkbox" name="hobby" id="tree" value="tree">产品体验
                    <input type="checkbox" name="hobby" id="water" value="water">送货上门
                    <input type="checkbox" name="hobby" id="desert" value="desert">社区交流</p>
                <p>留言:<br><textarea name="comments" id="comments"></textarea></p>
                <p><input type="submit" name="btnSubmit" class="btn" value="提交"></p>
            </form>
        </body>
    </html>
```

【说明】本例中设置文本框左内边距为 16px，目的是为了给文本框背景图像（图像宽度 16px）预留显示空间，否则输入的文字将覆盖在背景图像之上，以致用户在输入文字时看不清输入内容。

▷▷ 6.6 设置超链接样式

超链接是网页上最普通的元素，通过超链接能够实现页面的跳转、功能的激活等，而超链接多样化效果的实现离不开 CSS 样式的辅助。在前面的章节中已经讲到了伪类选择符的基本概念和简单应用，本节重点讲解使用 CSS 制作丰富的超链接特效的方法。

▷▷▷ 6.6.1 设置文字超链接的外观

在 HTML 语言中，超链接是通过<a>标签来实现的，超链接的具体地址则是利用<a>标签的 href 属性，代码如下。

```
<a href="http://www.baidu.com">百度</a>
```

在默认的浏览器方式下，超链接统一为蓝色并且带有下画线，访问过的超链接则为紫色并且也有下画线。这种最基本的超链接样式已经无法满足设计人员的要求,通过 CSS 可以设置超链接的各种属性,而且通过伪类选择符还可以制作出许多动态效果。

伪类选择符中,:link、:visited、:hover 和:active 分别用来控制超链接内容访问前、访问后、鼠标悬停时以及用户激活时的样式。需要说明的是,这 4 种状态的顺序不能颠倒,否则可能会导致伪类选择符样式不能实现。这 4 种状态并不是每次都要用到,一般情况下只需要定义超链接标签的样式以及:hover 伪类选择符样式即可。

【例 6-11】 制作网页中不同区域的超链接效果。本例在浏览器中显示的效果如图 6-13 所示。

图 6-13　使用 CSS 制作不同区域的超链接风格

```
<!DOCTYPE html>
<html>
    <head>
        <meta charset="UTF-8">
        <title>使用 CSS 制作不同区域的超链接风格</title>
        <style type="text/css">
            <!-- a:link {
                /*未访问的超链接*/
                font-size: 13pt;
                color: #0000ff;
                text-decoration: none;
            }
            a:visited {
                /*访问过的超链接*/
                font-size: 13pt;
                color: #00ffff;
                text-decoration: none;
            }
            a:hover {
                /*鼠标经过的超链接*/
                font-size: 13pt;
                color: #cc3333;
                text-decoration: underline;
                /*下画线*/
            }
            .navi {
                text-align: center;
                background-color: #eee;
            }
            .navi span {
                margin-left: 10px;
                margin-right: 10px;
            }
```

```
                .navi a:link {
                    color: #ff0000;
                    text-decoration: underline;
                    font-size: 17pt;
                    font-family: "黑体";
                }
                .navi a:visited {
                    color: #0000ff;
                    text-decoration: none;
                    font-size: 17pt;
                    font-family: "黑体";
                }
                .navi a:hover {
                    color: #000;
                    font-family: "黑体";
                    font-size: 17pt;
                    text-decoration: overline;
                    /*上画线*/
                }
                .footer {
                    text-align: center;
                    margin-top: 120px;
                }
            -->
        </style>
    </head>
    <body>
        <h2 align="center">爱心包装</h2>
        <p class="navi">
            <a href="#">首页</a>
            <a href="#">关于</a>
            <a href="#">客服</a>
            <a href="#">联系</a>
        </p>
        <div class="footer">
            <a href="mailto:anlgel@love.com">联系我们</a>
            <div>
    </body>
</html>
```

【说明】由于页面中的导航区域套用了类.navi，并且在其后分别定义了.navi a:link、.navi a:visited 和.navi a:hover 这 3 个继承，从而使导航区域的超链接风格区别于"联系我们"文字默认的超链接风格。

6.6.2 设置图文超链接的外观

网页设计中对文字超链接的修饰不仅限于增加边框、修改背景颜色等方式，还可以利用背景图片将文字超链接进一步地美化。

【例 6-12】鼠标未悬停时文字超链接的效果如图 6-14 所示，鼠标悬停在文字超链接上时的效果如图 6-15 所示。

图 6-14 鼠标未悬停时文字超链接的效果

图 6-15 鼠标悬停在文字超链接上时的效果

```html
<!DOCTYPE html>
<html>
    <head>
        <meta charset="UTF-8">
        <title>图文超链接</title>
        <style type="text/css">
            .a {
                padding-left: 40px;
                /*设置左内边距用于增加空白显示背景图片*/
                font-size: 16px;
                text-decoration: none;
            }
            .a:hover {
                background: url(images/cart.gif) no-repeat left center;
                /*增加背景图*/
                text-decoration: underline;
                /*下画线*/
            }
        </style>
    </head>
    <body>
        <a href="#" class="a">鼠标悬停在超链接上时将显示购物车</a>
    </body>
</html>
```

【说明】本例 CSS 代码中的 "padding-left:40px;" 用于增加容器左侧的空白,为后来显示背景图片做准备。当触发鼠标悬停操作时,在容器左边增加背景图片。

▶▶ 6.7 设置列表

列表形式使信息的显示非常整齐直观,便于用户理解与单击。从网页出现到现在,列表元素一直是页面中非常重要的应用形式。传统的 HTML 语言提供了项目列表的基本功能,当引入 CSS 后,项目列表被赋予了许多新的属性,已经超越了它最初设计时的功能。

▶▶▶ 6.7.1 表格布局的缺点

通常情况下,新闻列表采用表格布局来实现,如图 6-16 所示。其中,第 1 列放置小图标作为修饰,第 2 列放置新闻标题。

表格布局主要采用表格的相互嵌套方式,这样就会造成代码的复杂度很高,同时也不利于搜索引擎抓取信息,直接影响到网站的排名。

图 6-16 表格布局的新闻示例

▶▶▶ 6.7.2 列表布局的优势

列表元素是网页设计中使用频率非常高的元素,在大多数的网页设计中,无论是新闻列表、产品，还是其他内容，均可能需要以列表的形式来体现。

采用 CSS 样式对整个页面布局时，列表元素的作用被充分挖掘出来。从某种意义上讲，除了描述性的文本，任何内容都可以认为是列表。使用列表布局来实现新闻列表，如图 6-17 所示，不仅页面结构清晰，而且代码数量明显减少。

新闻列表的结构代码如下。

图 6-17 列表布局的新闻列表示例

```
<div id="main_left_top">
    <h3>新闻</h3>
    <ul class="news_list">
        <li><a href="#">2017 年 6 月 18 日全线商品 7 折优惠</a><span>[2017-6-16]</span></li>
        <li><a href="#">最新活动上线，敬请垂询</a> <span>[2017-6-16]</span></li>
        <li><a href="#">今天您报名活动了吗，抓紧时间哦</a> <span>[2017-6-16]</span></li>
        <li><a href="#">2017 年父亲节将优惠进行到底</a> <span>[2017-6-16]</span></li>
    </ul>
</div>
```

▷▷▷ 6.7.3 CSS 列表属性

在 CSS 样式中，主要是通过 list-style-type、list-style-image 和 list-style-position 这 3 个属性改变列表修饰符的类型。常用的 CSS 列表属性见表 6-6。

31 CSS 列表属性

表 6-6 常用的 CSS 列表属性

属　　性	说　　明
list-style	复合属性，用于把列表的所有属性设置于一个声明中
list-style-image	将图像设置为列表项标志
list-style-position	设置列表项标记如何根据文本排列
list-style-type	设置列表项标志的类型
marker-offset	设置标记容器和主容器之间水平补白

1．列表类型

通常的项目列表主要采用<ul>或<ol>标签，然后配合<li>标签罗列各个项目。在 CSS 样式中，列表项的标志类型是通过属性 list-style-type 来修改的，无论是<ul>标签还是<ol>标签，都可以使用相同的属性值，而且效果是完全相同的。

list-style-type 属性主要用于修改列表项的标志类型。例如，在一个无序列表中，列表项的标志是出现在各列表项旁边的圆点，而在有序列表中，标志可能是字母、数字或其他某种符号。

当给<ul>或者<ol>标签设置 list-style-type 属性时，在它们中间的所有<li>标签都采用该设置，而如果对<li>标签单独设置 list-style-type 属性，则仅仅作用在该项目上。当 list-style-image 属性为 none 或者指定的图像不可用时，list-style-type 属性才起作用。

list-style-type 属性常用的属性值见表 6-7。

表 6-7 list-style-type 常用的属性值

属性值	说明
disc	默认值，标记是实心圆
circle	标记是空心圆
square	标记是实心正方形
decimal	标记是数字
upper-alpha	标记是大写英文字母，如 A，B，C，D，E，F 等
lower-alpha	标记是小写英文字母，如 a，b，c，d，e，f 等
upper-roman	标记是大写罗马字母，如 I，II，III，IV，V，VI，VII 等
lower-roman	标记是小写罗马字母，如 i，ii，iii，iv，v，vi，vii 等
none	不显示任何符号

在页面中使用列表，要根据实际情况选用不同的修饰符，或者不选用任何一种修饰符而使用背景图像作为列表的修饰。需要说明的是，当选用背景图像作为列表修饰时，list-style-type 属性和 list-style-image 属性都要设置为 none。

【例 6-13】 设置列表类型。本例在浏览器中的显示效果如图 6-18 所示。

图 6-18 设置列表类型的页面显示效果

```
<!DOCTYPE html>
<html>
    <head>
        <meta charset="UTF-8">
        <title>设置列表类型</title>
        <style>
            body {
                background-color: #fff;
            }
            ul {
                font-size: 1.5em;
                color: green;
                list-style-type: disc;
                /* 标记是实心圆形*/
            }
            li.special {
                list-style-type: circle;
                /* 标记是空心圆形*/
            }
        </style>
    </head>
    <body>
        <h2>包装项目</h2>
        <ul>
            <li>食品饮料包装</li>
            <li>智能家电包装</li>
            <li class="special">生活用品包装</li>
            <li>工业用品包装</li>
        </ul>
    </body>
</html>
```

如果希望项目符号采用图像的方式，可以通过将 list-style-type 属性设置为 none，然后修改 <li>标签的背景属性 background 来实现。

2．列表项图像符号

除了传统的项目符号外，CSS 还提供了属性 list-style-image，该属性可以用来将项目符号显示为任意图像。当 list-style-image 属性的属性值为 none 或者设置的图像路径出错时，list-style-type 属性会替代 list-style-image 属性对列表产生作用。

list-style-image 属性的属性值包括 URL（图像的路径）、none（默认值，无图像被显示）和 inherit（从父元素继承属性，部分浏览器对此属性不支持）。

【例 6-14】 设置列表项图像符号。本例在浏览器中的显示效果如图 6-19 所示。

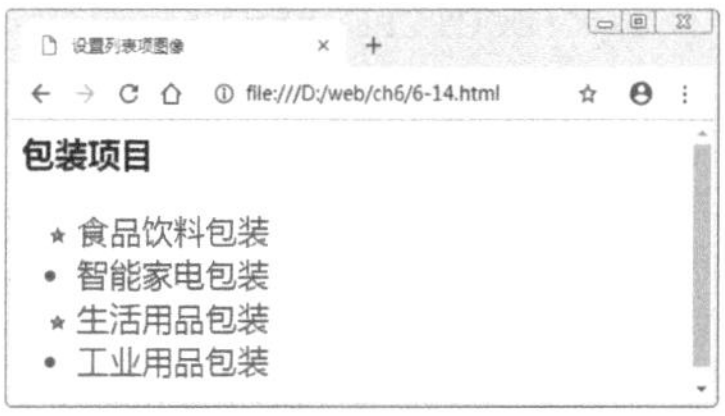

```
<!DOCTYPE html>
<html>
    <head>
        <meta charset="UTF-8">
        <title>设置列表项图像</title>
        <style>
            body {
                background-color: #fff;
            }
            ul {
                font-size: 1.5em;
                color: green;
                list-style-image: url(images/star_red.gif);
                /*设置列表项图像*/
            }
            .img_fault {
                list-style-image: url(images/fault.gif);
                /*设置列表项图像错误的 URL，图像不能正确显示*/
            }
            .img_none {
                list-style-image: none;
                /*设置列表项图像为不显示，所以没有图像显示*/
            }
        </style>
    </head>
    <body>
        <h2>包装项目</h2>
        <ul>
            <li>食品饮料包装</li>
            <li class="img_fault">智能家电包装</li>
            <li>生活用品包装</li>
            <li class="img_none">工业用品包装</li>
        </ul>
    </body>
</html>
```

图 6-19 设置列表项图像的页面显示效果

【说明】①预览后可以清楚地看到，当 list-style-image 属性设置为 none 或者设置的图像路径出错时，list-style-type 属性会替代 list-style-image 属性对列表产生作用。

② 虽然使用 list-style-image 属性很容易实现设置列表项图像的目的，但是也失去了一些常

用特性。list-style-image 属性不能够精确控制图像项目符号和文字的距离，它在这个方面不如 background-image 属性灵活。

▷▷▷ 6.7.4 案例——制作爱心包装二维码名片

图文信息列表的应用无处不在，例如当当网、淘宝网和迅雷看看等诸多门户网站，其中的产品或电影列表都是图文信息列表。图文信息列表其实就是图文混排的一种实现方法，下面以一个示例讲解图文信息列表的实现。

【例 6-15】 使用图文信息列表制作爱心包装二维码名片。本例在浏览器中的显示效果如图 6-20 所示。

```
<!DOCTYPE html>
<html>
    <head>
        <meta charset="UTF-8">
        <title>爱心包装二维码名片</title>
        <style>
            body {
                font-size: 14px;
            }
            /*清除浏览器的默认样式*/
            body,
            dl,
            dt,
            dd {
                padding: 0;
                margin: 0;
                border: 0;
            }
            dl {
                width: 170px;
                height: 240px;
                border: 10px solid #f1e9e9;
                padding: 10px;
                margin: 10px;
            }
            dt {
                width: 170px;
                height: 162px;
                background: url(images/webchat.jpg) no-repeat -17px center;
                margin-bottom: 5px;
            }
            dd {
                width: 170px;
                height: 26px;
                line-height: 26px;
                color: #666;
                padding-left: 5px;
            }
            .pool {
                font-weight: bold;
```

图 6-20 制作爱心包装二维码名片页面显示效果

```
                font-size: 16px;
            }
            .poo2 {
                font-size: 18px;
            }
        </style>
    </head>
    <body>
        <dl>
            <dt></dt>
            <dd><span class="poo1">公司</span> <span class="poo2">爱心包装</span></dd>
            <dd>电话：13501149831</dd>
            <dd>联系人：爱心天使</dd>
        </dl>
    </body>
</html>
```

▷▷ 6.8 创建导航菜单

对于一个成功的网站来说，导航菜单必不可少。导航菜单的风格决定了整个网站的风格。在传统方式下，制作导航菜单是很烦琐的工作，设计者不仅要用表格布局，还要使用 JavaScript 实现相应鼠标指针悬停或鼠标按键按下动作。而使用 CSS 来制作导航菜单，将大大简化设计的流程。按照菜单的布局显示，可以将导航菜单分为纵向导航菜单和横向导航菜单。

▷▷ 6.8.1 纵向导航菜单

应用 Web 标准进行网页制作时，通常使用无序列表<ul>标签构建菜单，其中纵向列表模式的导航菜单又是应用得比较广泛的一种。由于纵向导航菜单的内容并没有逻辑上的先后顺序，因此可以使用无序列表来实现。

【例 6-16】 制作纵向导航菜单，鼠标未悬停在菜单项上时的效果如图 6-21 所示，鼠标悬停在菜单项上时的效果如图 6-22 所示。

图 6-21 鼠标未悬停在菜单项上时的效果　　图 6-22 鼠标悬停在菜单项上时的效果

制作过程如下。

（1）创建网页结构

首先创建一个包含无序列表的 Div 容器，列表包含 5 个选项，每个选项包含 1 个用于实现导航菜单的文字超链接。代码如下。

```
<body>
    <div id="nav">
        <ul>
```

```
            <li><a href="#">首页</a></li>
            <li><a href="#">关于</a></li>
            <li><a href="#">工程</a></li>
            <li><a href="#">会员</a></li>
            <li><a href="#">联系</a></li>
        </ul>
    </div>
</body>
```

在没有 CSS 样式的情况下，菜单的效果如图 6-23 所示。　　图 6-23　无 CSS 样式的菜单效果

（2）设置容器及列表的 CSS 样式

接着设置菜单 Div 容器的整体区域样式，设置菜单的宽度、字体，以及列表和列表选项的类型和边框样式。代码如下。

```
#nav{
    width:200px;                 /* 设置菜单的宽度 */
    font-family:Arial;
}
#nav ul{
    list-style-type:none;        /* 不显示项目符号 */
    margin:0px;                  /*外边距为0px*/
    padding:0px;                 /*内边距为0px*/
}
#nav li{
    border-bottom:1px solid #ed9f9f;    /* 设置列表选项（菜单项）的下边框线 */
}
```

经过以上设置容器及列表的 CSS 样式，菜单显示效果如图 6-24 所示。

（3）设置菜单项超链接的 CSS 样式

在设置容器的 CSS 样式之后，菜单项的显示效果并不理想，还需要进一步美化。接下来设置菜单项超链接的区块显示、左边的粗红边框、右侧阴影及内边距。最后，创建未访问过的超链接、访问过的超链接及鼠标悬停于菜单项上时的样式。代码如下。

图 6-24　设置 CSS 样式后的菜单效果

```
#nav li a{
    display:block;                         /*区块显示*/
    padding:5px 5px 5px 0.5em;
    text-decoration:none;                  /*链接无修饰*/
    border-left:12px solid #711515;        /*左边的粗红边框*/
    border-right:1px solid #711515;        /*右侧阴影*/
}
#nav li a:link, #nav li a:visited{         /*未访问过的超链接、访问过的超链接的样式*/
    background-color:#c11136;              /*改变背景色*/
    color:#fff;                            /*改变文字颜色*/
}
#nav li a:hover{                           /*鼠标悬停于菜单项上时的样式*/
    background-color:#990020;              /*改变背景色*/
    color:#ff0;                            /*改变文字颜色*/
}
```

经过进一步美化，菜单显示效果如图 6-21 和图 6-22 所示。

6.8.2 横向导航菜单

在制作网页时，经常要求导航菜单能够在水平方向上显示。通过 CSS 属性的控制，可以实现列表模式导航菜单的纵横转换。在保持原有 HTML 结构不变的情况下，将纵向导航菜单转换成横向导航菜单最重要的环节就是设置 <li> 标签为浮动。

【例 6-17】 制作横向导航菜单，鼠标未悬停在菜单项上时的效果如图 6-25 所示，鼠标悬停在菜单项上时的效果如图 6-26 所示。

图 6-25 鼠标未悬停在菜单项上时的效果

图 6-26 鼠标悬停在菜单项上时的效果

制作过程如下。

（1）创建网页结构

首先创建一个包含无序列表的 Div 容器，列表包含 5 个选项，每个选项包含 1 个用于实现导航菜单的文字超链接。代码如下。

```
<body>
    <div id="nav">
        <ul>
            <li><a href="#">首页</a></li>
            <li><a href="#">关于</a></li>
            <li><a href="#">工程</a></li>
            <li><a href="#">会员</a></li>
            <li><a href="#">联系</a></li>
        </ul>
    </div>
</body>
```

在没有 CSS 样式的情况下，菜单的效果如图 6-27 所示。

图 6-27 无 CSS 样式的菜单效果

（2）设置容器及列表的 CSS 样式

接着设置菜单 Div 容器的整体区域样式，设置菜单的宽度、字体，以及列表和列表选项的类型和边框样式。代码如下。

```
#nav{
    width:360px;         /*设置菜单水平显示的宽度*/
    font-family:Arial;
}
#nav ul{                 /*设置列表的类型*/
    list-style-type:none;    /*不显示项目符号*/
    margin:0px;          /*外边距为 0px*/
    padding:0px;         /*内边距为 0px*/
}
#nav li{
    float:left;          /*使得菜单项都水平显示*/
}
```

以上设置中最为关键的代码就是"float:left;"，正是设置了 <li> 标签为浮动，才将纵向导航菜单转换成横向导航菜单。经过以上设置容器及列表的 CSS 样式，菜单显示效果如图 6-28 所示。

（3）设置菜单项超链接的 CSS 样式

图 6-28　设置 CSS 样式后的菜单效果

在设置容器的 CSS 样式之后，菜单项虽横向显示但拥挤在一起，效果非常不理想，还需要进一步美化。接下来设置菜单项超链接的区块显示、四周的边框线及内外边距。最后，创建未访问过的超链接、访问过的超链接及鼠标悬停于菜单项上时的样式。代码如下。

```
#nav li a{
    display:block;                  /*块级元素*/
    padding:3px 6px 3px 6px;
    text-decoration:none;           /*链接无修饰*/
    border:1px solid #711515;       /*超链接区块四周的边框线效果相同*/
    margin:2px;
}
#nav li a:link, #nav li a:visited{  /*未访问过的超链接、访问过的超链接的样式*/
    background-color:#c11136;       /*改变背景色*/
    color:#fff;                     /*改变文字颜色*/
}
#nav li a:hover{                    /*鼠标悬停于菜单项上时的样式*/
    background-color:#990020;       /*改变背景色*/
    color:#ff0;                     /*改变文字颜色*/
}
```

经过进一步美化，菜单显示效果如图 6-25 和图 6-26 所示。

习题 6

1. 综合使用 CSS 修饰页面元素与制作导航菜单技术制作如图 6-29 所示的页面。
2. 综合使用 CSS 修饰页面元素与制作导航菜单技术制作如图 6-30 所示的页面。

图 6-29　题 1 图

图 6-30　题 2 图

第 7 章 使用 CSS 布局页面

随着 Web 标准在国内的逐渐普及，许多网站已经开始重构。Web 标准提出将网页的内容与表现分离，同时要求 HTML 文档具有良好的结构。传统网站是采用表格进行布局的，但这种方式已经逐渐淡出设计舞台，取而代之的是符合 Web 标准的 Div+CSS 布局方式。

7.1 Div+CSS 布局技术概述

使用 Div+CSS 布局页面是当前制作网站流行的技术。网页设计师必须按照设计要求，首先搭建一个可视的排版框架，这个框架在页面中显示时有自己的位置、浮动方式，然后再向框架中填充排版的细节，这就是 Div+CSS 布局页面的基本理念。

7.1.1 认识 Div+CSS 布局

传统的 HTML 标签中，既有控制结构的标签（如<title>标签和<p>标签），又有控制表现的标签（如<font>标签和<b>标签），还有本意用于结构后来被滥用于控制表现的标签（如<h1>标签和<table>标签）。页面的整个结构标签与表现标签混合在一起。

相对于其他 HTML 继承而来的元素而言，Div 标签的特性在于它是一种块级元素，更容易被 CSS 代码控制样式。

Div+CSS 的页面布局不仅仅是设计方式的转变，而且是设计思想的转变，这一转变为网页设计带来了许多便利。尽管在设计中使用的元素没有改变，在传统的表格布局中也会用到 Div 和 CSS，但它们却没有被用于页面布局。采用 Div+CSS 布局方式的优点如下。

1) Div 用于搭建网站结构，CSS 用于创建网站表现，将表现与内容分离，便于大型网站的协作开发和维护。

2) 缩短了网站的改版时间，设计者只要简单地修改 CSS 文件就可以轻松地改版网站。

3) 强大的字体控制和排版能力，使设计者能够更好地控制页面布局。

4) 用只包含结构化内容的 HTML 代替嵌套的标签，提高搜索引擎对网页的索引效率。

5) 用户可以将许多网页的风格格式同时更新。

7.1.2 正确理解 Web 标准

从使用表格布局到使用 Div+CSS 布局，有些 Web 设计者对标准理解不深，很容易步入 Web 标准的误区，主要表现在以下几方面，希望读者学习后能对 Web 标准有新的认识。

1. 表格布局的思维模式

初学者很容易认为 Div+CSS 布局就是将原来使用表格的地方用 Div 来代替，原来是表格嵌套，现在是 Div 嵌套。使用这种思维模式设计的效果并不理想，意义也不大。

2. 标签的使用

HTML 标签是用来定义结构的，不是用来实现"表现"的。

3. CSS 与 ID

在进行页面布局时，不需要为每个元素都定义一个 ID，并且不是每段内容都要用<div>标签进行布局，完全可以使用<p>标签加以代替，这两个标签都是块级元素，使用<div>标签仅是在浮动时便于操作。

▷▷ 7.2 Div 的嵌套布局

<div>标签是可以被嵌套的，这种嵌套的 Div 主要用于实现更为复杂的页面排版。

▷▷▷ 7.2.1 将页面用 Div 分块

使用 Div+CSS 布局页面完全有别于传统的网页布局习惯，它首先将页面在整体上进行<div>标签的分块，然后对各个块进行 CSS 定位，最后在各个块中添加相应的内容。

【例 7-1】 将页面用 Div 分块。本例文件的 Div 布局示意图如图 7-1 所示。

```html
<!DOCTYPE html>
<html>
    <head>
        <meta charset="utf-8">
        <title> </title>
    </head>
<body>
    <div id="container">
        <div id="top">此处显示id "top"的内容</div>
        <div id="main">
            <div id="mainbox">此处显示id "mainbox"的内容</div>
            <div id="sidebox">此处显示id "sidebox"的内容</div>
        </div>
        <div id="footer">此处显示id "footer"的内容</div>
    </div>
</body>
</html>
```

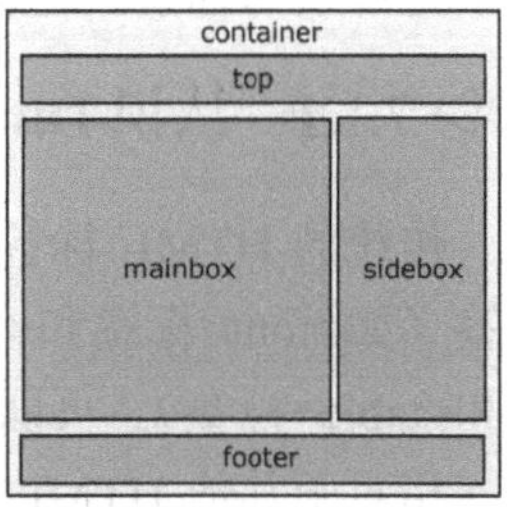

图 7-1 Div 分块布局示意图

【说明】本例中，id="container"的 Div 作为盛放其他元素的容器，它所包含的所有元素对于 id="container"的 Div 来说都是嵌套关系。对于 id="main"的 Div 容器，则根据实际情况进行布局，这里分别定义 id="mainbox"和 id="sidebox"两个<div>标签，虽然新定义的<div>标签之间是并列的关系，但都处于 id="main"的<div>标签内部，因此它们与 id="main"的 Div 形成一个嵌套关系。

▷▷▷ 7.2.2 案例——制作爱心包装活动发布页面

前面讲解的案例大多数是页面的局部布局，按照循序渐进的学习规律，本小节从一个页面的全局布局入手，讲解爱心包装活动发布页面的制作，重点练习使用嵌套的 Div 布局页面的相关知识。

1. 页面布局规划

页面布局的首要任务是弄清网页的布局方式，分析版式结构，待整体页面搭建有明确规划后，再根据成熟的规划切图。

通过成熟的构思与设计，爱心包装活动发布页面的效果如图 7-2 所示，页面布局示意图如

图 7-3 所示。在布局规划中，container 是整个页面的容器，top 是页面的导航菜单区域，main 是页面的主体内容，footer 是页面放置版权信息的区域。

图 7-2 爱心包装活动发布页面的效果

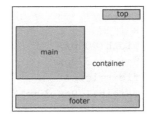

图 7-3 页面布局示意图

2．页面的制作过程

（1）前期准备

① 栏目目录结构

在栏目文件夹下创建文件夹 images 和 style，分别用来存放图像素材和外部样式表文件。

② 图像素材

将本页面需要使用的图像素材存放在文件夹 images 下。

③ 外部样式表

在文件夹 style 下新建一个名为 style.css 的样式表文件。

（2）制作页面

① 制作页面的 CSS 样式

打开创建的 style.css 文件，定义页面的 CSS 规则，代码如下。

```css
* {                                    /*页面全局样式——父元素*/
    margin:0px;                        /*所有元素外边距为0*/
    border:0px;
    padding:0px;                       /*所有元素内边距为0*/
}
body {
    font-family:"宋体";
    font-size:12px;
    color:#000;                        /*黑色文字*/
}
#container {
    width:1008px;                      /*设置元素宽度*/
    height:630px;                      /*设置元素高度*/
    background-image:url(../images/bgpic.jpg);   /*网页容器的背景图像*/
    background-repeat:no-repeat;                 /*背景不重复*/
    margin:0 auto;                     /*自动水平居中*/
}
#top_menu {
    line-height:20px;                              /*行高为20px*/
    margin:20px 0px 0px 50px; /*上、右、下、左内边距分别为20px、0px、0px、50px*/
    width:180px;                       /*设置元素宽度*/
```

```css
            float:right;                        /*导航菜单向右浮动*/
            text-align:left;                    /*文字左对齐*/
        }
        #top_menu span {
            margin-left:5px;                    /*左外边距为5px*/
            margin-right:5px;                   /*右外边距为5px*/
        }
        #main {
            width:400px;
            height:370px;
            float:left;                         /*主体内容向左浮动*/
            margin:100px 30px 0px 50px;
        }
        #main_top {
            width:400px;                        /*设置元素宽度*/
            height:100px;                       /*设置元素高度*/
            font-family:"华文中宋";
            font-size:48px;
        }
        #main_mid{
            width:400px;                        /*设置元素宽度*/
            height:20px;                        /*设置元素高度*/
            font-size:18px;
        }
        #main_main1{
            width:400px;                        /*设置元素宽度*/
            height:72px;                        /*设置元素高度*/
            border-bottom:#fff solid 1px;       /*下边框为粗细1px的白色实线*/
            margin-top:10px;                    /*上外边距为10px*/
            line-height:20px;                   /*行高为20px*/
        }
        #main_main2{
            width:400px;                        /*设置元素宽度*/
            height:72px;                        /*设置元素高度*/
            border-bottom:#fff solid 1px;       /*下边框为粗细1px的白色实线*/
            margin-top:10px;                    /*上外边距为10px*/
            line-height:20px;                   /*行高为20px*/
        }
        #footer{
            width:1008px;                       /*设置元素宽度*/
            height:28px;                        /*设置元素高度*/
            float:left;                         /*向左浮动*/
            margin-top:128px;                   /*上外边距为128px*/
        }
        #footer_text{
            text-align:center;                  /*文字居中对齐*/
            margin-top:10px;                    /*上外边距为10px*/
        }
```

② 制作页面的网页结构代码

为了使读者对页面的样式与结构有一个全面的认识，最后说明整个页面（7-2.html）的结构代码，代码如下。

```html
<!DOCTYPE html>
<html>
    <head>
        <meta charset="utf-8">
        <title>爱心包装活动发布</title>
        <link href="style/style.css" rel="stylesheet" type="text/css" />
    </head>
    <body>
        <div id="container">
            <div id="top_menu">首页 <span>|</span>活动 <span>|</span>技术 <span>|</span>爱心天地</div>
            <div id="main">
                <div id="main_top">活动发布</div>
                <div id="main_mid">最新活动</div>
                <div id="main_main1">
                    <p>2021.01.10</p>
                    <p>第一届环保知识大赛将于1月10日正式拉开帷幕。</p>
                    <p>火速报名中……</p>
                </div>
                <div id="main_main2">
                    <p>2021.01.09</p>
                    <p>庆祝爱心天地上线10周年，每个会员将领到一份纪念品，敬请关注。</p>
                    <p>期待您再次光临……</p>
                </div>
            </div>
            <div id="footer">
                <div id="footer_text">爱心包装版权所有</div>
            </div>
        </div>
    </body>
</html>
```

▷▷ 7.3 常见的 CSS 布局样式

　　网页设计师为了让页面外观与结构分离，就要用 CSS 样式来规范布局。使用 CSS 样式规范布局可以让代码更加简洁和结构化，使站点的访问和维护更加容易。通过前面的学习，读者已经对页面布局的实现过程有了基本理解。

　　网页设计的第一步是设计版面布局，就像传统的报纸杂志版面编辑一样，将网页看作一张报纸或者一本杂志来进行排版布局。本节结合目前较为常用的 CSS 布局样式，向读者进一步讲解布局的实现方法。

▷▷▷ 7.3.1　两列布局样式

　　许多网站页面都有一些共同的特点，即页面顶部放置一个导航菜单或广告条，右侧是超链接或图片，左侧放置主要内容，页面底部放置版权信息等，图 7-4 所示是经典的两列布局。

　　一般情况下，此类页面布局的两列都有固定的宽度，而且从内容上很容易区分主要内容区域和侧边栏。页面布局整体上分为上、中、下 3 个部分，即 header 区域、container 区域和 footer 区域。其中的 container 又包含 mainBox（主要内容区域）和 sideBox（侧边栏），布局示意图如图 7-5 所示。

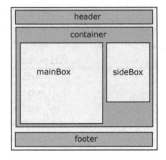

图 7-4　经典的两列布局示例　　　　图 7-5　两列页面布局示意图

▷▷▷ 7.3.2　三列布局样式

三列布局在网页设计时更为常用，如图 7-6 所示。对于这种类型的布局，浏览者的注意力最容易集中在中栏的信息区域，其次才是左右两侧的信息。

三列布局与两列布局非常相似，在处理方式上可以利用两列布局结构的方式处理，图 7-7 所示是 3 个独立的列组合而成的三列布局。三列布局仅比两列布局多了一列内容，无论在形式上怎么变化，它都是基于两列布局结构演变出来的。

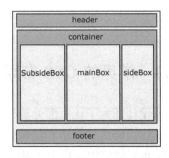

图 7-6　经典的三列布局示例　　　　图 7-7　三列页面布局示意图

在读者掌握了典型的页面布局之后，接下来讲解一个综合案例进一步巩固布局的知识。

▷▷ 7.4　综合案例——制作爱心社区页面

本节讲解爱心社区页面的制作，重点讲解综合使用 CSS 修饰页面外观的相关知识。

▷▷▷ 7.4.1　页面布局规划

爱心社区页面的效果如图 7-8 所示，页面布局示意图如图 7-9 所示。

第 7 章 使用 CSS 布局页面

图 7-8 爱心社区页面

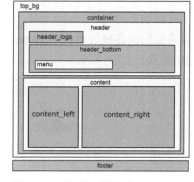

图 7-9 爱心社区页面布局示意图

页面中的主要内容包括导航菜单、图片列表、登录表单及文字超链接列表。

▷▷▷ 7.4.2 页面的制作过程

1．前期准备

（1）栏目目录结构

在栏目文件夹下创建文件夹 images 和 style，分别用来存放图像素材和外部样式表文件。

（2）页面素材

将本页面需要使用的图像素材存放在文件夹 images 下。

（3）外部样式表

在文件夹 style 下新建一个名为 style.css 的样式表文件。

2．制作页面

（1）页面整体的制作

页面整体 body、超链接风格和整体容器 top_bg 的 CSS 定义代码如下。

```
body {
    background: #232524;        /*设置浅绿色背景*/
    margin: 0;                  /*外边距为 0px*/
    padding:0;                  /*内边距为 0px*/
    font-family: "宋体", Arial, Helvetica, sans-serif;
    font-size: 12px;
    line-height: 1.5em;
    width: 100%;                /*设置元素百分比宽度*/
}
a:link, a:visited {
    color: #069;
    text-decoration: underline; /*下画线*/
}
a:active, a:hover {
    color: #990000;
    text-decoration: none;      /*无修饰*/
}
#top_bg {
    width:100%;                 /*设置元素百分比宽度*/
    background: #7bdaae url(../images/top_bg.jpg) repeat-x; /*设置页面背景
```

图像水平重复*/
    }
（2）页面顶部的制作

页面顶部的内容被放置在名为 header 的 Div 容器中，主要用来显示页面宣传语和导航菜单，如图 7-10 所示。

图 7-10　页面顶部的布局效果

CSS 代码如下。

```
#container {                        /*页面容器 container 的 CSS 规则*/
    width: 900px;                   /*设置元素宽度*/
    margin: 0 auto;                 /*设置元素自动居中对齐*/
}
#header {                           /*页面顶部容器 header 的 CSS 规则*/
    width: 100%;                    /*设置元素百分比宽度*/
    height: 280px;                  /*设置元素高度*/
}
#header_logo {                      /*页面顶部 logo 区域的 CSS 规则*/
    float: left;
    display:inline;                 /*此元素会被显示为内联元素*/
    width: 500px;
    height: 20px;
    font-family:Tahoma, Geneva, sans-serif;
    font-size: 20px;
    font-weight: bold;
    color: #678275;
    margin: 28px 0 0 15px;
    padding: 0;
}
#header_logo span {                 /*页面顶部 logo 区域宣传语的 CSS 规则*/
    margin-left:10px;               /*设置宣传语距离"爱心社区"左外边距为 10px*/
    font-size: 11px;
    font-weight: normal;
    color: #000;
}
#header_bottom {                    /*页面顶部背景图片及菜单区域的 CSS 规则*/
    float: left;                    /*向左浮动*/
    width: 873px;                   /*设置元素宽度*/
    height: 216px;                  /*设置元素高度*/
    background: url(../images/header_bottom_bg.png) no-repeat;  /*设置顶部背景图像无重复*/
    margin: 15px 0 0 15px;          /*上、右、下、左的外边距依次为 15px,0px,0px,15px*/
}
#menu {                             /*菜单区域的 CSS 规则*/
    float: left;                    /*菜单向左浮动*/
```

```
        width: 465px;              /*设置元素宽度*/
        height: 29px;              /*设置元素高度*/
        margin: 170px 0 0 23px;    /*上、右、下、左的外边距依次为170px,0px,0px,23px*/
        display:inline;            /*内联元素*/
        padding: 0;                /*内边距为0px*/
    }
    #menu ul {                     /*菜单列表的CSS规则*/
        list-style: none;          /*不显示项目符号*/
        display: inline;           /*内联元素*/
    }
    #menu ul li {                  /*菜单列表项的CSS规则*/
        float:left;                /*将纵向导航菜单转换为横向导航菜单,该设置至关重要*/
        padding-left:20px;         /*左内边距为20px*/
        padding-top:5px;           /*上内边距为5px*/
    }
    #menu ul li a {                /*菜单列表项超链接的CSS规则*/
        font-family:"黑体";
        font-size:16px;
        color:#393;
        text-decoration:none;      /*无修饰*/
    }
    #menu ul li a:hover {          /*菜单列表项鼠标悬停的CSS规则*/
        color:#fff;
        background:#396;
    }
```

(3)页面中部的制作

页面中部的内容被放置在名为content的Div容器中,主要用来显示"爱心社区"栏目的职责、自然风光图片、登录表单及新闻更新等内容,如图7-11所示。

图7-11 页面中部的布局效果

CSS代码如下。

```
    #content {                     /*页面中部容器的CSS规则*/
        overflow:auto;             /*溢出内容自动处理*/
        margin: 15px;              /*外边距为15px*/
        padding: 0;                /*内边距为0px*/
    }
    #content_left {                /*页面中部左侧区域的CSS规则*/
        float:left;                /*向左浮动*/
        width: 250px;
        margin: 0 0 0 10px;        /*上、右、下、左的外边距依次为0px,0px,0px,10px*/
```

```css
        padding: 0;                      /*内边距为0px*/
    }
    #section {                           /*左侧区域表单容器的CSS规则*/
        margin: 0 0 15px 0;              /*上、右、下、左的外边距依次为0px,0px,15px,0px*/
        padding: 0;                      /*内边距为0px*/
    }
    #section_1_top {                     /*左侧区域表单上方登录图片及用户登录文字的CSS规则*/
        width: 176px;
        height: 36px;
        font-family:"黑体";
        font-weight: bold;
        font-size: 14px;
        color: #276b45;
        background: url(../images/section_1_top_bg.jpg) no-repeat;    /*表单上方背景图像无重复*/
        margin: 0px;                     /*外边距为0px*/
        padding: 15px 0 0 70px;          /*上、右、下、左的内边距依次为15px,0px,0px,70px*/
    }
    #section_1_mid {                     /*左侧区域表单中间部分的CSS规则*/
        width: 217px;
        background: url(../images/section_1_mid_bg.jpg) repeat-y;     /*表单中间背景图像垂直重复*/
        margin: 0;                       /*外边距为0px*/
        padding: 5px 15px;               /*上、下内边距为5px，右、左内边距为15px*/
    }
    #section_1_mid .myform {             /*左侧区域表单本身的CSS规则*/
        margin: 0;                       /*外边距为0px*/
        padding: 0;                      /*内边距为0px*/
    }
    .myform .frm_cont {                  /*表单内容下外边距的CSS规则*/
        margin-bottom:8px;               /*下外边距为8px*/
    }
    .myform .username input, .myform .password input {   /*表单元素输入框的CSS规则*/
        width:120px;
        height:18px;
        padding:2px 0px 2px 15px;        /*上、右、下、左的内边距依次为2px,0px,2px,15px*/
        border:solid 1px #aacfe4;        /*边框为1px的细线*/
    }
    .myform .btns {                      /*表单元素按钮的CSS规则*/
        text-align:center;
    }
    #section_1_bottom {                  /*右侧区域表单下方的CSS规则*/
        width: 246px;
        height: 17px;
        background: url(../images/section_1_bottom_bg.jpg) no-repeat;  /*表单底部细线的背景图像*/
    }
    #section2 {                          /*左侧区域"新闻更新"容器的CSS规则*/
        margin: 0 0 15px 0;              /*上、右、下、左的外边距依次为0px,0px,15px,0px*/
        padding: 0;                      /*内边距为0px*/
    }
    #section_2_top {                     /*新闻更新上方图片及文字的CSS规则*/
```

```css
        width: 176px;
        height: 42px;
        font-family:"黑体";
        font-weight: bold;
        font-size: 14px;
        color: #276b45;
        background: url(../images/section_2_top_bg.jpg) no-repeat; /*新闻更
新上方的背景图像*/
        margin: 0;                  /*外边距为0px*/
        padding: 15px 0 0 70px;     /*上、右、下、左的内边距依次为15px,0px,0px,70px*/
    }
    #section_2_mid {                /*新闻更新中间区域的CSS规则*/
        width: 246px;
        background: url(../images/section_2_mid_bg.jpg) repeat-y;
        margin: 0;                  /*外边距为0px*/
        padding: 5px 0;             /*上、下内边距为5px,右、左内边距为0px*/
    }
    #section_2_mid ul {             /*新闻更新中间列表的CSS规则*/
        list-style: none;           /*不显示项目符号*/
        margin: 0 20px;             /*上、下外边距为0px,右、左外边距为20px*/
        padding: 0;                 /*内边距为0px*/
    }
    #section_2_mid li {             /*新闻更新中间列表项的CSS规则*/
        border-bottom: 1px dotted #fff; /*底部边框为1px的点画线*/
        margin: 0;                  /*外边距为0px*/
        padding: 5px;               /*内边距为5px*/
    }
    #section_2_mid li a {           /*新闻更新中间列表项超链接的CSS规则*/
        color: #fff;
        text-decoration: none;      /*无修饰*/
    }
    #section_2_mid li a:hover {     /*新闻更新中间列表项鼠标悬停的CSS规则*/
        color:#363;
        text-decoration: none;      /*无修饰*/
    }
    #section_2_bottom {             /*新闻更新下方区域的CSS规则*/
        width: 246px;
        height: 18px;
        background: url(../images/section_2_bottom_bg.jpg) no-repeat; /*新闻
底部细线的背景图像*/
    }
    #content_right {                /*页面中部右侧区域的CSS规则*/
        float:left;                 /*向左浮动*/
        width:580px;                /*设置元素宽度*/
        padding:10px;               /*内边距为10px*/
    }
    .post {                         /*右侧区域内容的CSS规则*/
        padding:5px;                /*内边距为5px*/
    }
    .post h1 {                      /*右侧区域内容中一级标题的CSS规则*/
        font-family: Tahoma;
        font-size: 18px;
```

```css
        color: #588970;
        margin: 0 0 15px 0;          /*上、右、下、左的外边距依次为0px,0px,15px,0px*/
        padding: 0;                  /*内边距为0px*/
    }
    .post p {                        /*右侧区域内容中段落题的CSS规则*/
        font-family: Arial;
        font-size: 12px;
        color: #46574d;
        text-align: justify;         /*文字两端对齐*/
        margin: 0 0 15px 0;          /*上、右、下、左的外边距依次为0px,0px,15px,0px*/
        padding: 0;                  /*内边距为0px*/
    }
    .post img {                      /*右侧区域内容中图像的CSS规则*/
        margin: 0 0 0 25px;          /*上、右、下、左的外边距依次为0px,0px,0px,25px*/
        padding: 0;                  /*内边距为0px*/
        border: 1px solid #333;      /*图像显示粗细为1px的深灰色细边框*/
    }
```

（4）页面底部的制作

页面底部内容被放置在名为footer的Div容器中，用来显示版权信息，如图7-12所示。

图7-12 页面底部的布局效果

CSS代码如下。

```css
#footer {
    font-size: 12px;
    color: #7bdaae;
    text-align:center;               /*文字居中对齐*/
}
```

（5）页面结构代码

为了使读者对页面的样式与结构有一个全面的认识，最后说明整个页面（community.html）的结构代码，代码如下。

```html
<!DOCTYPE html>
<html>
<head>
    <meta charset="utf-8">
    <title>爱心社区</title>
    <link href="style/style.css" rel="stylesheet" type="text/css" />
</head>
<body>
<div id="top_bg">
  <div id="container">
    <div id="header">
      <div id="header_logo">爱心社区<span>[文明交流,温馨关怀]</span></div>
      <div id="header_bottom">
        <div id="menu">
          <ul>
```

```html
            <li><a href="#">关于我们</a></li>
            <li><a href="#">日常工作</a></li>
            <li><a href="#">环境报告</a></li>
            <li><a href="#">环保常识</a></li>
            <li><a href="#">国际合作</a></li>
          </ul>
        </div>
      </div>
    </div>
    <div id="content">
      <div id="content_left">
        <div id="section">
          <div id="section_1_top">用户登录</div>
          <div id="section_1_mid">
            <div class="myform">
              <form action="" method="post">
                <div class="frm_cont username">用户名:
                  <label for="username"></label>
                  <input type="text" name="username" id="username" />
                </div>
                <div class="frm_cont password">密  码:
                  <label for="password"></label>
                  <input type="password" name="password" id="password" />
                </div>
                <div class="btns">
                  <input type="submit" name="button1" id="button1" value="登录" />
                  <input type="button" name="button2"id="button2" value="注册" />
                </div>
              </form>
            </div>
          </div>
          <div id="section_1_bottom"></div>
        </div>
        <div id="section2">
          <div id="section_2_top">新闻更新</div>
          <div id="section_2_mid">
            <ul>
              <li><a href="#" target="_blank">中华鲟的保护环境日益改善</a></li>
              <li><a href="#" target="_parent">电脑社区设置"环保之星"大奖</a></li>
              <li><a href="#" target="_blank">世界环保组织到中国四川考察</a></li>
              <li><a href="#" target="_blank">低碳生活离我们的生活远吗？</a></li>
            </ul>
          </div>
          <div id="section_2_bottom"></div>
        </div>
      </div>
      <div id="content_right">
        <div class="post">
```

```html
        <h1>我们的职责</h1>
        <p>爱心社区是大家交流知识心得和发起爱心活动的场所。</p>
        <p>生态文明是当今人类社会向更高阶段发展的大势所趋,……(此处省略文字)</p>
        <p>组织的核心胜任特征是构成组织核心竞争力的重要源泉,……(此处省略文字)</p>
      </div>
      <div class="post" >
        <h1>自然美景</h1>
        <a href="#"><img src="images/thumb_1.jpg" width="108" height="108" /></a>
        <a href="#"><img src="images/thumb_2.jpg" width="108" height="108" /></a>
        <a href="#"><img src="images/thumb_3.jpg" width="108" height="108" /></a>
        <a href="#"><img src="images/thumb_4.jpg" width="108" height="108" /></a>
      </div>
     </div>
    </div>
  </div>
</div>
<div id="footer">Copyright &copy; 2021 爱心社区 All Rights Reserved</div>
</body>
</html>
```

习题 7

1. 制作如图 7-13 所示的三行两列固定宽度型布局。
2. 制作如图 7-14 所示的两列定宽中间自适应的三行三列布局。

图 7-13　题 1 图

图 7-14　题 2 图

3. 综合使用 Div+CSS 布局技术制作如图 7-15 所示的页面。
4. 综合使用 Div+CSS 布局技术制作如图 7-16 所示的页面。

图 7-15　题 3 图

图 7-16　题 4 图

5. 综合使用 Div+CSS 布局技术制作如图 7-17 所示的页面。

图 7-17 题 5 图

第 8 章 JavaScript 语言基础

使用 HTML 可以搭建网页的结构,使用 CSS 可以控制和美化网页的外观,但是两者对网页的交互行为和特效却无能为力,此时 JavaScript 脚本语言提供了解决方案。JavaScript 是制作网页的行为标准之一,本章主要讲解 JavaScript 语言的基本知识。

▷▷ 8.1 JavaScript 简介

脚本(Script)实际上就是一段程序,用来完成某些特殊的功能。脚本程序既可以在服务器端运行(称为服务器脚本,例如 ASP 脚本、PHP 脚本等),也可以直接在客户端浏览器运行(称为客户端脚本)。

客户端脚本常用来响应用户动作、验证表单数据,以及显示各种自定义内容,如对话框、动画等。使用客户端脚本时,由于脚本程序随网页同时下载到客户机上,因此在对网页进行验证或网页响应用户动作时,无须通过网络与 Web 服务器进行通信,从而降低了网络的传输量和服务器的负荷,改善了系统的整体性能。

JavaScript 是一种基于对象(Object)和事件驱动(Event Driven)的,并具有安全性能的脚本语言。它可与 HTML、CSS 一起实现在一个 Web 页面中链接多个对象,使 Web 与客户交互,从而开发出客户端的应用程序。JavaScript 通过嵌入或调入到 HTML 文档中实现其功能,它弥补了 HTML 语言的不足,是 Java 与 HTML 之间折中的选择。JavaScript 的开发环境很简单,不需要 Java 编译器,而是直接运行在浏览器中,JavaScript 被所有浏览器支持,因而倍受网页设计者的喜爱。

▷▷ 8.2 在网页中插入 JavaScript 的方法

32 在 HTML 文档中使用 JavaScript

在网页中插入 JavaScript 有 3 种方法:在 HTML 文档中嵌入脚本程序、链接脚本文件和在 HTML 标签内添加脚本。

▷▷▷ 8.2.1 在 HTML 文档中嵌入脚本程序

JavaScript 的脚本程序包括在 HTML 中,使之成为 HTML 文档的一部分。其格式如下。

```
<script type="text/javascript">
    JavaScript 语言代码;
    JavaScript 语言代码;
    ...
</script>
```

语法说明有以下几点。

script:脚本标记。它必须以<script type="text/javascript">开头,以</script>结束,界定程序的开始位置和结束位置。

script 在页面中的位置决定了什么时候装载脚本,如果希望在其他所有内容之前装载脚本,就要确保脚本在页面的<head>…</head>之间。

JavaScript 脚本本身不能独立存在,它是依附于某个 HTML 页面在浏览器端运行的。在编写 JavaScript 脚本时,可以像编辑 HTML 文档一样在文本编辑器中输入脚本的代码。

【例 8-1】 在 HTML 文档中嵌入 JavaScript 的脚本。本例在浏览器中的显示效果如图 8-1 和图 8-2 所示。

图 8-1 加载时的运行结果

图 8-2 单击"确定"按钮后的运行结果

```
<!DOCTYPE html>
<html>
    <head>
        <meta charset="UTF-8">
        <title>JavaScript 示例</title>
        <script language="JavaScript">
            document.write("JavaScript 例子!");
            alert("欢迎进入 JavaScript 世界!");
        </script>
    </head>
    <body>
        <h3 style="font:12pt; font-family:'黑体'; color:red; text-align:center">努力,奋斗!</h3>
    </body>
</html>
```

【说明】①document.write()是文档对象的输出函数,其功能是将括号中的字符或变量值输出到窗口。alert()是 JavaScript 的窗口对象方法,其功能是弹出一个对话框并显示其中的字符串。

② 图 8-1 所示为浏览器加载时的显示结果,图 8-2 所示为单击对话框中的"确定"按钮后的最终显示结果。从本例中可以看出,在用浏览器加载 HTML 文件时,是从文件头开始向后解释并处理 HTML 文档的。

③ 在<script language ="JavaScript">…</script>中的程序代码有大小写之分,例如将 document.write()写成 Document.write(),程序将无法正确执行。

8.2.2 链接脚本文件

如果已经存在一个脚本文件(以.js 为扩展名),则可以使用<script>标签的 src 属性引用外部脚本文件。采用引用脚本文件的方式,可以提高程序代码的利用率。其格式如下。

```
<head>
    …
    <script type="text/javascript" src="脚本文件名.js"></script>
    …
</head>
```

type="text/javascript"属性定义文件的类型是 javascript。src 属性定义.js 文件的 URL。

如果使用 src 属性，则浏览器只使用外部文件中的脚本，并忽略任何位于<script>…</script>之间的脚本。脚本文件可以用任何文本编辑器（如记事本）打开并编辑。一般，脚本文件的扩展名为.js，内容是脚本，不包含 HTML 标记。其格式如下。

```
JavaScript 语言代码;        // 注释
    …
JavaScript 语言代码;
```

例如，将例 8-1 改为链接脚本文件，运行过程和结果与例 8-1 相同。

```html
<!DOCTYPE html>
<html>
    <head>
        <meta charset="UTF-8">
        <title>JavaScript 示例</title>
        <script type="text/javascript" src="test.js"> </script>    <!-- URL 为 test.js -->
    </head>
    <body>
        <h3 style="font:12pt; font-family:'黑体'; color:red; text-align:center">努力，奋斗！</h3>
    </body>
</html>
```

脚本文件 test.js 的内容为：

```
document.write("JavaScript 例子！");
alert("欢迎进入 JavaScript 世界！");
```

▷▷▷ 8.2.3 在 HTML 标签内添加脚本

可以在 HTML 表单的输入标签内添加脚本，以响应输入的事件。

【例 8-2】 在 HTML 标签内添加 JavaScript 的脚本。本例文件 8-2.html 在浏览器中的显示效果如图 8-3 和图 8-4 所示。

图 8-3 初始显示

图 8-4 单击按钮后的运行结果

```html
<!DOCTYPE html>
<html>
    <head>
        <meta charset="UTF-8">
        <title>JavaScript 示例</title>
    </head>
    <body>
        JavaScript 例子！
        <form>
            <input type="Button" onClick="JavaScript:alert('欢迎进入 JavaScript 世界！');" value="单击此按钮">
```

```
            </form>
            <h3 style="font:12pt; font-family:'黑体'; color:red; text-align:
center">努力,奋斗!</h3>
        </body>
</html>
```

8.3 JavaScript 的基本数据类型和表达式

33 数据类型

JavaScript 脚本语言同其他计算机语言一样,有它自身的基本数据类型、运算符和表达式。

8.3.1 基本数据类型

34 标识符、变量、运算符和表达式

JavaScript 有 4 种基本数据类型。

number(数值)类型:可为整数或浮点数。在程序中并没有把整数和实数分开,这两种数据可在程序中自由转换。整数可以为正数、0 或者负数;浮点数可以包含小数点、也可以包含一个"e"(大小写均可,表示 10 的幂),或者同时包含这两项。

string(字符)类型:字符是用单引号"'"或双引号"""来说明的。

boolean(布尔)类型:布尔型的值为 true 或 false。

object(对象)类型:对象也是 JavaScript 中的重要组成部分,用于说明对象。

JavaScript 的基本类型中的数据可以是常量,也可以是变量。由于 JavaScript 采用弱类型的形式,因而一个数据是变量还是常量不必事先作声明,而是在使用或赋值时自动确定其数据的类型即可。当然也可以先声明该数据的类型。

8.3.2 常量

常量通常又称为字面常量,它是不能改变的数据。

1. 基本常量

(1)字符型常量

使用单引号"'"或双引号"""括起来的一个或几个字符,如 "123"、'abcABC123'、"This is a book of JavaScript"等。

(2)数值型常量

整型常量:整型常量可以使用十进制、十六进制、八进制表示其值。

实型常量:实型常量由整数部分加小数部分表示,如 12.32、193.98。可以使用科学或标准方法表示:6E8、2.6e5 等。

(3)布尔型常量

布尔型常量只有两个值:true 或 false。它主要用来说明或代表一种状态或标志,以说明操作流程。JavaScript 只能用 true 或 false 表示其状态,不能用 1 或 0 表示。

JavaScript 除上面 3 种基本常量外,还有两种特殊的常量。

2. 特殊常量

(1)空值

JavaScript 中有一个空值 null,表示什么也没有。例如,试图引用没有定义的变量,则返回一个 null 值。

（2）控制字符

与 C/C++语言一样，JavaScript 中同样有以反斜杠"\"开头的不可显示的特殊字符，通常称为控制字符（这些字符前的"\"叫转义字符）。例如：

\b：表示退格　　　　\f：表示换页　　　　\n：表示换行　　　　\r：表示回车

\t：表示 Tab 符号　　\'：表示单引号本身　　\"：表示双引号本身

▷▷▷ 8.3.3　变量

变量用来存放程序运行过程中的临时值，这样在需要用这个值时就可以用变量来代表。对于变量必须明确变量的命名、变量的类型、变量的声明及其变量的作用域。

1．变量的命名

JavaScript 中的变量命名同其他计算机语言非常相似，变量名称的长度是任意的，但要区分大小写。另外，还必须遵循以下规则。

1）第一个字符必须是字母（大小写均可）、下画线_或美元符$。

2）后续字符可以是字母、数字、下画线或美元符。除下画线_外，变量名中不能有空格、+、-、或其他特殊符号。

3）不能使用 JavaScript 中的关键字作为变量。在 JavaScript 中定义了 40 多个关键字，这些关键字是 JavaScript 内部使用的，如 var、int、double、true，它们不能作为变量。

在对变量命名时，最好把变量的意义与其代表的意思对应起来，以方便记忆。

2．变量的类型

JavaScript 是一种对数据类型变量要求不太严格的语言，所以不必声明每一个变量的类型。但在使用变量之前先进行变量类型声明是一种好习惯。

变量的类型是在赋值时根据数据的类型来确定的，变量的类型有字符型、数值型、布尔型。

3．变量的声明

JavaScript 变量可以在使用前先作声明，并可赋值。通过 var 关键字对变量作声明。JavaScript 采用动态编译，而动态编译不易发现代码中的错误，特别是变量命名方面的错误。所以变量作声明的最大好处就是能及时发现代码中的错误。

变量的声明和赋值语句 var 的语法如下。

```
var  变量名称 1 [= 初始值 1] ，变量名称 2 [= 初始值 2] … ;
```

一个 var 可以声明多个变量，其间用","分隔。

4．变量的作用域

变量的作用域是变量的重要概念。在 JavaScript 中同样有全局变量和局部变量，全局变量是定义在所有函数体之外的，其作用范围是全部函数；而局部变量是定义在函数体之内的，只对该函数可见，而对其他函数不可见。

▷▷▷ 8.3.4　运算符和表达式

在定义完变量后，可以对变量进行赋值、计算等一系列操作，这一过程通常由表达式来完成，所以表达式也是变量、常量和运算符的集合。表达式可以分为算术表述式、字符串表达式和布尔表达式。

运算符是完成操作的一系列符号，在 JavaScript 中有算术运算符、字符串运算符、比较运算符、布尔运算符等。运算符又分为双目运算符和单目运算符。单目运算符只需一个操作数，其运算符可在前或后。双目运算符格式如下。

操作数 1　运算符　操作数 2

即双目运算符由两个操作数和一个运算符组成。如 3+5、"This"+"that"等。

1．算术运算符

JavaScript 中的算术运算符有单目运算符和双目运算符。

双目运算符：+（加）、-（减）、*（乘）、/（除）、%（取模）。

单目运算符：++（递加 1）、--（递减 1）。

2．字符串运算符

字符串运算符"+"用于连接两个字符串。例如："abc"+"123"。

3．比较运算符

比较运算符首先对操作数进行比较，然后返回一个 true 或 false 值。比较运算符有 6 个：<（小于）、<=（小于等于）、>（大于）、>=（大于等于）、==（等于）、!=（不等于）。

4．布尔运算符

在 JavaScript 中增加了以下布尔逻辑运算符：!（取反）、&=（与之后赋值）、&（逻辑与）、|=（或之后赋值）、|（逻辑或）、^=（异或之后赋值）、^（逻辑异或）、?:（三目操作符）、||（或）、==（等于）、|=（不等于）。

其中三目操作符主要格式如下。

操作数　?　结果 1　:　结果 2

若操作数的结果为真，则表达式的结果为结果 1，否则为结果 2。

5．位运算符

位运算符分为位逻辑运算符和位移动运算符。

位逻辑运算符：&（位与）、|（位或）、^（位异或）、-（位取反）、~（位取补）。

位移动运算符：<<（左移）、>>（右移）、>>>（右移，零填充）。

6．运算符的优先顺序

表达式的运算是按运算符的优先级进行的。下列运算符按其优先顺序由高到低排列。

算术运算符：++、--、*、/、%、+、-。

字符串运算符：+。

位移动运算符：<<、>>、>>>。

位逻辑运算符：&、|、^、-、~。

比较运算符：<、<=、>、>=、==、!=。

布尔运算符：!、&=、&、|=、|、^=、^、?:、||、==、|=。

▷▷ 8.4　JavaScript 的程序结构

35　流程控制语句

变量如同语言的单词，表达式如同语言中的词组，而只有语句才是语言中完整的句子。在任何编程语言中，程序都是通过语句来实现的。在 JavaScript 中包含完整的一组编程语句，用于实现基本的程序控制和操作功能。

在 JavaScript 中，每条语句后面以一个分号结尾。但是，JavaScript 的要求并不严格，语句后面也可以不加分号。不过，建议加上分号，这是一种良好的编程习惯。

JavaScript 脚本程序是由控制语句、函数、对象、方法、属性等组成的。JavaScript 所提供的语句分为以下几大类。

8.4.1 简单语句

1. 赋值语句

赋值语句的功能是把=右边的表达式赋值给左边的变量。其格式如下。

变量名 = 表达式 ;

像 C 语言一样，JavaScript 也可以采用变形的赋值运算符，如 x+=y 等同于 x=x+y，其他运算符也一样。

2. 注释语句

在 JavaScript 的程序代码中，可以插入注释语句以增强程序的可读性。注释语句有单行注释和多行注释之分。

单行注释语句的格式如下。

`// 注释内容`

多行注释语句的格式如下。

```
/* 注释内容
   注释内容 */
```

3. 输出字符串

在 JavaScript 中常用的输出字符串的方法是利用 document 对象的 write()方法、window 对象的 alert()方法。

（1）用 document 对象的 write()方法输出字符串

document 对象的 write()方法的功能是向页面内写文本，其格式如下。

`document.write(字符串 1, 字符串 2, …) ;`

（2）用 window 对象的 alert()方法输出字符串

window 对象的 alert()方法的功能是弹出提示对话框，其格式如下。

`alert(字符串) ;`

4. 输入字符串

在 JavaScript 中常用的输入字符串的方法是利用 window 对象的 prompt()方法以及表单的文本框。

（1）用 window 对象的 prompt()方法输入字符串

window 对象的 prompt()方法的功能是弹出对话框，让用户输入文本，其格式如下。

`prompt(提示字符串, 默认值字符串) ;`

例如，下面代码用 prompt()方法得到字符串，然后赋值给变量 name。

```
<!DOCTYPE html>
<html>
    <head>
        <meta charset="UTF-8">
    </head>
```

```
        <body>
            <script language="JavaScript">
                var name=prompt("请输入您的姓名：", "") ;
                document.write("您好！"+name) ;
            </script>
        </body>
    </html>
```

（2）用文本框输入字符串

使用 Blur 事件和 onBlur 事件处理程序，可以得到在文本框中输入的字符串。Blur 事件和 onBlur 事件的具体解释可参考后续章节中事件处理程序的相关内容。

【例 8-3】下面代码执行时，在文本框中输入文本，当光标移出文本框时，输入的内容将在对话框中输出。本例在浏览器中的显示效果如图 8-5 所示。

```
    <!DOCTYPE html>
    <html>
        <head>
            <meta charset="UTF-8">
            <title>用文本框输入</title>
            <script language="JavaScript">
                function test(str) {
                    alert("您输入的内容是：" + str);
                }
            </script>
        </head>
        <body>
            <form name="chform" method="post">
                <p>请输入：<input type="text" name="textname" onBlur="test(this.value)" value="" size="10"></p>
            </form>
        </body>
    </html>
```

图 8-5　输入文本页面显示效果

▷▷▷ 8.4.2　程序控制流程

1．条件语句

JavaScript 提供了 if、if else 和 switch 3 种条件语句，条件语句也可以嵌套。

（1）if 语句

if 语句是最基本的条件语句，它的格式与 C++一样，其格式如下。

```
if (条件)
   { 语句段 1;
     语句段 2;
     … ;
   }
```

"条件"是一个关系表达式，用来实现判断，"条件"要用( )括起来。如果"条件"的值为 true，则执行{ }里面的语句，否则跳过 if 语句执行后面的语句。如果语句段只有一句，可以省略{ }，如下所示。

```
if (x==1)   y=6;
```

【例8-4】 本例弹出一个确认框,如果用户单击"确定"按钮,则网页中显示"OK!";如果单击"取消"按钮,则网页中显示"Cancel!"。本例在浏览器中的显示效果如图8-6和图8-7所示。

图8-6　单击"确定"按钮　　　　　　　图8-7　网页中显示"OK!"

```
<!DOCTYPE html>
<html>
    <head>
        <meta charset="UTF-8">
    </head>
    <body>
        <script>
            var userChoice = window.confirm("请选择"确定"或"取消"");
            if(userChoice == true) {
                document.write("OK!");
            }
            if(userChoice == false) {
                document.write("Cancel!");
            }
        </script>
    </body>
</html>
```

【说明】其中的window.confirm("提示文本")是windows对象的confirm方法,其功能是弹出确认框,如果单击"确定"按钮,其函数值为true;如果单击"取消"按钮,其函数值为false。

(2) if else 语句

if else 语句的格式如下。

> **if (条件)**
> 　　语句段1;
> **else**
> 　　语句段2;

若"条件"为true,则执行语句段1;否则执行语句段2。"条件"要用( )括起来。若if后的语句段有多行,则必须使用{ }将其括起来。

(3) switch 语句

分支语句switch根据变量的取值不同采取不同的处理方法。switch语句的格式如下。

> **switch (变量)**
> **{　case** 特定数值1 :
> 　　　语句段1;
> 　　　**break;**
> 　 **case** 特定数值2 :
> 　　　语句段2;
> 　　　**break;**

```
    ...
    default :
        语句段 3; }
```

"变量"要用( )括起来。即使每个 case 中的语句段是由多行语句组成的,也不能用{ }括起来。

当 switch 中变量的值等于第一个 case 语句中的特定数值时,执行其后的语句段,执行到 break 语句时,直接跳离 switch 语句;如果变量的值不等于第一个 case 语句中的特定数值,则判断第二个 case 语句中的特定数值。如果所有的 case 都不符合,则执行 default 中的语句。如果省略 default 语句,当所有 case 都不符合时,则跳离 switch 语句,什么都不执行。每条 case 语句中的 break 语句是必需的,如果没有 break 语句,将继续执行下一个 case 语句的判断。

【例 8-5】 if 语句和 switch 语句的用法。本例在浏览器中的显示效果如图 8-8 所示。

```
<!DOCTYPE html>
<html>
    <head>
        <meta charset="UTF-8">
        <title>if and switch 示例</title>
    </head>
    <body>
        <script language="JavaScript">
            var x = 1,
                y;
            document.write("x=1");
            document.write("<br>");
            if(x = 1)
                document.write("x 等于 1");
            else
                document.write("x 不等于 1");
            document.write("<br>");
            switch(x) {
                case 0:
                    document.write("x 等于 0");
                    break;
                case 1:
                    document.write("x 是等于 1");
                    break;
                default:
                    document.write("x 不等于 0 或 1");
            }
        </script>
    </body>
</html>
```

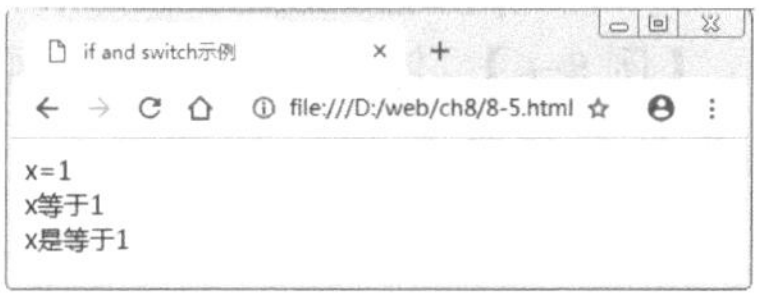

图 8-8 if 语句和 switch 语句用法的页面显示效果

2. 循环语句

JavaScript 中提供了多种循环语句,包括 for、while 和 do while 语句。

（1）for 循环语句

for 循环语句的格式如下。

    for (初始化；条件；增量)
      {
        语句段;
      }

for 实现条件循环，当"条件"成立时，执行语句段，否则跳出循环体。

for 循环语句的执行步骤如下。

1）执行"初始化"部分，给计数器变量赋初值。

2）判断"条件"是否为真，如果为真则执行循环体，否则就退出循环体。

3）执行循环体语句之后，执行"增量"部分。

4）重复步骤2）和3），直到退出循环。

JavaScript 也允许循环的嵌套，从而实现更加复杂的应用。

【例 8-6】 使用 for 语句在网页中输出由*号组成的三角形。本例在浏览器中的显示效果如图 8-9 所示。

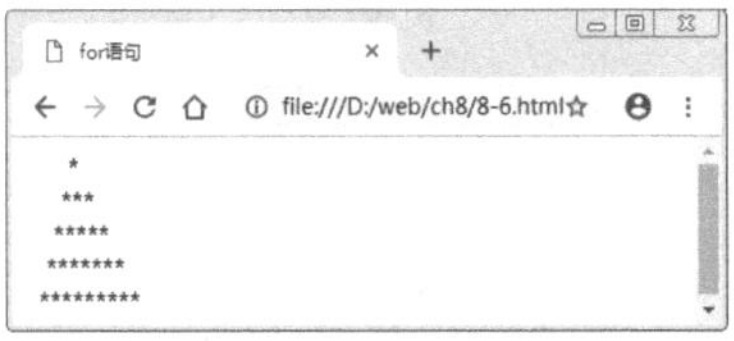

```
<!DOCTYPE html>
<html>
    <head>
        <meta charset="UTF-8">
        <title>for 语句</title>
    </head>
    <body>
        <script language='javascript' type='text/javascript'>
            var x, y;
            for(x = 0; x < 5; x++)  // x 为行控制变量，5 行
            {
                for(y = 0; y <= (5 - x); y++)  // y 为当前行的空格个数
                    document.write(' ');  //   是空格的字符
                for(i = 1; i <= (2 * x + 1); i++)  // i 为当前行"*"的个数
                    document.write('*');
                document.write('<br>')  // 换行
            }
        </script>
    </body>
</html>
```

图 8-9　for 语句的页面显示效果

（2）while 循环语句

while 循环语句的格式如下。

    while (条件)
      {
        语句段;
      }

当条件表达式为真时执行循环体中的语句。"条件"要用( )括起来。

while 语句的执行步骤如下。

1）计算"条件"表达式的值。

2）如果"条件"表达式的值为真，则执行循环体，否则跳出循环。

3）重复步骤 1）和 2），直到跳出循环。

while 语句适合条件复杂的循环，for 语句适合已知循环次数的循环。

【例 8-7】 下面代码执行时，如果单击"取消"按钮，将再次让用户选择，直到单击"确定"按钮才能退出选择，然后在网页中显示"你最终选定的是 OK！"。本例文件 8-7.html 在浏览器中的显示效果如图 8-10 和图 8-11 所示。

图 8-10　单击"确定"按钮

图 8-11　网页中显示"你最终选定的是 OK！"

```
<!DOCTYPE html>
<html>
    <head>
        <meta charset="UTF-8">
        <title>while 语句</title>
    </head>
    <body>
        <script>
            var result = window.confirm("请选择"确定"或"取消"");
            while(result == false) {
                result = window.confirm("请选择"确定"或"取消"");
            }
            document.write("你最终选定的是 OK！");
        </script>
    </body>
</html>
```

（3）do while 语句

do while 语句是 while 语句的变体，其格式如下。

```
do
  {
    语句段；
  }
while (条件)
```

do while 语句的执行步骤如下。

1）执行循环体语句段。

2）计算"条件"表达式的值。

3）如果"条件"表达式的值为真，则继续执行循环体语句段，否则退出循环。

4）重复步骤 1）和 2），直到退出循环。

do while 语句的循环体至少要执行一次，而 while 语句的循环体可以一次也不执行。

不论使用哪一种循环语句，都要注意控制循环的结束标志，避免出现死循环。

8.5 函数

36　函数

在 JavaScript 中，函数是能够完成一定功能的代码块，它可以在脚本中被事件和其他语句调用。一般在编写脚本时，当有一段能够实现特定功能的代码需要经常使用时，就要考虑编写一个函数来实现这个功能以代替这段代码。当要用到这个功能时，就可直接调用这个函数，而不必再写这一段代码。当一段代码很长且需要实现很多功能时，就可将这段代码实现的功能划分成几个功能单一的函数，既可以提高程序的可读性，也利于脚本的编写和调试。

8.5.1 函数的定义

JavaScript 函数是已命名的代码块，代码块中的语句作为一个整体被引用和执行。函数可以使用参数来传递数据，也可以不使用参数。函数在完成功能实现后可以有返回值，也可以不返回任何值。JavaScript 遵循先定义函数，后调用函数的规则。函数的定义通常放在 HTML 文档头中，也可以放在其他位置，建议放在文档头，这样就可以确保先定义后使用。

定义函数的格式如下。

```
function 函数名(参数1，参数2，… )
{
   语句段;
   …
   return 表达式;          // return 语句指明被返回的值
}
```

函数名是调用函数时引用的名称，一般用能够描述函数实现功能的单词来命名，也可以用多个单词组合命名。参数是调用函数时接收传入数据的变量名，可以是常量、变量或表达式，是可选的；可以使用参数列表向函数传递多个参数，以便在函数中使用这些参数。{}中的语句是函数的执行语句，当函数被调用时执行。如果返回一个值给调用函数的语句，应该在函数的执行语句中使用 return 语句。

【例 8-8】 在 JavaScript 中使用函数的例子。本例在浏览器中的显示效果如图 8-12 所示。

```
<!DOCTYPE html>
<html>
    <head>
        <meta charset="UTF-8">
        <title>使用函数</title>
        <script language="javascript" type="text/javascript">
            function hello()  // 定义没有参数的函数
            {
                document.write("Hello,");
            } // 本函数没有返回值
            function message(message)  // 定义有一个参数的函数
            {
                document.write(message);
            } // 本函数没有返回值
        </script>
    </head>
```

图 8-12　使用函数示例的页面显示效果

```
      <body>
         <script language="javascript" type="text/javascript">
            hello();  // 调用无参数的函数，本函数没有返回值
            message("Hi");  // 调用有参数的函数，本函数没有返回值
         </script>
      </body>
</html>
```

【说明】如果需要函数返回值，则要使用 return 语句。

8.5.2 函数的调用

1．无返回值的调用

如果函数没有返回值或调用程序不关心函数的返回值，可以用下面的格式调用函数。

函数名(传递给函数的参数1，传递给函数的参数2，…);

例如，例 8-8 代码中的 hello();和 message("Hi"); 语句，由于 hello()函数没有返回值，所以可以使用这种方式。

2．有返回值的调用

如果调用程序需要函数的返回结果，则要用下面的格式调用定义的函数。

变量名=函数名(传递给函数的参数1，传递给函数的参数2，…);

代码如下。

```
result = multiple(10,20);
```

对于有返回值的函数调用，也可以在程序中直接利用其返回的值。代码如下。

```
document.write(multiple(10,20));
```

3．在装载网页时调用函数

有时希望在装载（执行）一个网页时仅执行一次 JavaScript 代码，这时可使用<body>标签的 onLoad 属性，其代码形式如下。

```
<head>
   <script language="JavaScript">
      function 函数名(参数表) {
         当网页装载完成后执行的代码；
      }
   </script>
</head>
<body onLoad="函数名(参数表);">
   网页的内容
</body>
```

4．在超链接标签中调用函数

当单击超链接时，可以触发调用函数。有两种方法。

- 使用<a>标签的 onClick 属性调用函数，其格式如下。

```
<a href="#" onClick="函数名(参数表)"> 热点文本 </a>
```

- 使用<a>标签的 href 属性，其格式如下。

```
<a href="javascript:函数名(参数表)"> 热点文本 </a>
```

【例 8-9】 本例分别用两种方法从超链接中调用函数，函数的功能是显示一个 alert 对话框。本例在浏览器中的显示效果如图 8-13 所示。

```html
<!DOCTYPE html>
<html>
    <head>
        <meta charset="UTF-8">
        <script language="JavaScript">
            function hello() {
                window.alert("Hello!");
            }
        </script>
    </head>
    <body>
        <a href="#" onClick="hello();"> 通过 onClick 属性调用函数 </a><br>
        <a href="javascript:hello();"> 通过 href 属性调用函数 </a>
    </body>
</html>
```

图 8-13　从超链接中调用函数的页面显示效果

▷▷▷ 8.5.3　全局变量与局部变量

根据变量的作用范围，变量又可分为全局变量和局部变量。全局变量是在所有函数之外的脚本中定义的变量，其作用范围是这个变量定义之后的所有语句，包括其后定义的函数中的程序代码和它后面的其他<script>…</script>标签中的程序代码。局部变量是定义在函数代码之内的变量，只有在该函数中且位于这个变量定义之后的程序代码可以使用这个变量。局部变量对其后的其他函数和脚本代码来说都是不可见的。

如果在函数中定义了与全局变量同名的局部变量，则在该函数中且位于这个变量定义之后的程序代码使用的是局部变量，而不是全局变量。

【例 8-10】 本例的 HTML 中有两段脚本，每段脚本都定义了一个函数，在函数外和函数内分别定义了同名变量 myString。本例在浏览器中的显示效果如图 8-14 所示。

```html
<!DOCTYPE html>
<html>
    <head>
        <meta charset="UTF-8">
        <title>全局变量与局部变量</title>
    </head>
    <body>
        <script language="JavaScript">    // 第一个脚本程序块
            var myString="111111";       // 定义全局变量 myString
            document.write (myString+"<br>");// 输出全局变量 myString 的值为"111111"
            function show1() {
                myString="222222";       // 对全局变量 myString 赋新值
            }
            show1();    // 调用函数 show1()
            document.write (myString+"<br>");// 输出全局变量 myString 的值为"222222"
        </script>
        <script language="JavaScript">    // 第二个脚本程序块
            document.write(myString+"<br>"); // 输出全局变量 myString 的值为"222222"
            function show2() {
```

图 8-14　全局变量与局部变量的页面显示效果

```
                var myString="333333";    // 定义同名局部变量
                document.write(myString+"<br>");
            }
            show2();    // 调用函数 show2(),输出局部变量 myString 的值为"333333"
            document.write(myString+"<br>"); // 输出全局变量 myString 的值为"222222"
        </script>
    </body>
</html>
```

▷▷ 8.6 基于对象的 JavaScript 语言

JavaScript 语言采用的是基于对象的（Object-Based）、事件驱动的编程机制，因此，必须理解对象以及对象的属性、事件和方法等概念。

▷▷▷ 8.6.1 对象

1．对象的概念

JavaScript 中的对象是由属性（Property）和方法（Method）两个基本的元素构成的。用来描述对象特性的一组数据，也就是若干个变量，称为属性；用来操作对象特性的若干个动作，也就是若干函数，称为方法。

简单地说，属性用于描述对象的一组特征，方法为对象实施一些动作，对象的动作常要触发事件，而触发事件又可以修改属性。一个对象创建以后，其操作就通过与该对象有关的属性、事件和方法来描述。

例如，document 对象的 bgColor 属性用于描述文档的背景颜色，使用 document 对象的 write 方法可以向页面中写入文本内容。

通过访问或设置对象的属性，并且调用对象的方法，就可以对对象进行各种操作，从而获得需要的功能。

在 JavaScript 中，可以使用的对象有 JavaScript 的内置对象、由浏览器根据 Web 页面的内容自动提供的对象、用户自定义的对象。

JavaScript 中的对象同时又是一种模板，它描述一类事物的共同属性，而在程序编制过程中，所使用的是对象的实例而非对象。对象和对象实例的这种关系就好像人类与具体某个人的关系一样。

JavaScript 中的对象名、属性名与变量名一样要区分大小写。

2．对象的使用

在 JavaScript 中，要使用一个对象，有下面 3 种方法。
- 引用 JavaScript 内置对象。
- 由浏览器环境中提供。
- 创建新对象。

一个对象在被引用之前必须已经存在。

3．对象的操作语句

在 JavaScript 中提供了几个用于操作对象的语句和关键字及运算符。

（1）for…in 语句

for…in 语句的基本格式如下。

```
for(变量 in 对象){
    代码块;
}
```

该语句用于对某个对象的所有属性进行循环操作,它将一个对象的所有属性名称逐一赋值给一个变量,并且不需要事先知道对象属性的个数。

【例8-11】 列出 window 对象的所有属性名及其对应的值。本例在浏览器中的显示效果如图 8-15 所示。

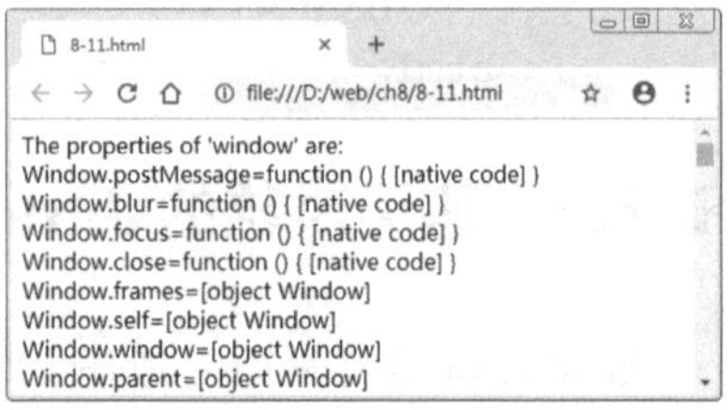

```
<!DOCTYPE html>
<html>
    <head>
        <meta charset="UTF-8">
    </head>
    <body>
        The properties of 'window' are:<br>
        <script language="javascript" type="text/javascript">
            for(var i in window) {
                window.document.write('Window.'+i+'='+window[i]+'<br>');
            }
        </script>
    </body>
</html>
```

图 8-15 属性示例的页面显示效果

【说明】 从显示结果可以看到,通过 for…in 循环,window 对象的所有属性名及其对应的值都被显示出来了,中间用=分开。

(2) this 关键字

this 用于将对象指定为当前对象。

(3) new 关键字

使用 new 可以创建指定对象的一个实例。其创建对象实例的格式如下。

对象实例名=new 对象名(参数表);

(4) delete 操作符

delete 操作符可以删除一个对象的实例。其格式如下。

delete 对象名;

▷▷▷ 8.6.2 对象的属性

在 JavaScript 中,每一种对象都有一组特定的属性。有许多属性可能是大多数对象所共有的,如 name 属性定义对象的内部名称;还有一些属性只有个别对象才有。

对象属性的引用有 3 种方式。

1. 点(.)运算符

把点放在对象实例名和它对应的属性之间,以此指向一个唯一的属性。属性的格式如下。

对象名.属性名 = 属性值;

例如一个名为 person 的对象实例,它包含了 sex、name、age 3 个属性,对它们的赋值可用如下代码。

```
person.sex="female";
```

```
person.name="Jane";
person.age=18;
```

2．对象的数组下标

通过"对象[下标]"的格式也可以实现对象的访问。在用对象的下标访问对象属性时，下标是从 0 开始，而不是从 1 开始的。例如前面代码可改为如下所示。

```
person[0]="female";
person[1]="Jane";
person[2]=18;
```

通过下标形式访问属性，可以使用循环操作获取其值。对上面的例子可用如下方式获取每个属性的值。

```
function show_number(person)
  {for(var i=0; i<3; i++)
    document.write(person[i])
  }
```

若采用 for…in 语句，则即使不知其属性的个数也可以实现。

```
function show_number(person)
  {for(var prop in this)
    document.write(this[prop])
  }
```

3．通过字符串的形式实现

通过"对象[字符串]"的格式实现访问对象的代码如下。

```
person["sex"]="female";
person["name"]="Jane";
person["age"]=18;
```

8.6.3 对象的事件

事件就是对象上所发生的事情。事件是预先定义好的、能够被对象识别的动作，如单击（Click）事件、双击（DblClick）事件、鼠标移动（MouseMove）事件等，不同的对象能够识别不同的事件。通过事件可以调用对象的方法，以产生不同的执行动作。

8.6.4 对象的方法

一般来说，方法就是要执行的动作。JavaScript 的方法是函数。如 window 对象的关闭方法（close）、打开方法（open）等。每个方法都可完成某个功能，但其实现步骤和细节用户既看不到也不能修改，用户能做的工作就是按照约定直接调用它们。

方法只能在代码中使用，其用法依赖于方法所需的参数个数以及它是否具有返回值。

在 JavaScript 中，对象方法的引用非常简单。只须在对象名和方法之间用点 . 分隔就可指明该对象的某一种方法，并加以引用。其格式如下。

对象名.方法()

例如，引用 person 对象中已存在的一个方法 howold()，则可使用如下代码。

```
document.write(person.howold());
```

8.7 JavaScript 的内置对象

38　内置对象

作为一种基于对象编程的语言，JavaScript 在编程时经常需要使用到各种对象。下面介绍 JavaScript 编程中经常用到的内置对象的特点和使用方法，包括数组对象、字符串对象、日期时间对象等。

JavaScript 中提供的内部对象按使用方法可分为两种：一种是动态对象，在引用它的属性和方法时，必须使用 new 关键字创建一个对象实例，然后使用"对象实例名.成员"的格式来访问其属性和方法；另一种是静态对象，在引用该对象的属性和方法时不需要使用 new 关键字创建对象实例，直接使用"对象名.成员"的格式来访问其属性和方法。

8.7.1 数组对象

在 JavaScript 中，数组（Array）这种数据的组织方式是以对象的形式出现的。

1. 数组对象的定义方法

数组对象的定义有 3 种方法。

```
var 数组对象名=new Array();
var 数组对象名=new Array(数组元素个数);
var 数组对象名=new Array(第1个数组元素的值, 第2个数组元素的值,…);
```

第 1 种方法在定义数组时不指定元素个数，当为其指定具体数组元素时，数组元素的个数会自动适应。例如，定义数组如下。

```
order=new Array();            // 定义有 0 个数组元素的数组
order[12]="abc123";           // 用[ ]引用数组下标
```

JavaScript 自动把数组扩充为 13 个元素，前 12 个元素（order[0]~order[11]）的值被初始化为 null，第 13 个元素 orger[12]为"abc123"。

JavaScript 数组元素的访问也是通过数组下标来实现的，数组元素的下标是从 0 开始的。

第 2 种方法指定数组元素的个数，此时将创建指定个数的数组元素。同样，当具体指定数组元素时，数组的元素个数也可以动态更改。例如，定义数组如下。

```
var person=new Array(10);     // 定义有 10 个数组元素的数组
person[20]="Jhon";            // 为数组元素赋值，数组自动扩充为 21 个元素
```

第 3 种方法是在定义数组对象的同时对每一个数组元素赋值，同时对数组元素按照顺序赋值，各数组元素之间用逗号分隔，并且不允许省略其中的数组元素。例如新建一个名为 person 的数组，其中包含 ZhangSan、LiSi、WangWu 3 个元素。

```
var person=new Array("ZhangSan","LiSi","WangWu");
```

数组中的元素类型可以是数值型、字符型或其他类型，并且同一个数组中的元素类型也可以不同，甚至一个数组元素也可以是一个数组。

```
var person=new Array("ZhangSan",169,new array("BeiJing", 2008);
```

上面例子中，数组 person 中的 3 个元素及其对应的值分别为：person[0]="ZhangSan"，person[1]=169，person[2,0]="BeiJing"，person[2,1]=2008。

对于数组作为数组元素的情况，可用多维数组的方式访问，如上例中 person[2,1]=2008 也可

写为 person[2][1]=2008。

除使用以上 3 种方法定义数组对象外，还可以直接用[ ]定义数组并赋值。例如：

```
var order=[1,2,3,4,5,6];
```

其效果与 var order=new Array(1,2,3,4,5,6)相同。

【例 8-12】 定义一个具有 3 个元素的一维数组，分别为 3 个元素赋值，然后显示出来。本例在浏览器中的显示效果如图 8-16 所示。

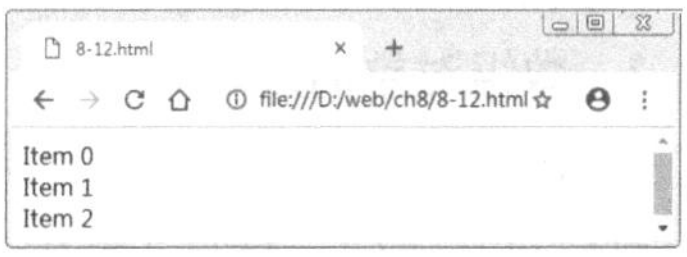

```html
<!DOCTYPE html>
<html>
    <head>
        <meta charset="UTF-8">
    </head>
    <body>
        <script>
            var myArray = new Array(3); // 定义有 3 个元素的数组对象
            myArray[0] = "Item 0";
            myArray[1] = "Item 1";
            myArray[2] = "Item 2";
            for(i = 0; i < myArray.length; i++) {
                document.write(myArray[i] + "<br>");
            }
        </script>
    </body>
</html>
```

图 8-16 一维数组示例的页面显示效果

【例 8-13】 定义一个二维数组，并把数组元素显示到表格中。本例在浏览器中的显示效果如图 8-17 所示。

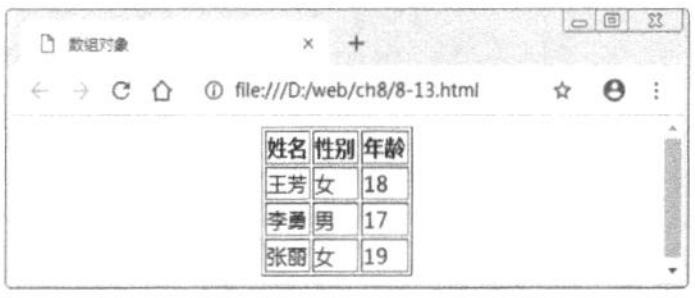

```html
<!DOCTYPE html>
<html>
    <head>
        <meta charset="UTF-8">
        <title>数组对象</title>
    </head>
    <body>
        <script language="JavaScript" type="text/javascript">
            var order = new Array();
            order[0] = new Array("王芳", "女", 18);
            order[1] = new Array("李勇", "男", 17);
            order[2] = new Array("张丽", "女", 19);
            document.write('<table border align="center">');
            document.write('<th>姓名</th><th>性别</th><th>年龄</th>');
            for(i = 0; i < order.length; i++) // length 属性表示数组元素的个数, order.length 为 3
            {
                document.write('<tr>');
                for(j = 0; j < order[0].length; j++) // order[0].length 为 3
                {
                    document.write('<td>' + order[i][j] + '</td>');
                }
                document.write('</tr>');
```

图 8-17 二维数组的页面显示效果

```
            }
            document.write('</table>');
        </script>
    </body>
</html>
```

2. 数组对象的属性

数组对象的属性主要是 length，它用于获得数组中元素的个数，即数组元素的最大下标加 1。

3. 数组对象的方法

sort(function)：在不指定参数时，该方法用于对数组中的字符串元素按字母（对应的 ASCII 码）顺序进行排序，若有元素不是字符串类型，则先转换为字符串类型，再排序。指定参数时，所指定的参数是一个排序函数。

reverse()：该方法用于颠倒数组中元素的顺序。

concat(array1,…, arrayn)：该方法用于将 n 个数组合并到 array1 数组中。

join(string)：该方法用于将数组中的所有元素合并为一个字符串，各元素之间用 string 参数分隔。省略参数时，直接合并，不加分隔。

slice(start, stop)：该方法用于返回数组从 start 起到 stop 止的部分。start 和 stop 为负数时，分别表示倒数第 start 个和倒数第 stop 个元素。

tostring()：该方法用于返回一个字符串，其中包含了数组中的所有元素，元素之间用逗号分隔。

【例 8-14】 分别定义两个一维数组，分别把数组中的元素按顺序输出。本例在浏览器中的显示效果如图 8-18 所示。

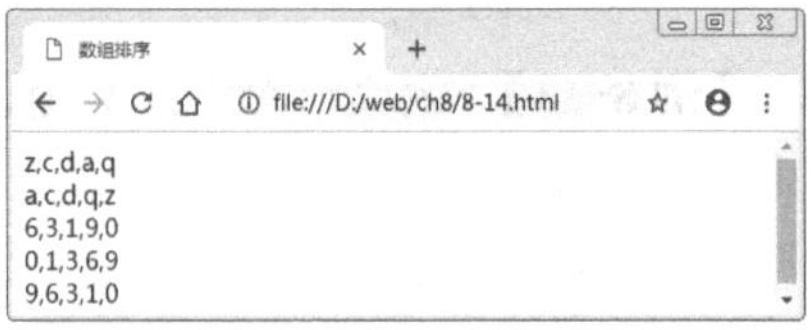

```
<!DOCTYPE html>
<html>
    <head>
        <meta charset="UTF-8">
        <title>数组排序</title>
    </head>
    <body>
        <script language="JavaScript">
            var myArray1 = new Array(5)
            myArray1[0] = "z";
            myArray1[1] = "c";
            myArray1[2] = "d";
            myArray1[3] = "a";
            myArray1[4] = "q";
            document.write(myArray1 + "<br>");
            document.write(myArray1.sort() + "<br>");
            var myArray2 = new Array(5);
            myArray2[0] = 6;
            myArray2[1] = 3;
            myArray2[2] = 1;
            myArray2[3] = 9;
            myArray2[4] = 0;
            document.write(myArray2 + "<br>");
            document.write(myArray2.sort() + "<br>");
            document.write(myArray2.reverse() + "<br>");
        </script>
```

图 8-18 数组排序的页面显示效果

```
                </body>
        </html>
```

8.7.2 字符串对象

1. 字符串（String）对象的定义方法

String 对象是动态对象，需要创建对象实例后才能引用它的属性或方法。有两种方法可创建一个字符串对象。其格式如下。

```
字符串变量名 = "字符串";
字符串变量名 = new String("字符串");
```

2. 字符串对象的属性

字符串对象的最常用属性是 length，功能是得到字符串的字符个数。代码如下。

```
var myUrl="http://www.cmpbook.com";
var myUrlLen=myUrl.length;    // 或 var myUrlLen="http://www.cmpbook.com".
length;
```

3. 字符串对象的方法

String 对象的方法主要用于字符串在 Web 页面中的显示、字体大小、字体颜色、字符的搜索以及字符的大小写转换。

big()：用大字体显示字符。
small()：用小字体显示字符。
italics()：用斜体字显示字符。
bold()：用粗体字显示字符。
blink()：使字符闪烁显示。
fixed()：固定高亮字显示。
fontsize(size)：控制字体大小。
fontcolor(color)：字体颜色方法。
toUpperCase()和 toLowerCase()：把指定字符串转换为大写或小写。
indexOf[character, fromIndex]：返回从第 fromIndex 个字符起查找字符 character 第一次出现的位置。
chartAt(position)：返回指定字符串中的第 position 个字符。
substring(start, end)：返回指定字符串中介于两个指定下标之间的字符。
sub()：将指定字符串用下标格式显示。
toString()：把对象中的数据转换成字符串。

8.7.3 日期对象

日期（Date）对象用于表示日期和时间。通过日期对象可以进行一系列与日期、时间有关的操作和控制。JavaScript 并没有提供真正的日期类型，它是从 1970 年 1 月 1 日 00:00:00 开始以 ms（毫秒）来计算当前时间的。表示日期的数据都是数值型的，可进行数学运算。

1. 日期对象的定义方法

日期对象的定义方法有 4 种。

1）创建日期对象实例，并赋值为当前时间，其格式如下。

```
var 日期对象名 = new Date();
```

2）创建日期对象实例，并以 GMT（格林尼治标准时间，即 1970 年 1 月 1 日 0 时 0 分 0 秒 0 毫秒）的延迟时间来设定对象的值，其单位是 ms。其格式如下。

```
var 日期对象名 = new Date(milliseconds);
```

3）使用特定的表示日期和时间的字符串 string，为创建的对象实例赋值。其格式如下。

```
var 日期对象名 = new Date(string);
```

4）按照年、月、日、时、分、秒、毫秒的顺序，为创建的对象实例赋值。其格式如下。

```
var 日期对象名 = new Date(year,month,day,hours,minutes,seconds,milliseconds);
```

Date 中的月份、日期、小时、分钟、秒、毫秒数都是从 0 开始的，而年是从 1970 年开始的。这一方法是从 UNIX 操作系统沿袭下来的，1970 年 1 月 1 日 0 时又被认为是 UNIX 操作系统的"创世纪"。

2．日期对象的方法

JavaScript 没有提供直接访问 Date 对象的属性，只提供了获得日期和时间、设置日期和时间，以及格式转换的方法。

（1）获取日期和时间的方法

获得日期和时间的方法主要有以下几种。

getFullYear()：该方法用于获取当前年份数。

getMonth()：该方法用于获取当前月份数，0 代表一月，1 代表二月，11 代表 12 月。

getDate()：该方法用于获取当前日期数。

getDay()：该方法用于获取当前星期几。

getHours()：该方法用于获取当前小时数。

getMinutes()：该方法用于获取当前分钟数。

getSeconds()：该方法用于获取当前秒数。

getTimeZoneOffset()：该方法用于获取时区的偏移信息。

（2）设置日期和时间的方法

设置日期和时间的方法主要有以下几种。

setFullYear()：该方法用于设置年份。

setMonth()：该方法用于设置月份。

setDate()：该方法用于设置日期。

setHours()：该方法用于设置小时。

setMinutes()：该方法用于设置分钟。

setSeconds()：该方法用于设置秒数。

（3）格式转换的方法

格式转换的方法主要有以下几种。

toGMTString()：该方法用于将日期和时间转换成格林尼治标准时间表达的字符串。

toLocaleString()：该方法用于将日期和时间转换成以当地时间表达的字符串。

toString()：该方法用于把时间信息转换为字符串。

parse：该方法用于从表示时间的字符串中读出时间。

UTC：该方法用于返回从格林尼治标准时间到指定时间的差距（单位为 ms）。

【例 8-15】 制作一个节日倒计时的程序。本例在浏览器中的显示效果如图 8-19 所示。

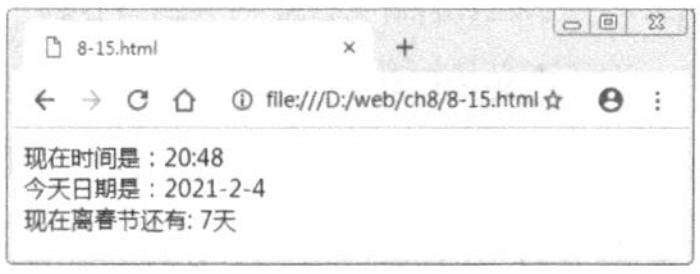

```
<!DOCTYPE html>
<html>
    <head>
        <meta charset="UTF-8">
        <script language="JavaScript">
            var timedate = new Date(2021, 1, 12); // 2021 年 2 月 12 日，注意 1 代表 2 月
            var times = "春节";
            var now = new Date();
            var date = timedate.getTime() - now.getTime();
            var time = Math.floor(date / (1000 * 60 * 60 * 24));
            if(time >= 0)
                document.write("现在时间是：", now.getHours(), ":", now.getMinutes());
            document.write("<br>今天日期是：", now.getFullYear(), "-", now.getMonth() + 1, "-", now.getDate());
            document.write("<br>现在离" + times + "还有：" + time + "天");
        </script>
    </head>
    <body>
    </body>
</html>
```

图 8-19 节日倒计时的页面显示效果

8.8 自定义对象

在 JavaScript 中可以使用内置对象，也可以创建用户自定义对象，但必须为该对象创建一个实例。这个实例就是一个新对象，它具有对象定义中的基本特征。这里介绍自定义对象的两种方法。

1．初始化对象

这是一种通过初始化对象的值来创建自定义对象的方法。初始化对象的一般格式如下。

对象={ 属性1:属性值1；属性2:属性值2；… 属性n:属性值n};

2．定义对象的构造函数

这种方法的一般格式如下。

```
function 对象名(属性1，属性2，… 属性n){
    this.属性1=属性值1;
    this.属性2=属性值2;
     …
    this.属性n=属性值n;
    this.方法1=函数名1;
    this.方法2=函数名2;
     …
    this.方法m=函数名m;
}
```

可以看出,构造函数的名称就是自定义对象的名称;函数接收参数用于初始化对象本身的属性。构造的函数没有返回值。

在定义对象的过程中,还定义了该对象的方法。在定义对象的方法时,方法名和所引用的函数名是两个概念,它们既可以同名,也可以不同名。被引用的函数必须是在定义这个对象前定义好的,否则就会在执行时出错。

在定义好对象及其对应的方法后,就可以创建这个对象的实例。与其他对象创建对象实例一样,自定义对象创建对象实例同样是用 new 语句。

下面用构造函数法自定义对象,并为对象实例增加属性和方法。

```
<script language="JavaScript">
    function Person(name,age)
    {
        this.name=name;        // 属性
        this.age=age;          // 属性
        this.say=sayFunc;      // 方法,sayFunc 为函数名
    }
    function sayFunc()
    {
        alert(this.name+","+this.age);
    }
    var person1=new Person("Tom",17);
    person1.say();
    var person2=new Person("Jhon",20);
    person2.say();
</script>
```

在创建 person1 对象实例时,构造函数中的 this 代表 person1 对象实例。this.age=age 和 this.name=name 语句为 person1 对象实例增加两个属性;this.say=sayFunc 语句为 person1 对象增加一个方法。在创建 person2 对象实例时,也相同。

当执行 person1.say(); 语句时,所调用的 sayFunc()中的 this 代表 person1 这个对象实例;当执行 person2.say; 时,所调用的 sayFunc()中的 this 就代表 person2 这个对象实例。

习题 8

1. 已知圆的半径是 10,计算圆的周长和面积,如图 8-20 所示。
2. 使用多重循环在网页中输出乘法口诀表,如图 8-21 所示。

图 8-20 题 1 图

图 8-21 题 2 图

3. 输出 1~1000 之内能同时被 4 和 9 整除的数,要求每行输出 5 个数,如图 8-22 所示。
4. 输出 1~1000 之内的完数。完数是指该数等于其因子之和的整数,例如 6=1+2+3,6 即

为完数，在浏览器中的页面显示效果如图 8-23 所示。

图 8-22　题 3 图

图 8-23　题 4 图

5. 在页面中用中文显示当天的日期和星期几，如图 8-24 所示。
6. 在网页中显示一个工作中的数字时钟，如图 8-25 所示。

图 8-24　题 5 图

图 8-25　题 6 图

7. 创建自定义函数，在网页中输出自定义行列的表格，如图 8-26 所示。

图 8-26　题 7 图

第 9 章 DOM 对象及编程

网页最终都要通过与用户的交互操作，在浏览器中显示出来。JavaScript 将浏览器本身、网页文档及网页文档中的 HTML 元素等都用相应的内置对象来表示，其中一些对象是作为另外一些对象的属性而存在的，这些对象及对象之间的层次关系统称为 DOM（Document Object Model，文档对象模型）。在脚本程序中访问 DOM 对象，就可以实现对浏览器本身、网页文档及网页文档中的 HTML 元素的操作，从而控制浏览器和网页元素的行为和外观。

▷▷ 9.1 DOM 模型

DOM 是一种与平台、语言无关的接口，允许程序和脚本动态地访问或更新 HTML 或 XML 文档的内容、结构和样式，且提供了一系列的函数和对象来实现访问、添加、修改及删除操作。HTML 文档中的 DOM 模型如图 9-1 所示。

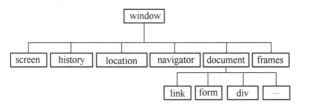

39　DOM 对象

图 9-1　HTML 文档中的 DOM 模型

DOM 对象的一个特点是它的各种对象有明确的从属关系。也就是说，一个对象可能是从属于另一个对象的，而它又可能包含了其他的对象。

在从属关系中，window 对象的从属地位最高，它反映的是一个完整的浏览器窗口。window 对象的下级还包含 frame、document、location、history 对象，这些对象都是作为 window 对象的属性而存在的。网页文件中的各种元素对象又是 document 对象的直接或间接属性。

在 JavaScript 中，window 对象为默认的最高级对象，其他对象都直接或间接地从属于 window 对象，因此在引用其他对象时，不必再写"window."。

DOM 除了定义各种对象外，还定义了各个对象所支持的事件，以及各个事件所对应的用户的具体操作。

CSS、脚本编程语言和 DOM 的结合使用，能够使 HTML 文档与用户具有交互性和动态变换性。下面介绍几个重要的 DOM 对象，以及如何运用 JavaScript 实现用户与 Web 页面交互。

▷▷ 9.2 window 对象

window（窗口）对象处于整个从属关系的最高级，它提供了处理窗口的方法和属性。每一个 window 对象代表一个浏览器窗口。

▷▷▷ 9.2.1 window 对象的属性

window 对象的属性见表 9-1。

表 9-1 window 对象的属性

属 性	描 述
closed	只读，返回窗口是否已被关闭
opener	可返回对创建该窗口的 window 对象的引用
defaultStatus	可返回或设置窗口状态栏中的默认内容
status	可返回或设置窗口状态栏中显示的内容
innerWidth	只读，窗口的文档显示区的宽度（单位像素）
innerHeight	只读，窗口的文档显示区的高度（单位像素）
parent	如果当前窗口有父窗口，表示当前窗口的父窗口对象
self	只读，对窗口自身的引用
top	当前窗口的最顶层窗口对象
name	当前窗口的名称

▷▷▷ 9.2.2 window 对象的方法

在前面的章节已经使用了 prompt()、alert()和 confirm()等预定义函数，它们在本质上是 window 对象的方法。除此之外，window 对象还提供了一些其他方法，见表 9-2。

表 9-2 window 对象的常用方法

方 法	描 述
open()	打开一个新的浏览器窗口或查找一个已命名的窗口
close()	关闭浏览器窗口
alert()	显示带有一段消息和一个确认按钮的对话框
prompt()	显示可提示用户输入的对话框
confirm()	显示带有一段消息以及确认按钮和取消按钮的对话框
moveBy(x,y)	可把窗口相对当前坐标移动指定的像素
moveTo(x,y)	可把窗口的左上角移动到一个指定的坐标(x,y)，但不能将窗口移出屏幕
setTimeout(code,millisec)	在指定的毫秒数后调用函数或计算表达式，仅执行一次
setInterval(code,millisec)	按照指定的周期（以毫秒计）来调用函数或计算表达式
clearTimeout()	取消由 setTimeout()方法设置的计时器
clearInterval()	取消由 setInterval()设置的计时器
focus()	可把键盘焦点给予一个窗口
blur()	可把键盘焦点从顶层窗口移开

【例 9-1】 设置计时器，页面初次加载时显示初始的提示信息，延时 5000ms 后再调用 hello()函数，显示其对话框。本例在浏览器中的显示效果如图 9-2 和图 9-3 所示。

图 9-2 页面初次加载时显示的信息

图 9-3 延时 5000ms 后显示对话框

```
<!DOCTYPE html>
<html>
    <head>
        <meta charset="UTF-8">
        <title>计时器</title>
        <script>
            function hello() {
                window.alert("欢迎您！");
            }
            window.setTimeout("hello()", 5000);
        </script>
    </head>
    <body>
        <h3>爱心包装</h3>
    </body>
</html>
```

9.3　document 对象

document（文档）对象包含当前网页的各种特征，是 window 对象的子对象，是指在浏览器窗口中显示的内容部分，如标题、背景、使用的语言等。

9.3.1　document 对象的属性

document 对象的属性见表 9-3。

表 9-3　document 对象的属性

属　性	描　　述
body	提供对 body 元素的直接访问
cookie	设置或查询与当前文档相关的所有 cookie
referrer	返回载入当前文档的文档 URL
URL	返回当前文档的 URL
lastModified	返回文档最后被修改的日期和时间
domain	返回下载当前文档的服务器域名
all[]	返回对文档中所有 HTML 元素的引用。all[]已经被 document 对象的 getElementById()等方法替代
forms[]	返回文档中所有 form 对象的集合
images[]	返回文档中所有 image 对象的集合，但不包括由<object>标签内定义的图像

9.3.2　document 对象的方法

document 对象的方法从整体上分为两大类。
- 对文档流的操作。
- 对文档元素的操作。

document 对象的方法见表 9-4。

表 9-4 document 对象的方法

方法	描述
open()	打开一个新文档，并擦除当前文档的内容
write()	向文档写入 HTML 或 JavaScript 代码
writeln()	与 write()方法的作用基本相同，在每次内容输出后额外加一个换行符（\n），在使用<pre>标签时比较有用
close()	关闭一个由 document.open()方法打开的输出流，并显示选定的数据
getElementById()	返回拥有指定 ID 的第一个对象
getElementsByName()	返回带有指定名称的对象的集合
getElementsByTagName()	返回带有指定标签名的对象的集合
getElementsByClassName()	返回带有指定 class 属性的对象集合，该方法属于 HTML5 DOM

在 document 对象的方法中，open()、write()、writeln()和 close()方法可以实现文档流的打开、写入、关闭等操作；而 getElementById()、getElementsByName()、getElementsByTagName()等方法用于操作文档中的元素。

【例 9-2】 使用 getElementById()、getElementsByName()、getElementsByTagName()方法操作文档中的元素。浏览者填写表单中的选项后，单击"统计结果"按钮，弹出消息框显示统计结果。本例在浏览器中的显示效果如图 9-4 所示。

图 9-4 document 对象的页面显示效果

```html
<!DOCTYPE html>
<html>
    <head>
        <meta charset="UTF-8">
        <title>document 对象的方法</title>
        <script type="text/javascript">
            function count() {
                var userName = document.getElementById("userName");
                var hobby = document.getElementsByName("hobby");
                var inputs = document.getElementsByTagName("input");
                var result = "ID 为 userName 的元素的值：" + userName.value +
                    "\nname 为 hobby 的元素的个数：" + hobby.length +
                    "\n\t 个人爱好：";
                for(var i = 0; i < hobby.length; i++) {
                    if(hobby[i].checked) {
                        result += hobby[i].value + " ";
                    }
                }
                result += "\n 标签为 input 的元素的个数：" + inputs.length
                alert(result);
            }
        </script>
    </head>
    <body>
        <form name="myform">
            用户名：<input type="text" name="userName" id="userName" /><br/>爱　好：
            <input type="checkbox" name="hobby" value="听音乐" />听音乐
            <input type="checkbox" name="hobby" value="足球" />足球
            <input type="checkbox" name="hobby" value="旅游" />旅游<br/>
            <input type="button" value="统计结果" onClick="count()" />
```

```
        </form>
    </body>
</html>
```

9.4 location 对象

location（位置）对象是 window 对象的子对象,存储在 window 对象的 location 属性中。location 对象提供了当前窗口中加载文档的有关信息,还提供了一些导航功能,用于指定当前窗口或指定框架的 URL。

9.4.1 location 对象的属性

location 对象中包含当前页面的 URL 的各种信息,例如协议、主机服务器和端口号等。location 对象的属性见表 9-5。

表 9-5 location 对象的属性

属 性	描 述
protocol	设置或返回当前 URL 的协议
host	设置或返回当前 URL 的主机名称和端口号
hostname	设置或返回当前 URL 的主机名
port	设置或返回当前 URL 的端口部分
pathname	设置或返回当前 URL 的路径部分
href	设置或返回当前显示的文档的完整 URL
hash	URL 的锚部分（从#号开始的部分）
search	设置或返回当前 URL 的查询部分（从问号?开始的参数部分）

9.4.2 location 对象的方法

location 对象提供了以下 3 个方法,用于加载或重新加载页面中的内容。location 对象的方法见表 9-6。

表 9-6 location 对象的方法

方 法	描 述
assign(url)	可加载一个新的文档,与 location.href 实现的页面导航效果相同
reload(force)	用于重新加载当前文档；参数 force 默认为 false；当参数 force 为 false 且文档内容发生改变时,从服务器端重新加载该文档；当参数 force 为 false 但文档内容没有改变时,从缓存区中加载文档；当参数 force 为 true 时,每次都从服务器端重新加载该文档
replace(url)	使用一个新文档取代当前文档,且不会在 history 对象中生成新的记录

9.5 history 对象

history（历史）对象用于保存用户在浏览网页时所访问过的 URL,history 对象的 length 属性表示浏览器访问历史记录的数量。由于隐私方面的原因,JavaScript 不允许通过 history 对象获取已经访问过的 URL。history 对象提供了 back()、forward()和 go()方法来实现针对历史访问的前进与后退功能，见表 9-7。

表 9-7 history 对象的方法

方 法	描 述
back()	加载 history 列表中的前一个 URL
forward()	加载 history 列表中的下一个 URL
go()	加载 history 列表中的某个具体页面

【例 9-3】下面程序建立"上一页"和"下一页"按钮，来模仿浏览器的"前进"和"后退"按钮。本例在浏览器中的显示效果如图 9-5 所示。

```
<!DOCTYPE html>
<html>
    <head>
        <meta charset="UTF-8">
        <title>历史对象示例</title>
        <script language="JavaScript">
            function back() {
                window.history.back();
            }
            function forward() {
                window.history.forward();
            }
        </script>
    </head>
    <body>
        <div align="center">
            <h3>历史对象示例</h3>
            <hr>
            <form>
                单击下面按钮后退一页或前进一页<br>
                <input type="button" value="<上一页" onClick="back()">
                <input type="button" value=">下一页" onClick="forward()">
            </form>
        </div>
    </body>
</html>
```

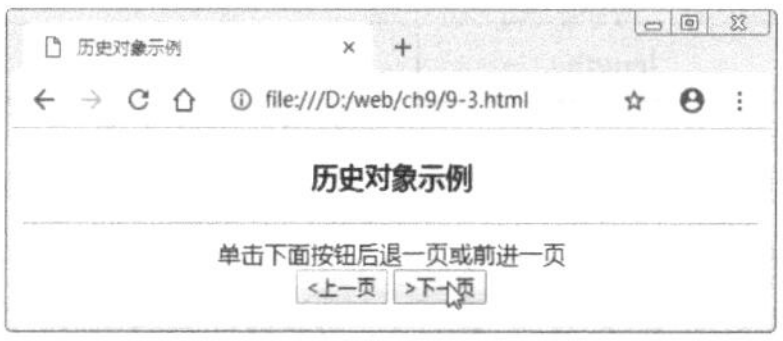

图 9-5 history 对象的页面显示效果

▷▷ 9.6 form 对象

form 对象是 document 对象的子对象，通过 form 对象可以实现表单验证等效果。通过 form 对象可以访问表单对象的属性及方法。语法格式如下。

```
document.表单名称.属性
document.表单名称.方法(参数)
document.forms[索引].属性
document.forms[索引].方法(参数)
```

9.6.1 form 对象的属性

form 对象的属性见表 9-8。

表 9-8 form 对象的属性

属　　性	描　　述
elements[]	返回包含表单中所有元素的数组；元素在数组中出现的顺序与在表单中出现的顺序相同
enctype	设置或返回用于编码表单内容的 MIME 类型，默认值是"application/x-www-form-urlencoded"；当上传文件时，enctype 属性应设为"multipart/form-data"
target	可设置或返回在何处打开表单中的 action-URL，可以是_blank、_self、_parent、_top
method	设置或返回用于表单提交的 HTTP 方法
length	用于返回表单中元素的数量
action	设置或返回表单的 action 属性
name	返回表单的名称

9.6.2 form 对象的方法

form 对象的方法见表 9-9。

表 9-9 form 对象的方法

方　　法	描　　述
submit()	将表单数据提交到 Web 服务器
reset()	对表单中的元素进行重置

提交表单有两种方式：提交按钮和 submit()提交方法。

在<form>标签中，onsubmit 属性用于指定在表单提交时调用的事件处理函数；在 onsubmit 属性中使用 return 关键字表示根据被调用函数的返回值来决定是否提交表单，当函数返回值为 true 时提交表单，否则不提交表单。

9.7 JavaScript 的对象事件处理程序

9.7.1 对象的事件

在 JavaScript 中，事件是预先定义好的、能够被对象识别的动作，事件定义了用户与网页交互时产生的各种操作。例如，单击按钮时产生一个事件，告诉浏览器发生了需要处理的单击操作。每种对象能识别一组预先定义好的事件，但并非每一种事件都会产生结果，因为 JavaScript 只是识别事件的发生。为了使对象能够对某一事件作出响应（Respond），就必须编写事件处理函数。

事件处理函数是一段独立的程序代码，它在对象检测到某个特定事件时执行（响应该事件）。一个对象可以响应一个或多个事件，因此可以使用一个和多个事件过程对用户或系统的事件作出响应。

对象事件有以下 3 类。

- 用户引起的事件，如网页加载、表单提交等。
- 引起页面之间跳转的事件，主要是超链接。
- 表单内部与界面对象的交互，包括界面对象的改变等。这类事件可以按照应用程序的具体功能自由设计。

▷▷▷ 9.7.2 常用的事件及处理

1．浏览器事件

浏览器事件主要由 Load、Unload、DragDrop 以及 Submit 等事件组成。

（1）Load 事件

Load 事件发生在浏览器完成一个窗口或一组帧的加载之后。onLoad 句柄在 Load 事件发生后由 JavaScript 自动调用执行。因为这个事件处理函数可在其他所有的 JavaScript 程序和网页之前被执行，可以用来完成网页中所用数据的初始化，如弹出一个提示对话框、显示版权或欢迎信息、弹出密码认证对话框等。代码如下所示。

```
<body onLoad="window.alert(Please input password!")>
```

网页开始显示时并不触发 Load 事件，只有当所有元素（包含图像、声音等）被加载完成后才触发 Load 事件。

（2）Unload 事件

Unload 事件发生在用户在浏览器的地址栏中输入一个新的 URL，或者使用浏览器工具栏中的导航按钮，使浏览器载入新的网页。在浏览器载入新的网页之前，自动产生一个 Unload 事件，通知原有网页中的 JavaScript 脚本程序。

onUnload 事件句柄与 onLoad 事件句柄构成一对功能相反的事件处理模式。使用 onLoad 事件句柄可以初始化网页，而使用 onUnload 事件句柄则可以结束网页。

下面的代码在打开 HTML 文件时显示"欢迎"，在关闭浏览器窗口时显示"再见"。

```
<html>
    <body onLoad="alert('欢迎')" onUnload="alert('再见')" >
        网页内容
    </body>
</html>
```

（3）Submit 事件

Submit 事件在完成信息的输入，准备将信息提交给服务器处理时发生。onSubmit 句柄在 Submit 事件发生时由 JavaScript 自动调用执行。onSubmit 句柄通常在<form>标签中声明。

为了减少服务器的负担，可在 Submit 事件处理函数中实现最后的数据校验。如果所有的数据验证都能通过，则返回一个 true 值，让 JavaScript 向服务器提交表单，把数据发送给服务器；否则返回一个 false 值，禁止发送数据，且给用户相关的提示，让用户重新输入数据。

2．鼠标事件

常用的鼠标事件有 MouseDown、MouseMove、MouseUp、MouseOver、MouseOut、Click、Blur 以及 Focus 等事件。

（1）MouseDown 事件

当按下鼠标的某一个键时发生 MouseDown 事件。在这个事件发生后，JavaScript 自动调用 MouseDown 句柄。在 JavaScript 中，如果发现一个事件处理函数返回 false 值，就终止事件的处理。如果 MouseDown 事件处理函数返回 false 值，与鼠标操作有关的其他一些操作，例如拖放、激活超链接等都无效，因为这些操作产生前都会触发 MouseDown 事件。

（2）MouseMove 事件

移动鼠标时，发生 MouseMove 事件。这个事件发生后，JavaScript 自动调用 onMouseMove 句柄。MouseMove 事件不从属于任何界面元素。只有当一个对象（浏览器对象 window 或者 document）要求捕获事件时，才在每次鼠标移动时产生这个事件。

（3）MouseUp 事件

释放鼠标键时，发生 MouseUp 事件。在这个事件发生后，JavaScript 自动调用 onMouseUp 句柄。这个事件同样适用于普通按钮、网页及超链接对象。

（4）MouseOver 事件

当光标移动到一个对象上面时，发生 MouseOver 事件。在 MouseOver 事件发生后，JavaScript 自动调用执行 onMouseOver 句柄。

在通常情况下，当光标扫过一个超链接时，超链接的目标会在浏览器的状态栏中显示；也可通过编程在状态栏中显示提示信息或特殊的效果，使网页更具有变化性。在下面的示例代码中，第 1 行代码表示当光标在超链接上时在状态栏中显示指定的内容，第 2、3、4 行代码表示当光标在文字或图像上时弹出相应的对话框。

```
<a href="http://www.sohu.com/" onMouseOver="window.status='你好吗'; return true">请单击</a>
<a href onMouseOver="alert('弹出信息！')">显示的超链接文字</a>
<img src="image1.jpg" onMouseOver="alert('在图像之上');"><br>
<a href="#" onMouseOver="window.alert('在超链接之上');"><img src="image2.jpg"></a><hr>
```

（5）MouseOut 事件

MouseOut 事件发生在光标离开一个对象时。在这个事件发生后，JavaScript 自动调用 onMouseOut 句柄。这个事件适用于区域、层及超链接对象。

【例 9-4】 MouseOut 事件示例。浏览者将鼠标移至页面中的"搜狐网"超链接，离开它时将弹出提示对话框，如果单击"确认"按钮，则页面跳转至"搜狐网"主页。本例在浏览器中的显示效果如图 9-6 和图 9-7 所示。

图 9-6　将鼠标移至"搜狐网"超链接

图 9-7　离开超链接后弹出提示对话框

```
<!DOCTYPE html>
<html>
    <head>
        <meta charset="UTF-8">
        <title>MouseOut 事件</title>
        <script language="JavaScript">
            function warn() {
                if(confirm("下面将自动转到搜狐网"))
                    window.location = "http://www.sohu.com";
```

```
            }
        </script>
    </head>
    <body>
        <p>
            <a href="http://www.sohu.com" onMouseOut="warn()">搜狐网</a>
        </p>
    </body>
</html>
```

（6）Click 事件

Click 事件可在两种情况下发生。一是在一个表单上的某个对象被单击时发生，二是在单击一个超链接时发生。onClick 事件句柄在 Click 事件发生后由 JavaScript 自动调用执行。onClick 事件句柄适用于普通按钮、提交按钮、单选按钮、复选框以及超链接。下面代码用于单击图像后弹出一个对话框。

```
<img src="image1.jpg" onClick="window.alert('单击图像');"><br>
```

（7）Blur 事件

Blur 事件是在一个表单中的选择框、文本输入框中失去焦点时发生，即在表单其他区域单击鼠标时发生。即使此时当前对象的值没有改变，仍会触发 onBlur 事件。onBlur 事件句柄在 Click 事件发生后，由 JavaScript 自动调用执行。

（8）Focus 事件

在一个选择框、文本框或者文本输入区域得到焦点时发生 Focus 事件。onFocus 事件句柄在 Click 事件发生时由 JavaScript 自动调用执行。用户可以通过单击对象，也可通过键盘上的〈Tab〉键使一个区域得到焦点。

onFocus 句柄与 onBlur 句柄功能相反。

3．键盘事件

常用的键盘事件有 KeyDown、KeyPress、KeyUp、Change、Select、Move 和 Resize 事件。

（1）KeyDown 事件

在键盘上按下一个键时发生 KeyDown 事件。在这个事件发生后，由 JavaScript 自动调用 onKeyDown 句柄。该句柄适用于浏览器对象 document、图像、超链接及文本区域。

（2）KeyPress 事件

在键盘上按下一个键时发生 KeyPress 事件。在这个事件发生后，由 JavaScript 自动调用 onKeyPress 句柄。该句柄适用于浏览器对象 document、图像、超链接及文本区域。

KeyDown 事件总是发生在 KeyPress 事件之前。如果这个事件处理函数返回 false 值，就不会产生 KeyPress 事件。

（3）KeyUp 事件

在键盘上按下一个键再释放这个键的时候发生 KeyUp 事件。在这个事件发生后由 JavaScript 自动调用 onKeyUp 句柄。这个句柄适用于浏览器对象 document、图像、超链接及文本区域。

（4）Change 事件

在一个选择框、文本输入框或者文本输入区域失去焦点，其中的值又发生改变时，就会发生 Change 事件。在 Change 事件发生后由 JavaScript 自动调用 onChange 句柄。Change 事件是个非常有用的事件，它的典型应用是验证输入的数据。

（5）Select 事件

选定文本输入框或文本输入区域的一段文本后发生 Select 事件。在 Select 事件发生后，由 JavaScript 自动调用 onSelect 句柄。onSelect 句柄适用于文本输入框和文本输入区域。

（6）Move 事件

在用户或脚本程序移动一个窗口或者一个帧时发生 Move 事件。在这个事件发生后，由 JavaScript 自动调用 onMove 句柄。该事件适用于窗口和帧。

（7）Resize 事件

在用户或者脚本程序移动窗口或帧时发生 Resize 事件，在事件发生后由 JavaScript 自动调用 onResize 句柄。该事件适用于浏览器对象 document 以及帧。

▷▷▷ 9.7.3 表单对象与交互性

form 对象（表单对象或窗体对象）提供一个让客户端输入文字或选择的功能，例如单选按钮、复选框、选择列表等，由<form>标签组构成。JavaScript 自动为每一个表单建立一个表单对象，并可以将用户提供的信息送至服务器进行处理，当然也可以在 JavaScript 脚本中编写程序对数据进行处理。

表单中的基本元素（子对象）有按钮、单选按钮、复选框、提交按钮、重置按钮、文本框等。在 JavaScript 中要访问这些基本元素，必须通过对应特定的表单元素的表单元素名来实现。每一个元素主要是通过该元素的属性或方法来引用。

调用 form 对象的一般格式如下。

```
<form name="表单名" action="URL" …>
    <input type="表项类型" name="表项名" value="缺省值" 事件="方法函数"…>
    …
</form>
```

1. Text 单行单列输入元素

功能：对 Text 标识中的元素实施有效的控制。

属性：name 用于设置提交信息时的信息名称，对应于 HTML 文档中的 name 属性。

value 用以设置出现在窗口中对应 HTML 文档中 value 的信息。

defaultvalue 用于设置 Text 元素的默认值。

方法：blur()用于将当前焦点移到后台。

select()用于加亮文字。

事件：onFocus 事件在 Text 获得焦点时发生。

onBlur 事件在元素失去焦点时发生。

onselect 事件在文字被加亮显示后发生。

onchange 事件在 Text 元素值改变时发生。

2. Textarea 多行多列输入元素

功能：对 Textarea 中的元素进行控制。

属性：name 用于设置提交信息时的信息名称，对应 HTML 文档 Textarea 的 name 属性。

value 用于设置出现在窗口中对应 HTML 文档中 value 的信息。

defaultvalue 用于设置元素的默认值。

方法：blur()用于将输入焦点失去。

select()用于加亮文字。

事件：onBlur 事件在失去输入焦点后发生。

onFocus 事件在输入获得焦点后发生。

onChange 事件在文字值改变时发生。

onSelect 事件在加亮文字发生。

3．Select 选择元素

功能：对滚动选择元素进行控制。

属性：name 用于设置提交信息时的信息名称，对应文档 select 中的 name 属性。

value 用于设置出现在窗口中对应 HTML 文档中 value 的信息。

length 对应文档 select 中的 length。

options 是组成多个选项的数组。

selectIndex 用于指明一个选项。

text 是选项对应的文字。

selected 用于指明当前选项是否被选中。

index 用于指明当前选项的位置。

defaultselected 用于设置默认选项。

事件：onBlur 事件在 select 选项失去焦点时发生。

onFocus 事件在 select 获得焦点时发生。

onChange 事件在选项状态改变后发生。

4．Button 按钮

功能：对 Button 按钮进行控制。

属性：name 用于设置提交信息时的信息名称，对应文档中 button 的 name 属性。

value 用于设置出现在窗口中对应 HTML 文档中 value 的信息。

方法：click()方法类似于单击一个按钮。

事件：onClick 事件在单击 button 按钮时发生。

5．checkbox 检查框

功能：对一个具有复选框元素进行控制。

属性：name 用于设置提交信息时的信息名称。

value 用于设置出现在窗口中对应 HTML 文档中 value 的信息。

checked 属性用于指明检查框的状态为 true 或 false。

defaultchecked 用于设置默认状态。

方法：click()使得检查框的某一个项被选中。

事件：onClick 事件在检查框被选中时发生。

6．Password 口令

功能：对具有口令输入的元素进行控制。

属性：name 用于设置提交信息时的信息名称，对应 HTML 文档中 password 中的 name 属性。

value 用于设置出现在窗口中对应 HTML 文档中 value 的信息。

defaultvalue 用于设置默认值。

方法：select()加亮输入口令域。

blur()失去 password 输入焦点。

focus()获得 password 输入焦点。

password 的事件与文本框的事件相同，这里不再赘述。

7. submit 提交元素

功能：对一个具有提交功能的按钮进行控制。

属性：name 用于设置提交信息时的信息名称，对应 HTML 文档中 submit 属性。

value 用于设置出现在窗口中对应 HTML 文档中 value 的信息。

方法：click()相当于单击 submit 按钮。

事件：onClick 事件在单击该按钮时发生。

▷▷▷ 9.7.4 案例——使用 form 对象实现 Web 页面信息交互

下面举例说明在 JavaScript 程序中如何使用 form 对象实现 Web 页面信息交互。

【例 9-5】 使用 form 对象实现 Web 页面信息交互，要求浏览者输入姓名并接受商城协议。当不输入姓名并且未接受协议时，单击"提交"按钮会弹出警告提示对话框，提示用户输入姓名并且接受协议；当用户输入姓名并且接受协议时，单击"复位"按钮会弹出确认提示对话框，等待用户确认是否清除输入的信息。本例在浏览器中的显示效果如图 9-8 所示。

图 9-8 使用 form 对象实现 Web 页面信息交互

```
<!DOCTYPE html>
<html>
    <head>
        <meta charset="UTF-8">
        <title>使用 Form 对象实现 Web 页面信息交互</title>
        <script>
            function check() {
                if(window.document.form1.name1.value.length == 0 &&
window.document.form1.agree.checked == false)
                    alert("姓名不能为空且必须接受协议!");
                return true;
            }
            function set() {
                if(confirm("真的清除吗?"))   //在弹出的确认框中如果用户选择"确定"
                    return true;             //函数返回真
                else
                    return false;
            }
        </script>
    </head>
    <body>
        <form name="form1" action="" method="post" onsubmit="check()" onreset="set()">
            请输入姓名 <input type="text" name="name1" size="16"><br> 接受商城协议 <input type="checkbox" name="agree"><br>
```

```
            <input type="submit" value="提交">
            <input type="reset" value="复位">
            </from>
    </body>
</html>
```

习题 9

1. 编写程序实现按时间随机变化的网页背景,如图 9-9 所示。

图 9-9 题 1 图

2. 使用 window 对象的 setTimeout()方法和 clearTimeout()方法设计一个简单的计时器。当单击"开始计时"按钮后启动计时器,文本框从 0 开始进行计时;单击"暂停计时"按钮后暂停计时,如图 9-10 所示。

图 9-10 题 2 图

3. 使用对象的事件编程实现当用户选择下拉菜单的颜色时,文本框的字体颜色随之改变,如图 9-11 所示。

4. 制作一个禁止使用鼠标右键操作的网页。当浏览者在网页上单击鼠标右键时,自动弹出一个警告提示对话框,禁止用户使用右键快捷菜单,如图 9-12 所示。

图 9-11 题 3 图   图 9-12 题 4 图

第 10 章 使用 JavaScript 制作网页特效

在网页中添加一些适当的网页特效，使页面具有动态效果，丰富页面的观赏性与表现力，能吸引更多的浏览者访问页面。JavaScript 技术可以实现各种网页特效，本章将综合之前介绍的 JavaScript 的基本知识，通过综合案例详解介绍 JavaScript 各种网页特效的核心技巧和实现过程。

▷▷ 10.1 文字特效

使用 JavaScript 脚本可以制作各种文字特效，通过这些特效可以使页面中的文字动起来。

▷▷▷ 10.1.1 制作颜色变换的欢迎词

本例使用随机函数 Math.random()和延迟方法 setTimeout()实现文字在页面中以随机颜色逐字输出。

【例 10-1】 在页面中显示颜色变换、逐字输出的欢迎词。本例在浏览器中的显示效果如图 10-1 所示。

图 10-1 颜色变换的欢迎词

```
<!DOCTYPE html>
<html>
    <head>
        <meta charset="UTF-8">
        <title>颜色变换的欢迎词</title>
    </head>
    <body onLoad="loadText()">
        <script language="JavaScript">
            var someText = "爱心天使欢迎您，请多多指教！";
            var aChar; //定义取出的每个字符
            var aSentence; //定义语句
            var i = 0;
            var colors = new Array("ff0000", "ffff66", "ff3399", "00ffff", "ff9900", "00ff00");
            var aColor;
            function loadText() //生成随机颜色文字的函数
            {
                aColor = colors[Math.floor(Math.random() * colors.length)];
                //产生随机颜色
                aChar = someText.charAt(i);       //逐字取出字符
                if(i == 0) //如果是第一个字符
```

```
                    aSentence = aChar;              //取出第一个字符
                else //如果不是第一个字符
                    aSentence += aChar;             //在原有的字符后累加新的字符
                if(i < 50) i++;
                if(document.all) {
                    textDiv.innerHTML = "<font color='#" + aColor + "'
face='Tahoma' size='7'><i>" + aSentence + "</i>";
                    setTimeout("loadText()", 100);  //每隔100毫秒输出一个字符
                } else if(document.layers) {
                    document.textDiv.document.write("<font color='#" +
aColor + "' face='Tahoma' size='5'><i>" + aSentence + "</i>");
                    document.textDiv.document.close();
                    setTimeout("loadText()", 100);  //每隔100毫秒输出一个字符
                } else if(document.getElementById) {
                    document.getElementById("textDiv").innerHTML = "<font
color='#" + aColor + "'face='Tahoma'size='5'><i>" + aSentence + "</i>";
                    setTimeout("loadText()", 100);  //每隔100毫秒输出一个字符
                }
            }
        </script>
        <div id="textDiv"></div>
    </body>
</html>
```

10.1.2 打字效果

文字在页面中逐一出现可以形成打字效果，其原理很简单，每次多获取一个待打出的字符串的值，输出时覆盖原来输出的内容即可。

【例 10-2】 制作企业文化简介的打字效果。本例在浏览器中的显示效果如图 10-2 所示。

图 10-2 打字效果

```
<!DOCTYPE html>
<html>
    <head>
        <meta charset="UTF-8">
        <title>JS 打字效果</title>
        <style type="text/css">
            #main {
                /*打字区域的样式*/
                width: 80%;
                /*宽度为窗口的80%*/
                height: 750px;
                margin: auto;
                /*水平自动居中对齐*/
                padding: 10px;
```

```
                        /*内边距10px*/
                        background: #cfe1ca;
                        border: 10px outset #f9c6aa;
                        /*边框宽度10px*/
                        line-height: 30px;
                        /*行高30px*/
                        color: #9f3c61;
                        font-size: 18px;
                        /*文字大小18px*/
                    }
                </style>
                <script type="text/javascript">
                    var typeWriter = {
                        msg: function(msg) {
                            return msg; //获取打字的内容
                        },
                        len: function() {
                            return this.msg.length; //获取打字内容的长度
                        },
                        seq: 0,
                        speed: 150, //打字时间(ms)
                        type: function() {
                            var _this = this;
                            document.getElementById("main").innerHTML = _this.msg.substring(0, _this.seq);
                            if(_this.seq == _this.len()) { //如果输出完毕
                                _this.seq = 0;
                                clearTimeout(t); //取消计时器
                            } else { //如果没有输出完毕
                                _this.seq++; //获取一个待打出的字符串的值
                                var t = setTimeout(function() {
                                    _this.type()
                                }, this.speed); //设置打字的时间间隔（速度）
                            }
                        }
                    }
                    window.onload = function() { //页面加载时自动调用获取文字内容和打字输出函数
                        var msg = "我们带着遵循自然法则，崇尚科学……（此处省略文字）";
                        function getMsg() {
                            return msg;
                        }
                        typeWriter.msg = getMsg(msg);
                        typeWriter.type();
                    }
                </script>
            </head>
            <body>
                <div id="main"> </div>
            </body>
        </html>
```

【说明】① 函数 getMsg()用于获取打字的内容，函数 type()用于打印输出获取的内容。
② setTimeout(function(){_this.type()}, this.speed);语句用于设置打印的速度，this.speed 的值越小，打印速度越快。

10.2 菜单与选项卡特效

菜单与选项卡效果是常见的网页效果，许多网站都可以看到这些效果的应用，这种效果通常需要结合嵌套无序列表来实现。

10.2.1 制作爱心包装导航菜单

【例 10-3】 使用 JavaScript 脚本制作爱心包装导航菜单。本例在浏览器中的显示效果如图 10-3 所示。

图 10-3　爱心包装导航菜单

```
<!DOCTYPE html>
<html>
<head>
<meta charset="UTF-8">
<title>爱心包装导航菜单</title>
<link rel="stylesheet" href="css/style.css" />
<script type="text/javascript">
function showadv(par,par2,par3){
    document.getElementById("a0").style.display = "none";
    document.getElementById("a0color").style.color = "";
    document.getElementById("a0bg").style.backgroundImage="";
    document.getElementById("a1").style.display = "none";
    document.getElementById("a1color").style.color = "";
    document.getElementById("a1bg").style.backgroundImage="";
    document.getElementById("a2").style.display = "none";
    document.getElementById("a2color").style.color = "";
    document.getElementById("a2bg").style.backgroundImage="";
    document.getElementById("a3").style.display = "none";
    document.getElementById("a3color").style.color = "";
    document.getElementById("a3bg").style.backgroundImage="";
    document.getElementById("a4").style.display = "none";
    document.getElementById("a4color").style.color = "";
    document.getElementById("a4bg").style.backgroundImage="";
    document.getElementById("a5").style.display = "none";
    document.getElementById("a5color").style.color = "";
    document.getElementById("a5bg").style.backgroundImage="";
    document.getElementById("a6").style.display = "none";
    document.getElementById("a6color").style.color = "";
    document.getElementById("a6bg").style.backgroundImage="";
    document.getElementById(par).style.display = "";
    document.getElementById(par2).style.color = "#ffffff";
```

```html
            document.getElementById(par3).style.backgroundImage = 
"url(images/i13.gif)";
        }
    </script>
    </head>
    <body>
    <div>
        <table align="center" cellspacing="0" cellpadding="0" width="1206" border="0">
            <tr>
              <td>
                <div class="i01w">
                  <table cellspacing="0" cellpadding="0" width="100%" border="0">
                    <tr>
                      <td width="166" height="42" align="center" id="a0bg">
                        <span id="a0color" onMouseOver="showadv('a0','a0color','a0bg')">
                            <a href="#"><font color="#FA4A05">首页</font></a>
                        </span>
                      </td>
                      <td width="1"><img src="images/i14.gif" width="1" height="25" /></td>
                      <td id="a1bg" align="center" width="166">
                        <span id="a1color" onMouseOver="showadv('a1','a1color','a1bg')">
                            <a href="#">包装常识</a>
                        </span>
                      </td>
                      <td width="1"><img src="images/i14.gif" width="1" height="25" /></td>
                      <td id="a2bg" align="center" width="166">
                        <span id="a2color" onMouseOver="showadv('a2','a2color','a2bg')">
                            <a href="#">包装心得</a>
                        </span>
                      </td>
                      ……（此处省略其余 4 个类似的主菜单定义）
                    </tr>
                  </table>
                </div>
              </td>
            </tr>
            <tr>
              <td>
                <table width="100%" height="41" cellpadding="0" cellspacing="0" id="a0" border="0">
                    <tr>
                      <td align="left" style="padding-left:12px">欢迎来到爱心包装</td>
                    </tr>
                </table>
                <table id="a1" style="DISPLAY: none" height="41" cellspacing="0" cellpadding="0" width="100%" border="0">
                    <tr>
```

```html
          <td  style="padding-left:97px" align="left">
            <ul class="i02w">
              <li>常识一</li>
              <li>常识二</li>
              <li>常识三</li>
            </ul>
          </td>
        </tr>
      </table>
      <table id="a2" style="DISPLAY: none" height="41" cellspacing="0" cellpadding="0" width="100%" border="0">
        <tr>
          <td style="padding-left:292px" align="left">
            <ul class="i02w">
              <li><a href="#">心得一</a></li>
              <li><a href="#">心得二</a></li>
              <li><a href="#">心得三</a></li>
            </ul>
          </td>
        </tr>
      </table>
          ……（此处省略其余 4 个类似的子菜单项定义）
    </table>
   </td>
  </tr>
 </table>
</div>
</body>
</html>
```

【说明】
① 本例应用 document 对象的 getElementById()方法获取页面元素，实现网站导航菜单的功能。
② 通过设置鼠标经过主菜单时的 display 样式显示或隐藏子菜单。

▷▷▷ 10.2.2 制作 Tab 选项卡切换效果

许多网站都可以看到 Tab 选项卡栏目切换的效果，实现的方式有很多，不过总的来说，原理都是一致的，都是通过鼠标事件触发相应的功能函数，实现相关栏目的切换。

【例 10-4】 制作爱心包装客服中心页面的栏目切换效果。本例在浏览器中的显示效果如图 10-4 所示。

图 10-4　Tab 选项卡切换效果

```html
<!DOCTYPE html>
<html>
<head>
<meta charset="UTF-8">
<title>简单纯js实现网页Tab选项卡切换效果</title>
<style>
    *{                          /*页面所有元素的默认外边距和内边距*/
        margin:0;
        padding:0;
    }
    body{                       /*页面整体样式*/
        font-size:14px;
        font-family:"Microsoft YaHei";
    }
    ul,li{                      /*列表和列表项样式*/
        list-style:none;        /*列表项无符号*/
    }
    #tab{                       /*选项卡样式*/
        position:relative;      /*相对定位*/
        margin-left:20px;       /*左外边距20px*/
        margin-top:20px         /*上外边距20px*/
    }
    #tab .tabList ul li{        /*选项卡列表项样式*/
        float:left;             /*向左浮动*/
        background:#fefefe;
        border:1px solid #ccc;  /*1px浅灰色实线边框*/
        padding:5px 0;
        width:100px;
        text-align:center;      /*文本水平居中对齐*/
        margin-left:-1px;
        position:relative;
        cursor:pointer;
    }
    #tab .tabCon{               /*选项卡容器样式*/
        position:absolute;      /*绝对定位*/
        left:-1px;
        top:32px;
        border:1px solid #ccc;  /*1px浅灰色实线边框*/
        border-top:none;
        width:450px;
        height:auto;            /*高度自适应*/
    }
    #tab .tabCon div{           /*非当前选项卡样式*/
        padding:10px;
        position:absolute;
        opacity:0;              /*完全透明，无法看到选项卡*/
    }
    #tab .tabList li.cur{       /*当前选项卡列表样式*/
        border-bottom:none;     /*当前选项卡底部无边框*/
        background:#fff;
    }
    #tab .tabCon div.cur{       /*当前选项卡不透明样式*/
```

```
            opacity:1;          /*完全不透明，能够看到选项卡*/
        }
    </style>
</head>
<body>
<div id="tab">
    <div class="tabList">
        <ul>
            <li class="cur">关于我们</li>
            <li>联系我们</li>
        </ul>
    </div>
    <div class="tabCon">
        <div class="cur">
            <p>我们带着遵循自然法则，崇尚科学健康的生活态度……（此处省略文字）</p>
            <p>用绿壳鸡蛋的沁香，让您感受自然的能量……（此处省略文字）</p>
        </div>
        <div>
            <p><strong>爱心包装客服中心</strong></p>
            <p>地址：北京市开发区喜来登商务大厦</p>
            <p>电话：13501149831</p>
            <p>email: angel@love.com</p><br/>
            <p><strong>销售中心</strong></p>
            <p>电话：13501149831</p>
            <p>email: angel@love.com</p><br/>
            <p><strong>市场 & 广告部</strong></p>
            <p>电话：13501149831</p>
            <p>email: angel@love.com</p>
        </div>
    </div>
</div>
<script>
window.onload = function() {
    var oDiv = document.getElementById("tab");
    var oLi = oDiv.getElementsByTagName("div")[0].getElementsByTagName("li");
    var aCon = oDiv.getElementsByTagName("div")[1].getElementsByTagName("div");
    var timer = null;
    for (var i = 0; i < oLi.length; i++) {
        oLi[i].index = i;
        oLi[i].onMouseOver = function() {                    //鼠标悬停切换选项卡
            show(this.index);
        }
    }
    function show(a) {
        index = a;
        var alpha = 0;
        for (var j = 0; j < oLi.length; j++) {
            oLi[j].className = "";
            aCon[j].className = "";
            aCon[j].style.opacity = 0;
            aCon[j].style.filter = "alpha(opacity=0)";    //非当前选项卡完全透明
        }
```

```
                oLi[index].className = "cur";
                clearInterval(timer);
                timer = setInterval(function() {
                    alpha += 2;
                    alpha > 100 && (alpha = 100);
                    aCon[index].style.opacity = alpha / 100;    //当前选项卡完全不透明
                    aCon[index].style.filter = "alpha(opacity=" + alpha + ")";
                    alpha == 100 && clearInterval(timer);
                })
            }
        }
        </script>
    </body>
</html>
```

【说明】

① 实现选项卡切换效果的原理是将当前选项卡的不透明度样式设置为完全不透明，实现显示出选项卡；将非当前选项卡的不透明度样式设置为完全透明，实现隐藏选项卡。

② 本例中共设置了 2 个选项卡，如果用户需要设置更多的选项卡，只需要增加列表项<li>的定义即可。

③ 本例采用的是鼠标悬停切换选项卡的效果，如果需要设置为鼠标单击切换选项卡的效果，只需要将 JavaScript 脚本中的 onMouseOver 修改为 onClick 即可。

▷▷ 10.3 广告特效

浮动广告在网页中很常见。大多数网站的宽度都是为适合 1024×768 的分辨率而设计的，因此在使用更高的分辨率时，有一侧或者两侧就会有空白的地方。为了不浪费资源，有些网站会在两边加上浮动的广告。在网页中拖动滚动条时，浮动的广告也随着移动。本案例实现在页面中放置浮动广告的功能。

【例 10-5】 制作爱心包装页面的浮动广告。本例在浏览器中的显示效果如图 10-5 所示。

图 10-5 爱心包装页面的浮动广告

制作步骤如下。

（1）前期准备

在示例文件夹下创建图像文件夹 images，用来存放图像素材。将本页面需要使用的图像素材存放在文件夹 images 下。

（2）制作页面

在示例文件夹下新建一个名为 10-5.html 的网页，代码如下。

```html
<script language="JavaScript">
  var delta=0.15
  var layers;
  function floaters() {                        //定义实现浮动效果的函数floaters()
     this.items= [];
     this.addItem= function(id,x,y,content){
        document.write('<div id='+id+' style="z-index: 10; position: absolute; width:80px; height:60px;left:'+(typeof(x)=='string'?eval(x):x)+'; top:'+(typeof(y)=='string'?eval(y):y)+'">'+content+'</div>');
        var newItem= {};
        newItem.object= document.getElementById(id);
        if(y>10) {y=0}
        newItem.x= x;
        newItem.y= y;
        this.items[this.items.length]= newItem;
     }
     this.play= function(){
        layers= this.items
        setInterval('play()',10);             //设置浮动的时间间隔为10毫秒
     }
  }
  function play(){
     for(var i=0;i<layers.length;i++){
        var obj= layers[i].object;
        var obj_x= (typeof(layers[i].x)=='string'?eval(layers[i].x):layers[i].x);
        var obj_y= (typeof(layers[i].y)=='string'?eval(layers[i].y):layers[i].y);
        if(obj.offsetLeft!=(document.body.scrollLeft+obj_x)) {
           var dx=(document.body.scrollLeft+obj_x-obj.offsetLeft)*delta;
           dx=(dx>0?1:-1)*Math.ceil(Math.abs(dx));
           obj.style.left=obj.offsetLeft+dx;
        }
        if(obj.offsetTop!=(document.body.scrollTop+obj_y)) {
           var dy=(document.body.scrollTop+obj_y-obj.offsetTop)*delta;
           dy=(dy>0?1:-1)*Math.ceil(Math.abs(dy));
           obj.style.top=obj.offsetTop+dy;
        }
        obj.style.display= '';
     }
  }
  var strfloat = new floaters();          //创建一个对象实例strfloat
  strfloat.addItem("followDiv",6,80,"<img src='images/mftad.png' border='0'>");  //调用addItem()方法
  strfloat.play();                        //调用play()方法
</script>
<!DOCTYPE html>
<html>
<head>
<meta charset="UTF-8">
<title>爱心包装浮动广告</title>
</head>
```

```html
<body topmargin="0" leftmargin="0" >
<h3 align="center">爱心包装体验型专卖店</h3>
<table width="600" border="1" align="center">
  <tr>
    <td>
    2021年1月10日，爱心包装首家……（此处省略文字）<br>
    不仅在空间打造上有所巧思，专卖店……（此处省略文字）
    </td>
  </tr>
</table>
</body>
</html>
```

【说明】

① 实现浮动广告的 JavaScript 脚本必须放置在页面的开头位置，即位于<!DOCTYPE html>之前，否则不能实现广告的浮动效果。

② 应用构造函数创建一个自定义对象，在对象中创建定义<div>标签以及设置其位置的方法 addItem()。

③ 定义实现浮动效果的函数 floaters()，然后创建一个对象实例 strfloat，调用 addItem()方法和 play()方法，实现广告的浮动功能。

习题 10

1. 编写程序设置网页字体的大小，可以分为大、中、小3种模式显示，如图10-6所示。

图 10-6　题 1 图

2. 制作循环滚动的产品展示页面，滚动的图像支持超链接，并且鼠标指针移动到图像上时，画面静止；鼠标指针移出图像后，图像继续滚动，效果如图10-7所示。

图 10-7　题 2 图

3. 使用 JavaScript 脚本制作二级纵向列表模式的导航菜单，如图10-8所示。

图 10-8　题 3 图

4．文字循环向上滚动，当光标移动到文字上时，文字停止滚动；光标移开则继续滚动，如图 10-9 所示。

图 10-9　题 4 图

5．编写 JavaScript 程序结合文本框实现文字慢慢向上爬的效果，如图 10-10 所示。

图 10-10　题 5 图

第 11 章 HTML5 的多媒体播放和绘图

HTML5 引入了多媒体、API、数据库支持等高级应用功能，灵活性更强，支持开发非常精彩的交互式网站。HTML5 还提供了高效的数据管理、绘制、视频和音频工具，它和 JavaScript 编程一起促进了 Web 应用开发的发展。

▷▷ 11.1 多媒体播放

在 HTML5 出现之前并没有将视频和音频嵌入到页面的标准方式，在大多数情况下，多媒体内容都是通过第三方插件或集成在 Web 浏览器中的应用程序置于页面中。由于这些插件不是浏览器自身提供的，往往需要手动安装，不仅安装过程烦琐而且容易导致浏览器崩溃。运用 HTML5 中新增的<video>标签和<audio>标签可以避免这样的问题。

40　多媒体元素

▷▷▷ 11.1.1 HTML5 的多媒体支持

HTML5 提供了<video>标签和<audio>标签，可以直接在浏览器中播放视频和音频文件，无须事先在浏览器上安装任何插件，只要浏览器本身支持 HTML5 规范即可。目前各种主流浏览器，如 IE9+、Firefox、Opera、Safari 和 Chrome 等，都支持使用<video>标签和<audio>标签来播放视频和音频文件。

HTML5 对原生音频和视频的支持潜力巨大，但由于音频、视频的格式众多，以及相关厂商的专利限制，导致各浏览器厂商无法自由使用这些音频和视频的解码器，浏览器支持的音频和视频格式相对有限。如果用户需要在网页中使用 HTML5 的音频和视频，就必须熟悉下面列举的音频和视频格式。HTML5 支持的音频格式有 Ogg Vorbis、MP3、WAV。HTML5 支持的视频格式有 Ogg、H.264（MP4）、WebM。

▷▷▷ 11.1.2 音频标签

目前，大多数音频都是通过插件（比如 Flash）来播放的。然而，并非所有浏览器都拥有同样的插件。HTML5 规定了一种通过音频标签<audio>来包含音频的标准方法，<audio>标签能够播放音频文件或者音频流。

1. <audio>标签支持的音频格式及浏览器兼容性

<audio>标签支持 3 种音频格式，它们在不同浏览器中的兼容性见表 11-1。

表 11-1　3 种音频格式的浏览器兼容性

音频格式	IE 9+	Firefox	Opera	Chrome	Safari
Ogg Vorbis		√	√	√	
MP3	√			√	√
WAV		√	√		√

2. <audio>标签的属性

<audio>标签的属性见表 11-2。

表 11-2 <audio>标签的属性

属 性	描 述
autoplay	如果出现该属性，则音频在就绪后马上播放
controls	如果出现该属性，则向用户显示组件，比如播放、暂停和音量组件
loop	如果出现该属性，则每当音频结束时重新开始播放
preload	如果出现该属性，则音频在页面加载时进行加载，并预备播放
src	要播放音频的 URL

为了解决浏览器对音频和视频格式的支持问题，使用<source>标签为音频或视频指定多个媒体源，浏览器可以选择适合自己播放的媒体源。

【例 11-1】 使用<audio>标签播放音频。本例在浏览器中的显示效果如图 11-1 所示。

```
<!DOCTYPE html>
<html>
    <head>
        <meta charset="UTF-8">
        <title>音频标签 audio 示例</title>
    </head>
    <body>
        <h3>播放音频</h3>
        <audio controls="controls" autoplay="autoplay">
            <source src="audio/song.mp3" type="audio/mpeg" />
            <source src="audio/song.ogg" type="audio/ogg" />
            <source src="audio/song.wav" type="audio/x-wav" /> 您的浏览器不支持音频标签
        </audio>
    </body>
</html>
```

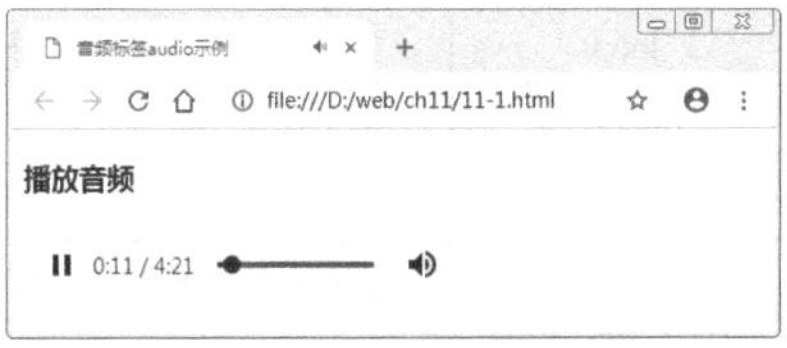

图 11-1 音频播放的页面显示效果

【说明】① <audio>与</audio>标签之间插入的内容是供不支持<audio>标签的浏览器显示的。

② <audio>标签允许包含多个<source>标签。<source>标签可以链接不同的音频文件，浏览器将使用第一个可识别的格式。

▷▷▷ 11.1.3 视频标签

大多数视频也是通过插件（比如 Flash）来播放的。然而，并非所有浏览器都拥有同样的插件。HTML5 规定了一种通过视频标签<video>来包含视频的标准方法。<video>标签能够播放视频文件或者视频流。

1. <video>标签支持的视频格式及浏览器兼容性

<video>标签支持 3 种视频格式，它们在不同的浏览器中的兼容性见表 11-3。

表 11-3 3 种视频格式的浏览器兼容性

视频格式	IE 9+	Firefox	Opera	Chrome	Safari
Ogg		√	√	√	
MPEG 4	√			√	√
WebM		√	√	√	

2. <video>标签的属性

<video>标签的属性见表 11-4。

表 11-4 <video>标签的属性

属　　性	描　　述
autoplay	如果出现该属性，则视频在就绪后马上播放
controls	如果出现该属性，则向用户显示组件，比如播放、暂停和音量组件
height	设置视频播放器的高度
loop	如果出现该属性，则每当视频结束时重新开始播放
preload	如果出现该属性，则视频在页面加载时进行加载，并预备播放。如果使用"autoplay"，则忽略该属性
src	要播放视频的 URL
width	设置视频播放器的宽度

【例 11-2】 使用<video>标签播放视频。本例在浏览器中的显示效果如图 11-2 所示。

```
<!DOCTYPE html>
<html>
    <head>
        <meta charset="UTF-8">
        <title>使用 Video 对象自定义视频播放器</title>
    </head>
    <body>
        <h3>播放视频</h3>
        <video controls="controls" autoplay="autoplay">
            <source src="video/movie.mp4" type="video/mp4" />
            <source src="video/movie.webm" type="video/webm" />
            <source src="video/movie.ogg" type="video/ogg" /> 您的浏览器不支持视频标签
        </video>
    </body>
</html>
```

图 11-2 视频播放的页面显示效果

【说明】① <video>与</video>标签之间插入的内容是供不支持<video>标签的浏览器显示的。

② <video>标签同样允许包含多个<source>标签，这里不再赘述。

11.1.4 HTML5 多媒体 API

HTML5 中提供了 Video 和 Audio 对象，用于控制视频或音频的回放及当前状态等信息，Video 和 Audio 对象的相似度非常高，区别在于所占屏幕空间不同，但属性与方法基本相同。Video 和

Audio 对象的常用属性见表 11-5。

表 11-5　Video 和 Audio 对象的常用属性

属　　性	描　　述
autoplay	用于设置或返回是否在就绪（加载完成）后随即播放视频或音频
controls	用于设置或返回视频或音频是否应该显示组件（比如播放/暂停等）
currentSrc	返回当前视频或音频的 URL
currentTime	用于设置或返回视频或音频中的当前播放位置（以秒计）
duration	返回视频或音频的总长度（以秒计）
defaultMuted	用于设置或返回视频或音频默认是否静音
muted	用于设置或返回是否关闭声音
ended	返回视频或音频的播放是否已结束
readyState	返回视频或音频当前的就绪状态
paused	用于设置或返回视频或音频是否暂停
volume	用于设置或返回视频或音频的音量
loop	用于设置或返回视频或音频是否应在结束时再次播放
networkState	返回视频或音频的当前网络状态
src	用于设置或返回视频或音频的 src 属性的值

Video 和 Audio 对象的常用方法见表 11-6。

表 11-6　Video 和 Audio 对象的常用方法

方　　法	描　　述
play()	开始播放视频或音频
pause()	暂停当前播放的视频或音频
load()	重新加载视频或音频元素
canPlayType()	检查浏览器是否能够播放指定的视频或音频类型
addTextTrack()	向视频或音频添加新的文本轨道

【例 11-3】　使用 Video 对象创建一个自定义视频播放器，播放器包括"开始播放"/"暂停播放"按钮、播放进度信息和"静音"/"取消静音"按钮。本例在浏览器中的显示效果如图 11-3 所示。

图 11-3　视频播放器的页面显示效果

```
<!DOCTYPE html>
<html>
    <head>
```

```html
<meta charset="UTF-8">
<title>使用 Video 对象自定义视频播放器</title>
<body>
    <div id="videoDiv">
        <video id="myVideo" controls>
            <source src="video/movie.mp4" type="video/mp4" />
            <source src="video/movie.webm" type="video/webm" />
            <source src="video/movie.ogg" type="video/ogg" /> 您的浏览器不支持
            <video />标签
        </video>
    </div>
    <div id="controlBar">
        <input id="videoPlayer" type="button" value="开始播放" />
        <input id="videoInfo" type="text" disabled style="width:70px" />
        <input id="videoVoice" type="button" value="静音" />
    </div>
    <script type="text/javascript">
        var myVideo = document.getElementById("myVideo");
        var videoPlayer = document.getElementById("videoPlayer");
        var videoVoice = document.getElementById("videoVoice");
        var videoInfo = document.getElementById("videoInfo");
        //播放/暂停按钮
        videoPlayer.onClick = function() {
            if(myVideo.paused) {
                myVideo.play();
                videoPlayer.value = "暂停播放";
            } else {
                myVideo.pause();
                videoPlayer.value = "开始播放";
            }
        };
        //视频播放时，播放进度信息同步
        myVideo.ontimeupdate = function() {
            var currentTime = myVideo.currentTime.toFixed(2);
            var totalTime = myVideo.duration.toFixed(2);
            videoInfo.value = currentTime + "/" + totalTime;
        };
        //静音或取消静音
        videoVoice.onClick = function() {
            if(!myVideo.muted) {
                videoVoice.value = "取消静音";
                myVideo.muted = true;
            } else {
                videoVoice.value = "静音";
                myVideo.muted = false;
            }
        };
    </script>
</body>
</html>
```

【说明】本例中显示的播放进度信息包括当前播放时间和总播放时间，两者都保留了两位小数，实现的方法是使用 toFixed( )方法将数字四舍五入为指定小数位数的数字。

11.2 Canvas 绘图

41　画布

HTML5 的 canvas 元素有一个基于 JavaScript 的绘图 API，在页面上放置一个 canvas 元素就相当于在页面上放置了一块"画布"，可以在其中进行图形的描绘。canvas 元素拥有多种绘制路径、矩形、圆形、字符以及添加图像的方法，设计者可以控制其每一像素。

11.2.1 创建 canvas 元素

canvas 元素的主要属性是画布宽度属性 width 和高度属性 height，单位是像素。向页面中添加 canvas 元素的语法格式如下。

```
<canvas id="画布标识" width="画布宽度" height="画布高度">
    …
</canvas>
```

<canvas>标签看起来很像<img>标签，唯一不同的是它不含 src 和 alt 属性。如果不指定 width 和 height 属性值，默认的画布大小是宽 300 像素，高 150 像素。

例如，创建一个标识为 myCanvas、宽度为 200 像素、高度为 100 像素的 canvas 元素，代码如下。

```
<canvas id="myCanvas" width="200" height="100"></canvas>
```

11.2.2 构建绘图环境

大多数 canvas 元素的绘图 API 都没有定义在 canvas 元素本身上，而是定义在通过画布的 getContext()方法获得的一个"绘图环境"对象上。getContext()方法返回一个用于在画布上绘图的环境，其语法如下。

```
canvas.getContext(contextID)
```

参数 contextID 指定了用户想要在画布上绘制的类型。"2d"即二维绘图，这个方法返回一个上下文对象 CanvasRenderingContext2D，该对象导出一个二维绘图 API。

11.2.3 通过 JavaScript 绘制图形

canvas 元素只是图形容器，其本身是没有绘图能力的，所有的绘制工作必须在 JavaScript 内部完成。

在画布上绘图的核心是上下文对象 CanvasRenderingContext2D，用户可以在 JavaScript 代码中使用 getContext()方法渲染上下文进而在画布上显示形状和文本。

JavaScript 使用 getElementById()方法通过 canvas 的 id 定位 canvas 元素，代码如下。

```
var myCanvas = document.getElementById('myCanvas');
```

然后创建 context 对象，代码如下。

```
var myContext = myCanvas.getContext("2d");
```

getContext()方法使用一个上下文作为其参数,一旦渲染上下文可用,程序就可以调用各种绘图方法。表 11-7 列出了渲染上下文对象的常用方法。

表 11-7 渲染上下文对象的常用方法

方 法	描 述
fillRect()	绘制一个填充的矩形
strokeRect()	绘制一个矩形轮廓
clearRect()	清除画布的矩形区域
lineTo()	绘制一条直线
arc()	绘制圆弧或圆
moveTo()	当前绘图点移动到指定位置
beginPath()	开始绘制路径
closePath()	标记路径绘制操作结束
stroke()	绘制当前路径的边框
fill()	填充路径的内部区域
fillText()	在画布上绘制一个字符串
createLinearGradient()	创建一条线性颜色渐变
drawImage()	把一幅图像放置到画布上

需要说明的是,canvas 画布的左上角为坐标原点(0,0)。

1. 绘制矩形

(1) 绘制填充的矩形

fillRect()方法用来绘制填充的矩形,语法格式如下。

```
fillRect(x, y, weight, height)
```

其中的参数含义如下。

● x, y:矩形左上角的坐标。

● weight, height:矩形的宽度和高度。

说明:fillRect()方法使用 fillStyle 属性所指定的颜色、渐变和模式来填充指定的矩形。

(2) 绘制矩形轮廓

strokeRect()方法用来绘制矩形的轮廓,语法格式如下。

```
strokeRect(x, y, weight, height)
```

其中的参数含义如下。

● x, y:矩形左上角的坐标。

● weight, height:矩形的宽度和高度。

说明:strokeRect()方法按照指定的位置和大小绘制一个矩形的边框(但并不填充矩形的内部),线条颜色和线条宽度由 strokeStyle 和 lineWidth 属性指定。

【例 11-4】 绘制填充的矩形和矩形轮廓。本例在浏览器中的显示效果如图 11-4 所示。

```
<!DOCTYPE html>
<html>
    <head>
```

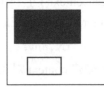

图 11-4 绘制矩形的页面显示效果

```html
    <title>绘制矩形</title>
  </head>
  <body>
    <canvas id="myCanvas" width="300" height="240" style="border:1px solid #c3c3c3;">
      您的浏览器不支持 canvas 元素.
    </canvas>
    <script type="text/javascript">
      var c=document.getElementById("myCanvas");   //获取画布对象
      var cxt=c.getContext("2d");                  //获取画布上绘图的环境
      cxt.fillStyle="#ff0000";                     //设置填充颜色
      cxt.fillRect(20,20,200,100);                 //绘制填充矩形
      cxt.strokeStyle="#0000ff";                   //设置轮廓颜色
      cxt.lineWidth="3";                           //设置轮廓线条宽度
      cxt.strokeRect(60,160,100,50);               //绘制矩形轮廓
    </script>
  </body>
</html>
```

2．绘制路径

（1）lineTo()方法

lineTo()方法用来绘制一条直线，语法格式如下。

lineTo(x, y)

其中的参数含义如下。

x, y：直线终点的坐标。

说明：lineTo()方法为当前子路径添加一条直线。这条直线从当前点开始，到(x,y)结束。当方法返回时，当前点是(x,y)。

（2）moveTo()方法

在绘制直线时，通常配合 moveTo()方法设置绘制直线的当前位置并开始一条新的子路径，其语法格式如下。

moveTo(x, y)

其中的参数含义如下。

x, y：新的当前点的坐标。

说明：moveTo()方法将当前位置设置为(x, y)并用它作为第一点创建一条新的子路径。如果之前有一条子路径并且它包含刚才的那一点，那么从路径中删除该子路径。

当用户需要绘制一个路径封闭的图形时，需要使用 beginPath()方法初始化绘制路径和 closePath()方法标记路径绘制操作结束。

beginPath()方法丢弃任何当前定义的路径并且开始一条新的路径，并把当前的点设置为(0,0)。当第一次创建画布的环境时，beginPath()方法会被显式地调用。

closePath()方法用来关闭一条打开的子路径。如果画布的子路径是打开的，closePath()方法通过添加一条线条连接当前点和子路径起始点来关闭它；如果子路径已经闭合了，这个方法不做任何事情。一旦子路径闭合，就不能再为其添加更多的直线或曲线了；如果要继续向该路径添加直线或曲线，需要调用 moveTo()方法开始一条新的子路径。

【例 11-5】 绘制路径。本例在浏览器中的显示效果如图 11-5 所示。

```
<!DOCTYPE html>
<html>
  <head>
    <title>绘制路径</title>
  </head>
  <body>
    <canvas id="myCanvas" width="470" height="200" style="border:1px solid #c3c3c3;">
    您的浏览器不支持 canvas 元素.
    </canvas>
    <script type="text/javascript">
      var c=document.getElementById("myCanvas");
      var cxt=c.getContext("2d");
        cxt.beginPath();                  //设定起始点
        cxt.moveTo(30,30);
        cxt.lineTo(80,80);                //从(30,30)到(80,80)绘制直线
        cxt.lineTo(60,150);               //从(80,80)到(60,150)绘制直线
        cxt.closePath();                  //关闭路径
        cxt.fillStyle="lightgrey";        //设定绘制样式
        cxt.fill();                       //进行填充
        cxt.beginPath();                  //开始创建路径
        cxt.moveTo(100,30);               //设定起始点
        cxt.lineTo(150,80);               //绘制折线
        cxt.lineTo(200,60);
        cxt.lineTo(150,150);
        cxt.lineWidth=4;
        cxt.strokeStyle="black";
        cxt.stroke();                     //沿着当前路径绘制或画一条直线
        cxt.fill();                       //进行填充
        cxt.beginPath();                  //开始创建路径
        cxt.moveTo(230,30);               //设定起始点
        cxt.lineTo(300,150);              //绘制折线
        cxt.lineTo(350,60);
        cxt.closePath();
        cxt.stroke();                     //沿着当前路径绘制或画一条直线
        cxt.beginPath();
        cxt.rect(400,30,50,120);          //绘制矩形路径
        cxt.stroke();
        cxt.fill();
    </script>
  </body>
</html>
```

图 11-5 绘制路径的页面显示效果

【说明】 ① 本例中使用了 moveTo()方法指定了绘制直线的起点位置,用 lineTo()方法接受直线的终点坐标,最后用 stroke()方法完成绘图操作。

② 本例中使用 beginPath()方法初始化路径,第一次使用 moveTo()方法改变当前绘画位置到 (50,20),接着使用两次 lineTo()方法绘制三角形的两边,最后使用 closePath()方法关闭路径形成三角形的第三边。

3. 绘制圆弧或圆

HTML5 提供了两个绘制圆弧的方法。

（1）arc()方法

arc()方法使用一个中心点和半径，为一个画布的当前子路径添加一条弧，语法格式如下。

```
arc(x, y, radius, startAngle, endAngle, counterclockwise)
```

其中的参数含义如下。

- x, y：描述弧所在圆的圆心坐标。
- radius：描述弧所在圆的半径。
- startAngle, endAngle：沿着圆指定弧的开始点和结束点的一个角度。这个角度用弧度来衡量，沿着 X 轴正半轴的三点钟方向的角度为0，角度沿着逆时针方向而增加。
- counterclockwise：弧沿着圆周的逆时针方向（true）还是顺时针方向（false）遍历，如图 11-6 所示。

说明：这个方法的前 5 个参数指定了圆周的起始点和结束点。调用这个方法会在当前点和当前子路径的起始点之间添加一条直线。接下来，它沿着圆周在子路径的起始点和结束点之间添加弧。最后的 counterclockwise 参数指定了圆应该沿着哪个方向遍历来连接起始点和结束点。

（2）arcTo()方法

arcTo()方法使用切点和半径的方式绘制一条圆弧路径，语法格式如下。

```
arcTo(x1, y1, x2, y2, radius)
```

arcTo()方法的绘图原理如图 11-7 所示。

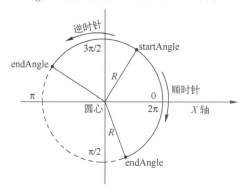

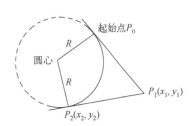

图 11-6 arc()方法的绘图原理   图 11-7 arcTo()方法的绘图原理

其中的参数含义如下。

- P_0 为起始点。
- 参数 x1、y1 分别是点 P_1 的 x、y 坐标，P_0P_1 为圆弧的切线，P_0 为切点。
- 参数 x2、y2 分别是点 P_2 的 x、y 坐标，P_1P_2 为圆弧的切线，P_2 为切点。
- 参数 radius 表示圆弧的对应半径。

【例 11-6】绘制圆饼图。本例在浏览器中的显示效果如图 11-8 所示。

```
<!DOCTYPE html>
<html>
  <head>
    <meta charset="UTF-8">
```

图 11-8 绘制圆饼图的页面显示效果

```
        <title>绘制圆饼图</title>
    </head>
    <body>
        <canvas id="myCanvas" width="300" height="200" style="border:1px solid #c3c3c3;">
            您的浏览器不支持 canvas 元素.
        </canvas>
        <script type="text/javascript">
          var c=document.getElementById("myCanvas");
          var cxt=c.getContext("2d");
          var color = ["#27255F","#77D1F6","#2F368F","#3666B0","#2CA8E0"];
          var data = [15,30,15,20,20];
          drawCircle();                          //调用函数
          function drawCircle(){                 //函数的声明
            var startPoint = 1.5 * Math.PI;
            for(var i=0;i<data.length;i++){
              cxt.fillStyle = color[i];
              cxt.strokeStyle = color[i];
              cxt.beginPath();                   //开始创建路径
              cxt.moveTo(150,100);
              cxt.arc(150,100,90,startPoint,startPoint-Math.PI*2*(data[i]/100),true);
              cxt.fill();
              cxt.stroke();
              startPoint -= Math.PI*2*(data[i]/100);
            }
          }
        </script>
    </body>
</html>
```

【说明】本例中使用 fill() 方法绘制填充的圆饼图,如果只是绘制圆弧的轮廓而不填充的话,则使用 stroke() 方法完成绘制。

4. 绘制文字

(1) 绘制填充文字

fillText() 方法用于以填充方式绘制字符串,语法格式如下。

fillText(text, x, y, [maxWidth])

其中的参数含义如下。

- text:表示绘制文字的内容。
- x, y:绘制文字的起点坐标。
- maxWidth:可选参数,表示显示文字的最大宽度,可以防止溢出。

(2) 绘制轮廓文字

strokeText() 方法用于以轮廓方式绘制字符串,语法格式如下。

strokeText(text, x, y, [maxWidth])

该方法的参数部分的解释与 fillText() 方法相同。

fillText() 方法和 strokeText() 方法的文字属性设置如下。

- font:字体。

● textAlign：水平对齐方式。

● textBaseline：垂直对齐方式。

【例 11-7】 绘制填充文字和轮廓文字。本例在浏览器中的显示效果如图 11-9 所示。

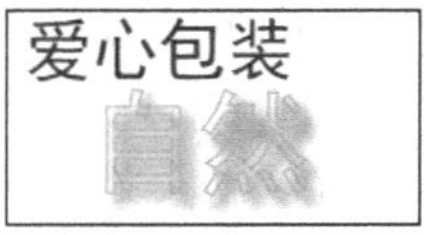

图 11-9　绘制文字的页面显示效果

```
<!DOCTYPE html>
<html>
  <head>
    <meta charset="UTF-8">
    <title>绘制文字</title>
  </head>
  <body>
    <canvas id="myCanvas" width="200" height="100" style="border:1px solid
#c3c3c3;">
    您的浏览器不支持 canvas 元素.
    </canvas>
    <script type="text/javascript">
      var c=document.getElementById("myCanvas"); //获取画布对象
      var cxt=c.getContext("2d");                //获取画布上绘图的环境
      cxt.fillStyle="#0000ff ";                  //设置填充颜色
      cxt.font = '24pt 黑体';
      cxt.fillText('爱心包装', 10, 30);          //绘制填充文字
      cxt.strokeStyle="#00ff00";                 //设置线条颜色
      cxt.shadowOffsetX = 5;                     //设置阴影向右偏移 5 像素
      cxt.shadowOffsetY = 5;                     //设置阴影向下偏移 5 像素
      cxt.shadowBlur = 10;                       //设置阴影模糊范围
      cxt.shadowColor = 'black';                 //设置阴影的颜色
      cxt.lineWidth="1";                         //设置线条宽度
      cxt.font = '40pt 黑体';
      cxt.strokeText('自然', 40, 80);            //绘制轮廓文字
    </script>
  </body>
</html>
```

【说明】 本例中的填充文字使用的是默认的渲染属性，轮廓文字使用了阴影渲染属性，这些属性同样适用于其他图形。

5. 绘制图像

canvas 相当有趣的一项功能就是可以引入图像，它可以用于图片合成或者制作背景等。只要是 Gecko 排版引擎支持的图像（如 PNG、GIF、JPEG 等）都可以引入到 canvas 中，并且其他的 canvas 元素也可以作为图像的来源。

用户可以使用 drawImage()方法在一个画布上绘制图像，也可以将源图像的任意矩形区域缩放或绘制到画布上，语法格式如下。

● 格式一：

```
drawImage(image, x, y)
```

● 格式二：

```
drawImage(image, x, y, width, height)
```

● 格式三：

```
drawImage(image,sourceX,sourceY,sourceWidth,sourceHeight,destX,destY,des
```

tWidth,destHeight)

drawImage()方法有 3 种格式。格式一把整个图像复制到画布，将其放置到指定点的左上角，并且将每个图像像素映射成画布坐标系统的一个单元；格式二也把整个图像复制到画布，但是允许用户用画布单位来指定想要的图像的宽度和高度；格式三则是完全通用的，它允许用户指定图像的任何矩形区域并复制它，对画布中的任何位置都可进行任意的缩放。

其中的参数含义如下。
- image：所要绘制的图像。
- x, y：要绘制图像左上角的坐标。
- width, height：图像的实际绘制尺寸，可以通过指定这些参数缩放图像。
- sourceX, sourceY：图像绘制区域的左上角。
- sourceWidth, sourceHeight：图像绘制区域的大小。
- destX, destY：图像绘制区域的左上角的画布坐标。
- destWidth, destHeight：图像绘制区域的画布大小。

【例 11-8】 在画布上进行图像缩放、切割与绘制。图像素材的原始尺寸为 2125 像素×1062 像素，首先在画布的左侧绘制被缩放的图像，然后在原图上切割局部图像后缩放绘制在画布的右侧。本例在浏览器中的显示效果如图 11-10 所示。

图 11-10 绘制图像的页面显示效果

```
<!DOCTYPE HTML>
<html>
    <head>
        <meta charset="UTF-8">
        <title>绘制图像</title>
    </head>
    <body>
        <h3>绘制图像</h3>
        <hr />
        <canvas id="myCanvas" width="650" height="240" style="border:1px solid">
            对不起，您的浏览器不支持 HTML5 画布 API。
        </canvas>
        <script>
            var c = document.getElementById("myCanvas");
            var ctx = c.getContext("2d");
            //加载图片
            var img = new Image();
            img.src = "images/guilin.jpg";
            img.onload = function() {
                //缩放图片为 350 像素 x200 像素的比例，从画布的(20,20)坐标作为起点绘制
                ctx.drawImage(img, 20, 20, 350, 200);
                //从图片上的(960,730)坐标开始进行切割，切割的尺寸为 330 像素 x330 像素。
                //并且将其绘制在画布的(380,20)坐标开始，缩放为 250 像素 x200 像素
                ctx.drawImage(img, 960, 730, 330, 330, 380, 20, 250, 200);
            }
        </script>
    </body>
</html>
```

canvas 绘画功能非常强大，除了以上所讲的基本绘画方法之外，还具有设置 canvas 绘图样式、canvas 画布处理、canvas 中图形图像的组合和 canvas 动画等功能。由于篇幅所限，本书未

能涵盖所有的知识点，读者可以自学其他相关的内容。

习题 11

1. 使用<video>标签播放视频，如图 11-11 所示。
2. 使用 canvas 元素绘制一个三角形，如图 11-12 所示。

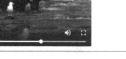

图 11-11　题 1 图　　　　　　　　图 11-12　题 2 图

3. 使用 canvas 元素绘制一个火柴棒小人，如图 11-13 所示。
4. 使用 canvas 元素绘制一个商标，如图 11-14 所示。
5. 使用 canvas 元素绘制一个图形组合，如图 11-15 所示。

图 11-13　题 3 图　　　　图 11-14　题 4 图　　　　图 11-15　题 5 图

第 12 章 jQuery 基础

jQuery 是一个兼容多浏览器的 JavaScript 库，利用 jQuery 的语法设计可以使开发者更加便捷地操作文档对象、选择 DOM 对象、制作动画效果、进行事件处理、使用 Ajax 以及其他功能。除此以外，jQuery 还提供 API 允许开发者编写插件。其模块化的使用方式使开发者可以很轻松地开发出功能强大的静态或动态网页。

12.1 jQuery 概述

JavaScript 语言是 Web 前端语言发展过程中的一个重要里程碑，其实时性、跨平台、简单易用的特点决定了它在 Web 前端设计中的重要地位。但是，随着浏览器种类的推陈出新，JavaScript 对浏览器的兼容性受到了极大挑战。2006 年 1 月，美国人 John Resing 创建了一个基于 JavaScript 的开源框架——jQuery。与 JavaScript 相比，jQuery 具有编写代码高效、浏览器兼容性更好等特征，极大地简化了事件处理、动画效果以及 Ajax 等操作。

jQuery 是继 Prototype 之后又一个优秀的 JavaScript 库。它是轻量级的 JS 库，兼容 CSS3，还兼容各种浏览器（IE 6.0+，FF 1.5+，Safari 2.0+，Opera 9.0+）。jQuery 使用户能够更加方便地处理 HTML、events，实现动画效果，并且更加便捷地为网站提供 Ajax 交互。

jQuery 的设计理念是"写更少，做更多"（Write Less, Do More），是一种将 JavaScript、CSS、DOM、Ajax 等特征集于一体的强大框架，通过简单的代码来实现各种页面特效。

12.2 编写 jQuery 程序

在学习编写 jQuery 程序之前，需要学习如何搭建 jQuery 的开发环境。

12.2.1 下载与配置 jQuery

1. 下载 jQuery

用户可以在 jQuery 的官方网站 http://jquery.com/ 下载最新的 jQuery 类库。在下载页面可以直接下载 jQuery1.x、jQuery2.x 和 jQuery3.x 三种版本。每个版本又分为以下两种：开发版（Development Version）和生产版（Production Version），两者的区别见表 12-1。

表 12-1 开发版和生产版的区别

版本	大小/KB	描述
jquery-1.x.js	约 288	开发版，完整无压缩，多用于学习、开发和测试
jquery-3.x.js	约 262	
jquery-1.x.min.js	约 94	生产版，经过压缩工具压缩，体积相对比较小，主要用于产品和项目中
jquery-3.x.min.js	约 85	

2. 配置 jQuery

本书下载使用的 jQuery 是 jquery-3.2.1.min.js 生产版，jQuery 不需要安装，将下载的 jquery-3.2.1.min.js 文件放到网站中的公共位置即可。通常将该文件保存在一个独立的文件夹 js 中，只须在使用的 HTML 页面中引入该库文件的位置即可。在编写页面的<head>标签中，引入 jQuery 库的示例代码如下。

```
<head>
    <script src="js/jquery-3.2.1.min.js" type="text/javascript"></script>
</head>
```

需要注意的是，引用 jQuery 的<script>标签必须放在所有的自定义脚本文件的<script>之前，否则在自定义的脚本代码中应用不到 jQuery 库。

12.2.2 编写一个简单的 jQuery 程序

在页面中引入 jQuery 类库后，通过$()函数来获取页面中的元素，并对元素进行定位或效果处理。在没有特别说明下，$符号即为 jQuery 对象的缩写形式，例如：$("myDiv")与 jQuery("myDiv")完全等价。

【例 12-1】 编写一个简单的 jQuery 程序。本例在浏览器中的显示效果如图 12-1 所示。

```
<!DOCTYPE html>
<html>
    <head>
        <meta charset="UTF-8">
        <title>第一个 jQuery 程序</title>
        <script src="js/jquery-3.2.1.min.js" type="text/javascript">
        </script>
        <script>
            $(document).ready(function() {
                alert("第一个 jQuery 程序!");
            });
        </script>
    </head>
    <body>
    </body>
</html>
```

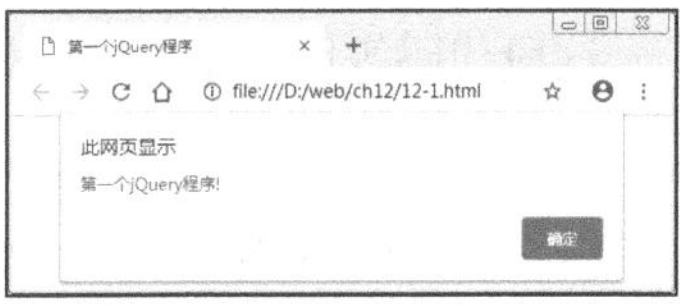

图 12-1 jQuery 程序的页面显示效果

【说明】$(document)是 jQuery 的常用对象，表示 HTML 文档对象。$(document).ready()方法指定$(document)的 ready 事件处理函数，其作用类似于 JavaScript 中的 window.onload 事件，也是当页面被载入时自动执行。

12.3 jQuery 对象和 DOM 对象

刚开始学习 jQuery，经常分不清楚哪些是 jQuery 对象，哪些是 DOM 对象。因此，了解 jQuery 对象和 DOM 对象以及它们之间的关系是非常必要的。

12.3.1 jQuery 对象和 DOM 对象简介

1. DOM 对象

DOM 是以层次结构组织的节点或信息片段的集合，每一份 DOM 都可以表示成一棵树。下面构建一个基本的网页，网页代码如下。

```
<!DOCTYPE html>
<html>
    <head>
        <meta charset="UTF-8">
        <title>DOM 对象</title>
    </head>
    <body>
        <h2>爱心包装宣传语</h2>
        <p>爱的奉献，从我做起</p>
    </body>
</html>
```

网页在浏览器中的显示效果如图 12-2 所示。

图 12-2 基本网页的页面显示效果

可以把上面的 HTML 结构描述为一棵 DOM 树，在这棵 DOM 树中，<h2>、<p>标签都是 DOM 元素的节点，可以使用 JavaScript 中的 getElementById 或 getElementByTagName 来获取，得到的元素就是 DOM 对象。

DOM 对象可以使用 JavaScript 中的方法。代码如下。

```
var domObject = document.getElementById("id");
var html = domObject.innerHTML;
```

2. jQuery 对象

jQuery 对象就是通过 jQuery 包装 DOM 对象后产生的对象。jQuery 对象是独有的，可以使用 jQuery 里的方法。代码如下。

```
$("#sample").html();    // 获取 id 为 sample 的元素内的 html 代码
```

这段代码等同于下面的代码。

```
document.getElementById("sample").innerHTML;
```

虽然 jQuery 对象是包装 DOM 对象后产生的，但是 jQuery 无法使用 DOM 对象的任何方法，同理 DOM 对象也不能使用 jQuery 里面的方法。

3. jQuery 对象和 DOM 对象的对比

jQuery 对象不同于 DOM 对象，但在实际使用时经常被混淆。DOM 对象是通用的，既可以在 jQuery 程序中使用，也可以在标准 JavaScript 程序中使用。例如，在 JavaScript 程序中根据 HTML 元素 id 获取对应的 DOM 对象的方法如下。

```
var domObj = document.getElementById("id");
```

而 jQuery 对象来自 jQuery 类库，只能在 jQuery 程序中使用，只有 jQuery 对象才能引用 jQuery 类库中定义的方法。因此，应该尽可能在 jQuery 程序中使用 jQuery 对象，这样才能充分发挥 jQuery 类库的优势。通过 jQuery 的选择器$()可以获得 HTML 元素获取对应的 jQuery 对象。例如，根据 HTML 元素 id 获取对应的 jQuery 对象的方法如下。

```
var jqObj = $("#id");
```

需要注意的是，使用 document.getElementsById("id")得到的是 DOM 对象，而用#id 作为选择符取得的是 jQuery 对象，这两者并不是等价的。

12.3.2 jQuery 对象和 DOM 对象的相互转换

jQuery 对象和 DOM 对象既有区别又有联系，jQuery 对象与 DOM 对象还可以相互转换。在转换之前首先约定好定义变量的风格。如果获取的是 jQuery 对象，则在变量前面加上$，代码如下。

```
var $obj = jQuery 对象;
```

如果获取的是 DOM 对象，则与用户平时习惯的表示方法一样。

```
var obj = DOM 对象;
```

1. 将 jQuery 对象转换成 DOM 对象

jQuery 提供了两种将一个 jQuery 对象转换成 DOM 对象的方式：[index]和 get(index)。

1）jQuery 对象是一个类似数组的对象，可以通过[index]的方法得到相应的 DOM 对象。代码如下。

```
var $mr = $("#mr");        // jQuery 对象
var mr = $mr[0] ;          // DOM 对象
alert(mr.value);           // 获取 DOM 元素的 value 的值并弹出
```

2）jQuery 本身也有 get(index)方法，可以用来获取相应的 DOM 对象。代码如下。

```
var $mr = $("#mr");        // jQuery 对象
var mr = $mr.get(0);       // DOM 对象
alert(mr.value);           // 获取 DOM 元素的 value 的值并弹出
```

2. 将 DOM 对象转换成 jQuery 对象

对于一个 DOM 对象，只需要用$()把它"包装"起来，就可以得到一个 jQuery 对象，即$(DOM 对象)。代码如下。

```
var mr= document.getElementById("mr");   // DOM 对象
var $mr = $(mr);                          // jQuery 对象
alert($(mr).val());                       // 获取文本框的值并弹出
```

转换后，DOM 对象就可以任意使用 jQuery 中的方法了。

通过以上方法，可以任意实现 DOM 对象和 jQuery 对象之间的转换。需要特别声明的是，DOM 对象才能使用 DOM 中的方法，jQuery 对象不可以使用 DOM 中的方法。

12.4 jQuery 插件

jQuery 是一个轻量级 JavaScript 类库，它虽然非常便捷且功能强大，但是不可能满足所有用户的所有需求。而作为一个开源项目，所有用户都可以看到 jQuery 的源代码，很多人都希望共享自己日常工作积累的功能。jQuery 的插件机制使这种想法成为现实。可以把自己的代码制作成 jQuery 插件，供其他人引用。插件机制大大增强了 jQuery 的可扩展性，扩充了 jQuery 的功能。

▷▷▷ 12.4.1 下载 jQuery 插件

在 jQuery 官方网站中，有一个 Plugins（插件）超链接，单击该超链接，将进入 jQuery 的插件分类列表页面（http://plugins.jquery.com/），如图 12-3 所示。在该页面中，单击分类名称，可以查看每个分类下插件的概要信息及下载超链接。用户也可以在上面的搜索（Search）文本框中输入指定的插件名称，搜索所需插件。

从图 12-3 也可以看出，常用的 jQuery 的插件类别包括 UI 插件、表单插件、幻灯片插件、滚动插件、图像插件、图表插件、布局插件和文字处理插件等。下面讲解在网页中引用 jQuery 插件的方法。

图 12-3 jQuery 的插件分类列表页面

▷▷▷ 12.4.2 引用 jQuery 插件的方法

引用 jQuery 插件的方法比较简单，首先将要使用的插件下载到本地计算机中，然后按照下面的步骤操作，就可以使用插件实现想要的效果了。

1）把下载的插件包含到<head>标签内，并确保它位于主 jQuery 源文件（jquery-3.2.1.min.js）之后。

2）包含一个自定义的 JavaScript 文件，并在其中使用插件创建或扩展的方法。示例代码如下。

```
<head>
    <script src="js/jquery-3.2.1.min.js" type="text/javascript"></script>
    <script src="js/jquery.effect.js" type="text/javascript"></script>
    <script src="js/jquery.overlay.min.js" type="text/javascript"></script>
</head>
```

▷▷ 12.5 jQuery 选择器

选择器为 jQuery 的强大功能提供重要支撑，在 jQuery 中，对事件处理、遍历 DOM 都依赖于选择器。它完全继承了 CSS 的风格，编写和使用非常简单。如果能熟练掌握 jQuery 选择器，不仅能简化程序代码，而且可以达到事半功倍的效果。

在介绍 jQuery 选择器之前，先来介绍一下 jQuery 的工厂函数"$"。

▷▷▷ 12.5.1 jQuery 的工厂函数

在 jQuery 中，无论使用哪种类型的选择符都需要从一个"$"符号和一对"()"开始。在"()"中通常使用字符串参数，参数中可以包含任何 CSS 选择符表达式。

下面介绍几种比较常见的用法。

1. 在参数中使用标记名

例如，$("div")用于获取文档中的全部<div>标签。

2. 在参数中使用 id

例如，$("#username")用于获取文档中 id 属性值为 username 的一个元素。

3. 在参数中使用 CSS 类名

例如，$(".btn_grey")用于获取文档中使用了 CSS 类名为 btn_grey 的所有元素。

12.5.2 jQuery 选择器定义

在页面中要为某个元素添加属性或事件时，第一步必须先准确地找到这个元素，在 jQuery 中可以通过选择器来实现这一重要功能。jQuery 选择器是 jQuery 库中非常重要的部分，它支持网页开发者所熟知的 CSS 语法，能够轻松快速地对页面进行设置。一个典型的 jQuery 选择器的语法格式如下。

```
$(selector).methodName();
```

其中，selector 是一个字符串表达式，用于识别 DOM 中的元素，然后使用 jQuery 提供的方法集合加以设置。

多个 jQuery 操作可以以链的形式串起来，语法格式如下。

```
$(selector).method1().method2().method3();
```

例如，要隐藏 id 为 test 的 DOM 元素，并为它添加名为 content 的样式，代码实现如下。

```
$('#test').hide().addClass('content');
```

jQuery 选择器完全继承了 CSS 选择器的风格，可以将 jQuery 选择器分为 4 类：基础选择器、层次选择器、过滤选择器和表单选择器。

12.6 基础选择器

基础选择器是 jQuery 中最常用的选择器，通过元素的 id、className 或 tagName 来查找页面中的元素，见表 12-2。

表 12-2 基础选择器

选 择 器	描　　述	返　　回
ID 选择器	根据元素的 id 属性进行匹配	单个 jQuery 对象
类名选择器	根据元素的 class 属性进行匹配	jQuery 对象数组
元素选择器	根据元素的标签名进行匹配	jQuery 对象数组
复合选择器	将每个选择器匹配的结果合并后一起返回	jQuery 对象数组
通配符选择器	匹配页面的所有元素，包括 html、head、body 等	jQuery 对象数组

12.6.1 ID 选择器

每个 HTML 元素都有一个 id，可以根据 id 选取对应的 HTML 元素。ID 选择器#id 就是利用 HTML 元素的 id 属性值来筛选匹配的元素，并以 jQuery 包装集的形式返回给对象。这就好像在单位中每个职工都有自己的工号一样，职工的姓名是可以重复的，但是工号却是不能重复的，因此根据工号就可以获取指定职工的信息。ID 选择器的使用方法如下。

```
$("#id");
```

其中，id 为要查询元素的 id 属性值。例如，要查询的 id 属性值为 test 的元素，可以使用下面的 jQuery 代码。

```
$("#test");
```

12.6.2 元素选择器

元素选择器是根据元素名称匹配相应的元素。元素选择器指向的是 DOM 元素的标记名，也就是说，元素选择器是根据元素的标记名选择的。可以把元素的标记名理解成职工的姓名，在一个单位中可能有多个姓名为"张三"的职工，姓名为"王五"的职工也许只有一个，因此通过元素选择器匹配到的元素可能有多个，也可能只有一个。元素选择器的使用方法如下。

```
$("element");
```

其中，element 是要获取的元素的标记名。例如，要获取全部 p 元素，可以使用下面的 jQuery 代码。

```
$("p");
```

12.6.3 类名选择器

类名选择器通过元素拥有的 CSS 类的名称查找匹配的 DOM 元素。在一个页面中，一个元素可以有多个 CSS 类，一个 CSS 类又可以匹配多个元素，只要元素中有一个匹配的类名，该元素就可以被类名选择器选取到。简单地说，类名选择器就是以元素具有的 CSS 类名称查找匹配的元素。类名选择器的使用方法如下。

```
$(".class");
```

其中，class 为要查询元素所用的 CSS 类名。例如，要查询使用了 CSS 类名为 digital 的元素，可以使用下面的 jQuery 代码。

```
$(".digital");
```

12.6.4 复合选择器

复合选择器将多个选择器（可以是 ID 选择器、元素选择器或类名选择器）组合在一起，两个选择器之间以逗号","分隔，只要符合其中的任何一个筛选条件就会被匹配。返回的是一个集合形式的 jQuery 包装集，利用 jQuery 索引器可以取得集合中的 jQuery 对象。

需要注意的是，复合选择器的选择结果是几个选择器结果的并集，而不是它们的交集。复合选择器的使用方法如下。

```
$(" selector1,selector2,selectorN");
```

参数说明如下。
- selector1：一个有效的选择器，可以是 ID 选择器、元素选择器或类名选择器等。
- selector2：另一个有效的选择器，可以是 ID 选择器、元素选择器或类名选择器等。
- selectorN：任意多个选择器，可以是 ID 选择器、元素选择器或类名选择器等。

例如，要查询页面中的全部的<p>标签和使用 CSS 类 test 的<div>标签，可以使用下面的 jQuery 代码。

```
$("p,div.test");
```

12.6.5 通配符选择器

通配符就是指符号"*"，它代表着页面上的每一个元素，也就是说，$("*")将取得页面上所有的 DOM 元素集合的 jQuery 包装集。

12.7 层次选择器

层次选择器通过 DOM 对象的层次关系来获取特定的元素，如同辈元素、后代元素、子元素和相邻元素等。层次选择器的用法与基础选择器相似，也是使用$()函数来实现，返回结果均为 jQuery 对象数组，见表 12-3。

表 12-3 层次选择器

选 择 器	描 述	返 回
$("ancestor descendant")	选取 ancestor 元素中的所有子元素	jQuery 对象数组
$("parent>child")	选取 parent 元素中的直接子元素	jQuery 对象数组
$("prev+next")	选取紧邻 prev 元素之后的 next 元素	jQuery 对象数组
$("prev~siblings")	选取 prev 元素之后的 siblings 兄弟元素	jQuery 对象数组

12.7.1 ancestor descendant 选择器

ancestor descendant 选择器中的 ancestor 代表祖先，descendant 代表子孙，用于在给定的祖先元素下匹配所有的后代元素。ancestor descendant 选择器的使用方法如下。

```
$("ancestor descendant");
```

参数说明如下。
- ancestor：指任何有效的选择器。
- descendant：指用以匹配元素的选择器，并且它是 ancestor 所指定元素的后代元素。

例如，要匹配 div 元素下的全部 img 元素，可以使用下面的 jQuery 代码。

```
$("div img");
```

12.7.2 parent>child 选择器

parent > child 选择器中的 parent 代表父元素，child 代表子元素，用于在给定的父元素下匹配所有的子元素。使用该选择器只能选择父元素的直接子元素。parent > child 选择器的使用方法如下。

```
$("parent > child");
```

参数说明如下。
- parent：指任何有效的选择器。
- child：指用以匹配元素的选择器，并且它是 parent 元素的子元素。

例如，要匹配表单中所有的子元素 input，可以使用下面的 jQuery 代码。

```
$("form > input");
```

12.7.3 prev+next 选择器

prev + next 选择器用于匹配所有紧接在 prev 元素后的 next 元素。其中，prev 和 next 是两个相同级别的元素。prev + next 选择器的使用方法如下。

```
$("prev + next");
```

参数说明如下。
- prev：指任何有效的选择器。
- next：指一个有效选择器并紧接着 prev 选择器。

例如，要匹配<div>标签后的<img>标签，可以使用下面的 jQuery 代码。

```
$("div + img");
```

▷▷ 12.7.4　prev ~ siblings 选择器

prev ~ siblings 选择器用于匹配 prev 元素之后的所有 siblings 元素。其中，prev 和 siblings 是两个同辈元素。prev ~ siblings 选择器的使用方法如下。

```
$("prev ~ siblings");
```

参数说明如下。
- prev：指任何有效的选择器。
- siblings：指一个紧挨着 pre 的有效选择器。

例如，要匹配 div 元素的同辈元素 ul，可以使用下面的 jQuery 代码。

```
$("div ~ ul");
```

需要注意的是，$("prev+next")用于选取紧随 prev 元素之后的 next 元素，且 prev 元素和 next 元素有共同的父元素，功能与$("prev").next("next")相同；而$("prev~siblings")用于选取 prev 元素之后的 siblings 元素，两者有共同的父元素而不必紧邻，功能与$("prev").nextAll("siblings") 相同。

▷▷ 12.8　过滤选择器

基础选择器和层次选择器可以满足大部分 DOM 元素的选取需求，在 jQuery 中还提供了功能更加强大的过滤选择器，可以根据特定的过滤规则来筛选出所需要的页面元素。

过滤选择器又分为简单过滤器、内容过滤器、可见性过滤器和子元素过滤器。

▷▷▷ 12.8.1　简单过滤器

简单过滤器是指以冒号开头，通常用于实现简单过滤效果的过滤器。例如，匹配找到的第一个元素等。jQuery 提供的简单过滤器见表 12-4。

表 12-4　简单过滤器

选择器	描述	返回
:first	选取第一个元素	单个 jQuery 对象
:last	选取最后一个元素	单个 jQuery 对象
:even	选取所有索引值为偶数的元素，索引从 0 开始	jQuery 对象数组
:odd	选取所有索引值为奇数的元素，索引从 0 开始	jQuery 对象数组
:header	选取所有标题元素，如 h1、h2、h3 等	jQuery 对象数组
:foucs	选取当前获取焦点的元素（1.6+版本）	jQuery 对象数组
:root	获取文档的根元素（1.9+版本）	单个 jQuery 对象
:animated	选取所有正在执行动画效果的元素	jQuery 对象数组

(续)

选择器	描述	返回
:eq(index)	选取索引等于 index 的元素，索引从 0 开始	单个 jQuery 对象
:gt(index)	选取索引大于 index 的元素，索引从 0 开始	jQuery 对象数组
:lt(index)	选取索引小于 index 的元素，索引从 0 开始	jQuery 对象数组
:not(selector)	选取 selector 以外的元素	jQuery 对象数组

12.8.2 内容过滤器

内容过滤选择器是指根据元素的文字内容或所包含的子元素的特征进行过滤的选择器，见表 12-5。

表 12-5 内容过滤器

选择器	描述	返回
:contains(text)	选取包含 text 内容的元素	jQuery 对象数组
:has(selector)	选取含有 selector 所匹配元素的元素	jQuery 对象数组
:empty	选取所有不包含文本或者子元素的空元素	jQuery 对象数组
:parent	选取含有子元素或文本的元素	jQuery 对象数组

12.8.3 可见性过滤器

元素的可见状态有两种，分别是隐藏状态和显示状态。可见性过滤器就是利用元素的可见状态匹配元素的。

可见性过滤器也有两种，一种是匹配所有可见元素的:visible 过滤器，另一种是匹配所有不可见元素的:hidden 过滤器，见表 12-6。

表 12-6 可见性过滤器

选择器	描述	返回
:hidden	选取所有不可见元素，或者 type 为 hidden 的元素	jQuery 对象数组
:visible	选取所有的可见元素	jQuery 对象数组

在应用:hidden 过滤器时，display 属性是 none 的元素和 type 属性为 hidden 的 input 元素都会被匹配到。

12.8.4 子元素过滤器

在页面设计过程中需要突出某些行时，可以通过简单过滤器中的:eq()来实现表格中行的突显，但不能让多个表格同时具有相同的效果。

在 jQuery 中，子元素过滤器可以轻松地选取所有父元素中的指定元素，并进行处理，见表 12-7。

表 12-7 子元素过滤器

选择器	描述	返回
:first-child	选取每个父元素中的第一个元素	jQuery 对象数组
:last-child	选取每个父元素中的最后一个元素	jQuery 对象数组

(续)

选 择 器	描 述	返 回
:only-child	当父元素只有一个子元素时才进行匹配；否则不匹配	jQuery 对象数组
:nth-child(N|odd|even)	选取每个父元素中的第 N 个子或奇偶元素	jQuery 对象数组
:first-of-type	选取每个父元素中的第一个元素（1.9+版本）	jQuery 对象数组
:last-of-type	选取每个父元素中的最后一个元素（1.9+版本）	jQuery 对象数组
:only-of-type	选取唯一类型的子元素	jQuery 对象数组

▷▷ 12.9　表单选择器

由于表单在 Web 前端开发中使用较多，在 jQuery 中引入表单选择器能够让用户更加方便地处理表单数据。通过表单选择器可以快速定位到某类表单元素，见表 12-8。

表 12-8　表单选择器

选 择 器	描 述	返 回
:input	选取所有的 input、textarea、select 和 button 元素	jQuery 对象数组
:text	选取所有的单行文本框	jQuery 对象数组
:password	选取所有的密码框	jQuery 对象数组
:radio	选取所有的单选按钮	jQuery 对象数组
:checkbox	选取所有的复选框	jQuery 对象数组
:submit	选取所有的提交按钮	jQuery 对象数组
:image	选取所有的图片按钮	jQuery 对象数组
:button	选取所有的按钮	jQuery 对象数组
:file	选取所有的文件域	jQuery 对象数组
:hidden	选取所有的不可见元素	jQuery 对象数组

【例 12-2】 使用表单选择器统计各个表单元素的数量。本例在浏览器中的显示效果如图 12-4 所示。

图 12-4　表单选择器的页面显示效果

```
<!DOCTYPE html>
<html>
<head>
<meta charset="UTF-8">
<title>表单选择器</title>
<script src="js/jquery-3.2.1.min.js" type="text/javascript"></script>
<style type="text/css">
    *{margin-top:5px;}
    div{height:230px; }
    #formDiv{float:left;padding:4px; width:550px;border:1px solid #666;}
    #showResult{float:right;padding:4px; width:200px; border:1px solid #666;}
</style>
</head>
<body>
  <div id="formDiv">
```

```
        <form id="myform" action="#">
            账  号：<input type="text" /><br />
            用户名：<input type="text" name="userName" /><br />
            密  码：<input type="password" name="userPwd"/><br />
            爱  好：<input type="radio" name="hobby" value="音乐"/>音乐
            <input type="radio" name="hobby" value="舞蹈"/>舞蹈
            <input type="radio" name="hobby" value="足球"/>足球
            <input type="radio" name="hobby" value="游戏"/>游戏<br />
            资料上传：<input type="file" /><br />
            关注工程：<input type="checkbox" name="goodsType" value="废气净化" checked />废气净化
            <input type="checkbox" name="goodsType" value="废物处理" />废物处理
            <input type="checkbox" name="goodsType" value="土壤修复" checked/>土壤修复
            <input type="checkbox" name="goodsType" value="环境监测" />环境监测<br />
            <input type="submit" value="提交" />
            <input type="button" value="重置" /><br />
        </form>
    </div>
    <div id="showResult"></div>
    <script type="text/javascript">
        $(function(e){
            var result="统计结果如下：<hr/>";
            result+="<br />&lt;input&gt;标签的数量为："+$(":input").length;
            result+="<br />单行文本框的数量为："+$(":text").length;
            result+="<br />密码框的数量为："+$(":password").length;
            result+="<br />单选按钮的数量为："+$(":radio").length;
            result+="<br />上传文本域的数量为："+$(":file").length;
            result+="<br />复选框的数量为："+$(":checkbox").length;
            result+="<br />提交按钮的数量为："+$(":submit").length;
            result+="<br />普通按钮的数量为："+$(":button").length;
            $("#showResult").html(result);
        });
    </script>
</body>
</html>
```

习题 12

1. 简述 HTML 页面中引入 jQuery 类库文件的方法。
2. 简述 DOM 对象和 jQuery 对象的区别。
3. 如何将 jQuery 对象转换成 DOM 对象？
4. 在网页中使用 p 元素定义了一个字符串"单击我，我就会消失。"，通过 jQuery 编程实现单击 p 元素时隐藏 p 元素，如图 12-5 所示。

图 12-5 题 4 图

5. 下载 jQuery 插件，实现如图 12-6 所示的 5 种幻灯片切换效果。

图 12-6 题 5 图

6. 综合使用 jQuery 选择器制作斑马线表格页面，鼠标指向表格中的某行时该行变色，如图 12-7 所示。

图 12-7 题 6 图

第 13 章 jQuery 动画与 UI 插件

动画可以更直观生动地表现出设计者的意图，在网页中嵌入动画已成为近来网页设计的一种趋势，而程序开发人员一般都比较头痛如何实现页面中的动画效果。利用 jQuery 中提供的动画和特效方法，程序开发人员能够轻松地为网页添加精彩的动画效果，从而给用户一种全新的体验。

13.1 jQuery 的动画方法

jQuery 的动画方法总共分成 4 类。
- 基本动画方法：既有透明度渐变，又有滑动效果，是最常用的动画效果方法。
- 滑动动画方法：仅适用于滑动渐变动画效果。
- 淡入淡出动画方法：仅适用透明度渐变动画效果。
- 自定义动画方法：作为上述三种动画方法的补充和扩展。

利用这些动画方法，jQuery 可以很方便地在 HTML 元素上实现动画效果，见表 13-1。

表 13-1 jQuery 的动画方法

方　　法	描　　述
show()	用于显示出被隐藏的元素
hide()	用于隐藏可见的元素
slideUp()	以滑动的方式隐藏可见的元素
slideDown()	以滑动的方式显示隐藏的元素
slideToggle()	以滑动的方式，在显示和隐藏状态之间进行切换
fadeIn()	使用淡入效果来显示一个隐藏的元素
fadeTo()	使用淡出效果来隐藏一个元素
fadeToggle()	在 fadeIn()和 fadeOut()方法之间切换
animate()	用于创建自定义动画的函数
stop()	用于停止当前正在运行的动画
delay()	用于将队列中的函数延时执行
finish()	停止当前正在运行的动画，删除所有排队的动画，并完成匹配元素所有的动画

13.2 显示与隐藏效果

页面中元素的显示与隐藏效果是最基本的动画效果，jQuery 提供了 hide()和 show()方法来实现此功能。

13.2.1 隐藏元素的方法

hide()方法用于隐藏页面中可见的元素，按照指定的隐藏速度，元素逐渐改变高度、宽度、外边距、内边距以及透明度，使其从可见状态切换到隐藏状态。

hide()方法相当于将元素 CSS 样式属性 display 的值设置为 none，它会记住原来的 display 的值。hide()方法有两种语法格式。

1. 格式一

格式一是不带参数的形式，用于实现不带任何效果的隐藏匹配元素，其语法格式如下。

```
hide()
```

例如，要隐藏页面中的全部图片，可以使用下面的代码。

```
$("img").hide();
```

2. 格式二

格式二是带参数的形式，用于以动画隐藏所有匹配的元素，并在隐藏完成后可以有选择地触发一个回调函数，其语法格式如下。

```
hide(speed,[callback])
```

参数说明如下。

- speed：参数 speed 表示元素从可见到隐藏的速度。其默认为 0，可选值为 slow、normal、fast 和代表毫秒数的整数值。在设置速度的情况下，元素从可见到隐藏的过程中，会逐渐地改变其高度、宽度、外边距、内边距和透明度。
- callback：可选参数，用于指定隐藏完成后要触发的回调函数。

例如，要在 500ms 内隐藏页面中 id 为 logo 的元素，可以使用下面的代码。

```
$("#logo").hide(500);
```

jQuery 的任何动画效果都可以使用默认的 3 个参数，slow（600ms）、normal（400ms）和 fast（200ms）。在使用默认参数时需要加引号，例如 show("slow")；使用自定义参数时，不需要加引号，例如 show(500)。

▷▷▷ 13.2.2 显示元素的方法

show()方法用于显示页面中隐藏的元素，按照指定的显示速度，元素逐渐改变高度、宽度、外边距、内边距以及透明度，使其从隐藏状态切换到完全可见状态。

show()方法相当于将元素 CSS 样式属性 display 的值设置为 block 或 inline 或除了 none 以外的值，它会恢复为应用 display:none 之前的可见属性。show()方法有两种语法格式。

1. 格式一

格式一是不带参数的形式，用于实现不带任何效果的显示匹配元素，其语法格式如下。

```
show()
```

例如，要显示页面中的全部图片，可以使用下面的代码。

```
$("img").show();
```

2. 格式二

格式二是带参数的形式，用于以动画显示所有匹配的元素，并在显示完成后可以有选择地触发一个回调函数，其语法格式如下。

```
show(speed, [callback])
```

show()方法的参数说明与 hide()方法的参数说明相同，这里不再赘述。

例如，要在500ms内显示页面中id为logo的元素，可以使用下面的代码。

```
$("#logo").show(500);
```

【例13-1】 显示与隐藏动画效果示例。本例在浏览器中的显示效果如图13-1所示。

图13-1 显示与隐藏动画的页面显示效果

```
<!DOCTYPE html>
<html>
    <head>
        <meta charset="UTF-8">
        <title>显示与隐藏动画效果</title>
        <script src="js/jquery-3.2.1.min.js" type="text/javascript">
        </script>
    </head>
    <body>
        <div>
            <input type="button" value="显示图片" id="showDefaultBtn" />
            <input type="button" value="隐藏图片" id="hideDefaultBtn" />
            <input type="button" value="慢速显示" id="showSlowBtn" />
            <input type="button" value="慢速隐藏" id="hideSlowBtn" /><br/>
        </div>
        <hr/>
        <img id="showImg" src="images/01.jpg">
        <script type="text/javascript">
            $(function(e) {
                $("#showDefaultBtn").click(function() {
                    $("#showImg").show();
                });
                $("#hideDefaultBtn").click(function() {
                    $("#showImg").hide();
                });
                $("#showSlowBtn").click(function() {
                    $("#showImg").show(1000);
                });
                $("#hideSlowBtn").click(function() {
                    $("#showImg").hide(1000);
                });
            });
        </script>
    </body>
</html>
```

13.3 淡入淡出效果

如果在显示或隐藏元素时不需要改变元素的宽度和高度，只改变元素的透明度时，就要使用淡入淡出的动画效果了。

13.3.1 淡入效果

fadeIn()方法用于淡入显示已隐藏的元素。与show()方法不同的是，fadeIn()方法只是改变元素的不透明度，该方法会在指定的时间内提高元素的不透明度，直到元素完全显示。语法格式如下。

```
fadeIn(speed,callback)
```

参数说明如下。
- speed：参数 speed 是可选的，用来设置效果的时长。其取值可以为 slow、fast 或表示毫秒数的整数。
- callback：参数 callback 也是可选的，表示淡入效果完成后所执行的函数名称。

13.3.2 淡出效果

jQuery 中的 fadeOut()方法用于淡出可见元素。该方法与 fadeIn()方法相反，会在指定的时间内降低元素的不透明度，直到元素完全消失。fadeOut()方法的基本语法格式如下。

```
fadeOut(speed,callback)
```

其参数的含义与 fadeIn()方法中参数的含义完全相同。

【例 13-2】 淡入淡出效果示例。单击"图片淡入"按钮，可以看到 3 幅图片同时淡入，但速度不同；单击"图片淡出"按钮，可以看到 3 幅图片同时淡出，但速度不同。本例在浏览器中的显示效果如图 13-2 所示。

图 13-2 淡入与淡出的页面显示效果

```
<!DOCTYPE html>
<html>
    <head>
        <meta charset="UTF-8">
        <title>淡入与淡出动画效果</title>
        <style>
            img {
                border: 10px solid #ddd;                    /*图片加边框*/
                margin-top: 10px;
            }
        </style>
```

```html
            <script                                src="js/jquery-3.2.1.min.js"
type="text/javascript"></script>
            <script type="text/javascript">
                $(document).ready(function() {
                    $("#btnFadeIn").click(function() {
                        $("#img1").fadeIn();           //正常淡入
                        $("#img2").fadeIn("slow");    //慢速淡入
                        $("#img3").fadeIn(3000);      //自定义淡入速度（更加缓慢）
                    });
                    $("#btnFadeOut").click(function() {
                        $("#img1").fadeOut();          //正常淡出
                        $("#img2").fadeOut("slow");   //慢速淡出
                        $("#img3").fadeOut(3000);     //自定义淡出速度（更加缓慢）
                    });
                });
            </script>
        </head>
        <body>
            <p>不同速度的淡入与淡出动画效果</p>
            <button id="btnFadeIn">图片淡入</button>
            <button id="btnFadeOut">图片淡出</button>
            <br><br>
            <img src="images/01.jpg" id="img1" />
            <img src="images/02.jpg" id="img2" />
            <img src="images/03.jpg" id="img3" />
        </body>
    </html>
```

▷▷▷ 13.3.3 元素的不透明效果

fadeTo()方法可以把元素的不透明度以渐进方式调整到指定的值。这个动画效果只是调整元素的不透明度，匹配元素的高度和宽度不会发生变化。该方法的基本语法格式如下。

fadeTo(speed,opacity,callback)

参数说明如下。

- speed：表示元素从当前透明度到指定透明度的速度，可选值为 slow、normal、fast 和代表毫秒数的整数值。
- opacity：是必选项，表示要淡入或淡出的透明度，其值必须是在 0.00～1.00 之间的数字。
- callback：是可选项，表示 fadeTo()函数执行完之后要执行的函数。

▷▷▷ 13.3.4 交替淡入淡出效果

jQuery 中的 fadeToggle()方法可以实现 fadeIn()与 fadeOut()方法之间的切换。如果元素已淡出，则 fadeToggle()会向元素添加淡入效果。如果元素已淡入，则 fadeToggle()会向元素添加淡出效果。

fadeToggle()方法的基本语法格式如下。

fadeToggle(speed,callback)

其参数的含义与 fadeIn()方法中参数的含义完全相同。

fadeToggle()方法与 fadeTo()方法的区别是，fadeToggle()方法将元素隐藏后元素不再占据页面空间，而 fadeTo()方法隐藏后的元素仍然占据页面位置。

13.4 滑动效果

jQuery 提供了 slideDown()方法（以滑动的方式显示匹配的元素）、slideUp()方法（以滑动的方式隐藏匹配的元素）和 slideToggle()方法（用于动态切换元素的可见性）来实现滑动效果。通过滑动效果改变元素高度的效果，又称"拉窗帘"效果。

13.4.1 向下展开效果

jQuery 提供了 slideDown()方法用于向下滑动元素。该方法通过改变元素的高度（向下展开效果），逐渐显示隐藏的被选元素，直到元素完全显示为止，在显示元素后触发一个回调函数。

该方法实现的效果适用于通过 jQuery 隐藏的元素，或在 CSS 中声明"display:none"的元素。语法格式如下。

```
slideDown(speed,[callback])
```

其参数的含义与 fadeIn()方法中参数的含义完全相同。

例如，要在 500ms 内向下滑动以显示页面中 id 为 logo 的元素，可以使用下面的代码。

```
$("#logo").slideDown(500);
```

如果元素已经是完全可见的，则该效果不产生任何变化，除非规定了 callback 函数。

13.4.2 向上收缩效果

jQuery 中的 slideUp()方法用于向上滑动元素。该方法通过改变元素的高度（向上收缩效果），逐渐隐藏被选元素，直到元素完全隐藏为止。如果页面中的一个元素的 display 属性值为"none"，则当调用 slideUp()方法时，元素将由下到上收缩显示。语法格式如下。

```
$(selector).slideUp(speed,callback)
```

其参数的含义与 fadeIn()方法中参数的含义完全相同。

例如，要在 500ms 内向上滑动收缩页面中的 id 为 logo 的元素，可以使用下面的代码。

```
$("#logo").slideUp(500);
```

如果元素已经是完全隐藏的，则该效果不产生任何变化，除非规定了 callback 函数。

13.4.3 交替伸缩效果

jQuery 中的 slideToggle()方法通过改变元素的高度（滑动效果）来切换元素的可见状态。在使用 slideToggle()方法时，如果元素是可见的，就通过减小高度使全部元素隐藏；如果元素是隐藏的，就通过增加元素的高度使元素最终全部可见。语法格式如下。

```
$(selector).slideToggle(speed,callback)
```

其参数的含义与 fadeIn()方法中参数的含义完全相同。

例如，要实现单击 id 为 switch 的图片时，控制菜单的显示或隐藏（默认为不显示，奇数次单击时显示，偶数次单击时隐藏），可以使用下面的代码。

```
$("#switch").click(function(){
    $("#menu").slideToggle(500);              //显示/隐藏菜单
});
```

【例 13-3】 滑动效果示例。单击"向下展开"按钮，div 元素中的内容从上往下逐渐展开；单击"向上收缩"按钮，div 元素中的内容从下往上逐渐折叠；单击"交替伸缩"按钮，div 元素中的内容可以向下展开或向上收缩。本例在浏览器中的显示效果如图 13-3 所示。

图 13-3 滑动的页面显示效果

```html
<!DOCTYPE html>
<html>
    <head>
        <meta charset="UTF-8">
        <title>滑动效果示例</title>
        <style type="text/css">
            div.panel {
                margin: 0px;
                padding: 5px;
                background: #e5eecc;
                border: solid 1px #c3c3c3;
                text-indent: 2em;
                height: 160px;
                display: none;         /*初始状态是隐藏div中的内容*/
            }
        </style>
        <script src="js/jquery-3.2.1.min.js" type="text/javascript">
        </script>
        <script type="text/javascript">
            $(document).ready(function() {
                $("#btnSlideDown").click(function() {
                    $(".panel").slideDown("slow");         //向下展开
                });
                $("#btnSlideUp").click(function() {
                    $(".panel").slideUp("slow");           //向上收缩
                });
                $("#btnSlideUpDown").click(function() {
                    $(".panel").slideToggle("slow");       //交替伸缩
                });
            });
        </script>
    </head>
    <body>
        <div class="panel">
            <p>爱心缔造品质旗下品牌，健康食品的供应商</p>
```

```html
                <p>我们要用健康味道,带您感受大自然……(此处省略文字)</p>
            </div>
            <p align="center">
                <button id="btnSlideDown">向下展开</button>
                <button id="btnSlideUp">向上收缩</button>
                <button id="btnSlideUpDown">交替伸缩</button>
            </p>
    </body>
</html>
```

13.5 jQuery UI 概述

jQuery UI 是一个建立在 jQuery JavaScript 库上的小部件和交互库,它是由 jQuery 官方维护的一类提高网站开发效率的插件库,用户可以使用它创建高度交互的 Web 应用程序。

13.5.1 jQuery UI 简介

1. jQuery UI 的特性

jQuery UI 是以 jQuery 为基础的开源 JavaScript 网页用户界面代码库,它包含底层用户交互、动画、特效和可更换主题的可视组件,其主要特性如下。

1)简单易用:继承 jQuery 简单易用的特性,提供高度抽象接口,短期改善网站易用性。

2)开源免费:采用 MIT&GPL 双协议授权,轻松满足自创产品至企业产品的各种授权需求。

3)广泛兼容:兼容各主流桌面浏览器。包括 IE 6+、Firefox 2+、Opera 9+、Chrome 1+。

4)轻便快捷:组件间相对独立,可按需加载,避免浪费带宽,拖慢网页打开速度。

5)标准先进:通过标准 XHTML 代码提供渐进增强,保证低端环境可访问性。

6)美观多变:提供近 20 种预设主题,并可自定义多达 60 项可配置样式规则,提供 24 种背景纹理。

2. jQuery UI 与 jQuery 的区别

jQuery UI 与 jQuery 的主要区别如下。

1)jQuery 是一个 JS 库,主要提供选择器、属性修改和事件绑定等功能。

2)jQuery UI 是在 jQuery 的基础上,利用 jQuery 的扩展性设计的插件,提供了一些常用的界面元素,诸如对话框、拖动行为、改变大小行为等。

13.5.2 jQuery UI 的下载

在使用 jQuery UI 之前,需要下载 jQuery UI 库。下载步骤如下。

1)在浏览器中输入网址 www.jqueryui.com,进入如图 13-4 所示的 jQuery UI 下载页面。

2)单击"Custom Download"按钮,进入 jQuery UI 的 Download Builder 页面(jqueryui.com/download/),如图 13-5 所示。在 Download Builder 页面中可下载 jQuery UI、UI 核心(UI Core)、交互部件(Interaction)、小部件(Widget)和效果库(Effect)。

jQuery UI 中的一些组件依赖于其他组件,当选中这些组件时,它所依赖的其他组件也都会自动被选中。

第 13 章　jQuery 动画与 UI 插件

图 13-4　jQuery UI 下载页面

图 13-5　Download Builder 页面

3）在 Download Builder 页面的左下角，可以看到一个下拉列表框，其中列出了一系列为 jQuery UI 插件预先设计的主题，用户可以从这些主题中选择一个，如图 13-6 所示。

图 13-6　选择 jQuery UI 主题

4）单击"Download"按钮，即可下载选择的 jQuery UI。

13.5.3　jQuery UI 的使用

jQuery UI 下载完成后，将得到一个包含所选组件的自定义 zip 文件（jquery-ui-1.12.1.custom.zip），解压缩该文件，结果如图 13-7 所示。

在网页中使用 jQuery UI 插件时，需要将图 13-7 中的所有文件及文件夹（即解压缩之后的 jquery-ui-1.12.1.custom 文件夹）复制到网页所在的文件夹下，然后在网页的 \<head\> 标签区域添加 jquery-ui.css 文件、

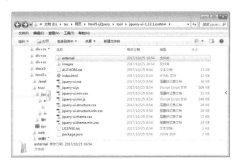

图 13-7　jQuery UI 的文件组成

jquery-ui.js 文件及 external/jquery 文件夹下 jquery.js 文件的引用，代码如下。

```
<link rel="stylesheet" href="jquery-ui-1.12.1.custom/jquery-ui.css" />
<script src="jquery-ui-1.12.1.custom/external/jquery/jquery.js"></script>
<script src="jquery-ui-1.12.1.custom/jquery-ui.js"></script>
```

一旦引用了上面 3 个文件，开发人员即可向网页中添加 jQuery UI 插件。比如，要在网页中添加一个日期选择器，即可使用下面的代码实现。

网页结构代码如下。

```
<div id="slider"></div>
```

调用日期选择器插件的 JavaScript 代码如下。

```
<script>
    $(function(){
        $("#datepicker").datepicker();
```

```
        });
    </script>
```

▷▷▷ 13.5.4　jQuery UI 的工作原理

jQuery UI 包含了许多维持状态的插件，它与典型的 jQuery 插件使用模式略有不同。jQuery UI 插件库提供了通用的 API，因此，只要学会使用其中一个插件，即可知道如何使用其他的插件。本节以进度条（progressbar）插件为例，介绍 jQuery UI 插件的工作原理。

1. 安装

为了跟踪插件的状态，需要先介绍一下插件的生命周期。当插件安装时，生命周期开始，只需要在一个或多个元素上调用插件，即安装了插件。比如，下面的代码开始 progressbar 插件的生命周期。

```
$("#elem" ).progressbar();
```

另外，在安装时还可以传递一组选项，这样即可重写默认选项，代码如下。

```
$("#elem").progressbar({value:40});
```

说明：安装时传递的选项数目多少可根据自身的需要而定，选项是插件状态的组成部分，所以也可以在安装后再进行选项设置。

2. 方法

既然插件已经初始化，开发人员就可以查询它的状态，或者在插件上执行动作。所有初始化后的动作都以方法调用的形式进行。为了在插件上调用一个方法，可以向 jQuery 插件传递方法的名称。

例如，为了在进度条（progressbar）插件上调用 value()方法，可以使用下面的代码。

```
$("#elem").progressbar("value");
```

如果方法接受参数，可以在方法名后传递参数。例如，下面的代码将参数 60 传递给 value 方法。

```
$("#elem").progressbar("value",60);
```

每个 jQuery UI 插件都有自己的一套基于插件提供功能的方法，然而，有些方法是所有插件共同具有的，下面分别进行讲解。

（1）option 方法

option 方法主要用来在插件初始化之后改变选项，例如，通过调用 option 方法将进度条的 value 改为 30，代码如下。

```
$("#elem").progressbar("option","value",30);
```

需要注意的是，上面的代码与初始化插件时调用 value 方法设置选项的方法$("#elem").progressbar("value",60);有所不同，这里是调用 option 方法将 value 选项修改为 30。

另外，也可以通过给 option 方法传递一个对象，一次更新多个选项，代码如下。

```
$("#elem").progressbar("option",{
    value: 100,
    disabled: true
});
```

需要注意的是，option 方法有着与 jQuery 代码中取值器和设置器相同的标志，就像.css()

和.attr()，唯一的不同就是必须将字符串"option"作为第一个参数。

（2）disable 方法

disable 方法用来禁用插件，它等同于将 disabled 选项设置为 true。例如，下面的代码用来将进度条设置为禁用状态。

```
$("#elem").progressbar("disable");
```

（3）enable 方法

enable 方法用来启用插件，它等同于将 disabled 选项设置为 false。例如，下面的代码用来将进度条设置为启用状态。

```
$("#elem").progressbar("enable");
```

（4）destroy 方法

destroy 方法用来销毁插件，使插件返回到最初的标记，这意味着插件生命周期的终止。例如，下面的代码销毁进度条插件。

```
$("#elem").progressbar("destroy");
```

一旦销毁了一个插件，就不能在该插件上调用任何方法，除非再次初始化这个插件。

（5）widget 方法

widget 方法用来生成包装器元素，或与原始元素断开连接的元素。例如，下面的代码中，widget 将返回生成的元素，因为，在进度条（progressbar）实例中，没有生成的包装器，widget 方法返回原始的元素。

```
$("#elem").progressbar("widget");
```

3．事件

所有的 jQuery UI 插件都有跟它们各种行为相关的事件，用于在状态改变时通知用户。对于大多数的插件，当事件被触发时，插件名称作为事件名称的前缀。例如，可以绑定进度条（progressbar）的 change 事件，一旦值发生变化时就触发，代码如下。

```
$("#elem").bind("progressbarchange",function(){
    alert("进度条的值发生了改变!");
});
```

每个事件都有一个相对应的回调，作为选项进行呈现，开发人员可以使用进度条（progressbar）的 change 选项进行回调，这等同于绑定 progressbarchange 事件，代码如下。

```
$("#elem").progressbar({
    change: function(){
        alert("进度条的值发生了改变!");
    }
});
```

▷▷ 13.6 jQuery UI 的常用插件

jQuery UI 提供了许多实用性的插件，包括常用的折叠面板、日期选择器、标签页等。本节将对 jQuery UI 中常用的插件及其使用方法进行详细讲解。

▷▷▷ 13.6.1 折叠面板插件

折叠面板（Accordion）用来在一个有限的空间内显示用于呈现信息的可折叠的内容面板，

单击头部可展开或者折叠划分成的各个逻辑组成部分。

折叠面板（<accordion>标签）由一对标题和内容面板组成，比如，使用一系列的标题（<h3>标签）和内容（<div>标签），代码如下：

```
<div id="accordion">
    <h3>第一标题</h3>
    <div>第一内容面板</div>
    <h3>第二标题</h3>
    <div>第二内容面板</div>
    <h3>第三标题</h3>
    <div>第三内容面板</div>
</div>
```

折叠面板的常用选项见表 13-2。

表 13-2 折叠面板的常用选项

选项	类型	说明
active	Boolean 或 Integer	当前打开哪一个面板
animate	Boolean 或 Number 或 String 或 Object	是否使用动画改变面板，且如何使用动画改变面板
collapsible	Boolean	所有部分是否都可以马上关闭，允许折叠激活的部分
disabled	Boolean	如果设置为 true，则禁用该 accordion
event	String	accordion 头部面板会作出反应的事件，用以激活相关的面板。可以指定多个事件，用空格间隔
header	Selector	标题元素的选择器，通过 accordion 元素上的.find()进行应用。内容面板必须是紧跟在与其相关的标题后的同级元素
heightStyle	String	控制 accordion 和每个面板的高度
icons	Object	标题要使用的图标，与 jQuery UI CSS 框架提供的图标（Icons）匹配。设置为 false 时不显示图标

折叠面板的常用方法见表 13-3。

表 13-3 折叠面板的常用方法

方法	说明
destroy()	完全移除 accordion 功能。这会把元素返回到它的初始化状态
disable()	禁用 accordion
enable()	启用 accordion
option(optionName)	获取当前与指定的 optionName 关联的值
option()	获取一个包含键/值对的对象，键/值对表示当前 accordion 选项哈希值
option(optionName,value)	设置与指定的 optionName 关联的 accordion 选项的值
option(options)	为 accordion 设置一个或多个选项
refresh()	处理任何在 DOM 中直接添加或移除的标题和面板，并重新计算 accordion 的高度，结果取决于内容和 heightStyle 选项
widget()	返回一个包含 accordion 的 jQuery 对象

折叠面板的常用事件见表 13-4。

表 13-4　折叠面板的常用事件

事　件	说　明
activate(event,ui)	面板被激活后触发(在动画完成之后)。如果 accordion 之前是折叠的,则 ui.oldHeader 和 ui.oldPanel 将是空的 jQuery 对象。如果 accordion 正在折叠,则 ui.newHeader 和 ui.newPanel 将是空的 jQuery 对象
beforeActivate(event,ui)	面板被激活前直接触发。可以取消以防止面板被激活。如果 accordion 当前是折叠的,则 ui.oldHeader 和 ui.oldPanel 将是空的 jQuery 对象。如果 accordion 正在折叠,则 ui.newHeader 和 ui.newPanel 将是空的 jQuery 对象
create(event,ui)	创建 accordion 时触发。如果 accordion 是折叠的,ui.header 和 ui.panel 将是空的 jQuery 对象

【例 13-4】　使用<accordion>标签实现一个折叠面板,第一个面板默认为展开状态。本例在浏览器中的显示效果如图 13-8 所示。

图 13-8　折叠面板的页面显示效果

```
<!DOCTYPE html>
<html>
    <head>
        <meta charset="UTF-8">
        <title>折叠面板（Accordion）插件</title>
        <link rel="stylesheet" href="jquery-ui-1.12.1.custom/jquery-ui.css" />
        <script src="jquery-ui-1.12.1.custom/external/jquery/jquery.js"></script>
        <script src="jquery-ui-1.12.1.custom/jquery-ui.js"></script>
        <script>
            $(function() {
                $("#accordion").accordion({
                    heightStyle: "fill"     //自动设置折叠面板的尺寸为父容器的高度
                });
            });
        </script>
    </head>
    <body>
        <h3 class="docs">爱心包装后台管理系统</h3>
        <div class="ui-widget-content" style="width:300px;">
            <div id="accordion">
                <h3>广告管理</h3>
                <div>
                    <p>新品推广</p>
                    <ul>
                        <li>化妆品</li>
```

```
                    <li>爱心酒</li>
                    <li>外婆面</li>
                </ul>
            </div>
            <h3>用户管理</h3>
            <div>
                <p>添加用户</p>
                <p>删除用户</p>
                <p>权限设置</p>
            </div>
        </div>
    </div>
</body>
</html>
```

【说明】由于折叠面板是由块级元素组成的，默认情况下，它的宽度会填充可用的水平空间。为了填充由容器分配的垂直空间，设置 heightStyle 选项为"fill"，脚本会自动设置折叠面板的尺寸为父容器的高度。

13.6.2 日期选择器插件

日期选择器（Datepicker）主要用来从弹出框或在线日历中选择一个日期。使用该插件时，可以自定义日期的格式和语言，也可以限制可选择的日期范围等。

默认情况下，当相关的文本域获得焦点时，在一个小的覆盖层打开日期选择器。对于一个内联的日历，只须简单地将日期选择器附加到 div 或者 span 元素上。

日期选择器的常用方法见表 13-5。

表 13-5　日期选择器的常用方法

方　法	说　明
$.datepicker.setDefaults(settings)	为所有的日期选择器改变默认设置
$.datepicker.formatDate(format,date,settings)	格式化日期为一个带有指定格式的字符串值
$.datepicker.parseDate(format,value,settings)	从一个指定格式的字符串值中提取日期
$.datepicker.iso8601Week(date)	确定一个给定的日期在一年中的第几周：1 到 53
$.datepicker.noWeekends	设置如 beforeShowDay 函数，防止选择周末

【例 13-5】 通过使用日期选择器（Datepicker）插件选择日期并格式化，显示在文本框中，在选择日期时，同时提供两个月的日期供选择，而且在选择时，可以修改年份信息和月份信息。本例在浏览器中的显示效果如图 13-9 所示。

```
<!DOCTYPE html>
<html>
    <head>
        <meta charset="UTF-8">
        <title>日期选择器（Datepicker）插件</title>
        <link rel="stylesheet" href="jquery-ui-1.12.1.custom/jquery-ui.css" />
        <script src="jquery-ui-1.12.1.custom/external/jquery/jquery.js">
</script>
        <script src="jquery-ui-1.12.1.custom/jquery-ui.js"></script>
```

```html
<script>
    $(function() {
        $("#datepicker").datepicker({
            showButtonPanel: true, //显示按钮面板
            numberOfMonths: 2, //显示两个月
            changeMonth: true, //允许切换月份
            changeYear: true, //允许切换年月份
            showWeek: true, //显示星期
            firstDay: 1 //显示每月从第一天开始
        });
        $("#format").change(function() {
            $("#datepicker").datepicker("option", "dateFormat", $(this).val());
        });
    });
</script>
</head>
<body>
    <p>日期：<input type="text" id="datepicker"></p>
    <p>格式选项：<br>
        <select id="format">
            <option value="mm/dd/yy">mm/dd/yyyy 格式</option>
            <option value="yy-mm-dd">yyyy-mm-dd 格式</option>
            <option value="d M, y">短日期格式 - d M, y</option>
            <option value="DD, d MM, yy">长日期格式 - DD, d MM, yy</option>
        </select>
    </p>
</body>
</html>
```

图 13-9　日期选择器的页面显示效果

13.6.3　标签页插件

标签页（Tabs）是一种多面板的单内容区，每个面板与列表中的标题相关，单击标签页，可以切换显示不同的逻辑组成部分。

标签页有一组必须使用的特定标记，以便标签页能正常工作，分别如下。

- 标签页必须在一个有序列表（<ol>标签）或无序列表（<ul>标签）中。
- 每个标签页的"title"必须在一个列表项（<li>标签）的内部，且必须用一个带有 href 属性的锚（<a>标签）包围。
- 每个标签页面板可以是任意有效的元素，但是它必须带有一个 id，该 id 与相关标签页的锚中的哈希值相对应。

每个标签页面板的内容可以在页面中定义好,这种方式是基于与标签页相关的锚的 href 而系统自动处理的。默认情况下,标签页在单击时激活,但是通过 event 选项可以改变或覆盖默认的激活事件。例如,可以将默认的激活事件设置为鼠标经过标签页时激活,代码如下。

```
event:"mouseover"
```

【例 13-6】 使用标签页(Tabs)制作一个关于爱心包装公司介绍的标签页,当光标经过标签页时打开标签页内容,当光标二次经过标签页时隐藏标签页内容。本例在浏览器中的显示效果如图 13-10 所示。

图 13-10　标签页的页面显示效果

```
<!DOCTYPE html>
<html>
    <head>
        <meta charset="UTF-8">
        <title>标签页(Tabs)</title>
        <link rel="stylesheet" href="jquery-ui-1.12.1.custom/jquery-ui.css" />
        <script src="jquery-ui-1.12.1.custom/external/jquery/jquery.js"></script>
        <script src="jquery-ui-1.12.1.custom/jquery-ui.js"></script>
        <script>
            $(function() {
                $("#tabs").tabs({
                    collapsible: true,
                    event: "mouseover"  //默认的激活事件设置为鼠标经过标签页时激活
                });
            });
        </script>
    </head>
    <body>
        <div id="tabs">
            <ul>
                <li>
                    <a href="#tabs-1">新闻中心</a>
                </li>
                <li>
                    <a href="#tabs-2">业界交流</a>
                </li>
                <li>
                    <a href="#tabs-3">经营模式</a>
                </li>
            </ul>
```

```html
        <div id="tabs-1">
            <p><strong>鼠标二次经过标签页可以隐藏内容</strong></p>
            <p> 2021 年 1 月 10 日,爱心包装首家体验……(此处省略内容)</p>
        </div>
        <div id="tabs-2">
            <p><strong>鼠标二次经过标签页可以隐藏内容</strong></p>
            <p>各界知名人士应邀出席,一同为专卖店……(此处省略内容)</p>
        </div>
        <div id="tabs-3">
            <p><strong>鼠标二次经过标签页可以隐藏内容</strong></p>
            <p>爱心包装采用标准化和定制化服务相结合……(此处省略内容)</p>
        </div>
    </div>
</body>
</html>
```

习题 13

1. 编写程序实现正方形不同的淡入与淡出动画效果,如图 13-11 所示。

图 13-11 题 1 图

2. 制作向上滚动的动态新闻效果,每隔 3s 新闻信息就会向上滚动,如图 13-12 所示。

图 13-12 题 2 图

3. 制作爱心画廊幻灯片切换效果。页面加载后,每隔一段时间,图片自动切换到下一幅画面;用户单击图片右下方的数字,将直接切换到相应的画面;用户单击超链接文字,可以打开相应的网页。本例文件在浏览器中的显示效果如图 13-13 所示。

图 13-13　题 3 图

4．使用 jQuery UI 折叠面板插件制作如图 13-14 所示的页面。页面加载后，折叠面板中的每个子面板都带有图标，单击"切换图标"按钮，隐藏子面板的图标，可以反复切换图标的显示与隐藏状态。

图 13-14　题 4 图

5．使用 jQuery UI 自动完成插件的更新，如图 13-15 所示。在文本框中输入关键字，实现"分类"智能查询。

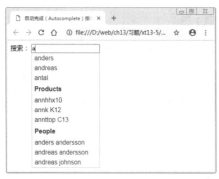
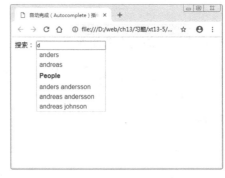

图 13-15　题 5 图

第 14 章 爱心包装网站开发综合案例

本章主要运用前面章节讲解的各种网页制作技术介绍网站的开发流程，从而进一步巩固网页设计与制作的基本知识。

▷▷ 14.1 网站的开发流程

在讲解具体页面的制作之前，首先简单介绍一下网站的开发流程。典型的网站开发流程包括以下几个阶段。

① 规划站点：包括确立站点的策略或目标、确定所面向的用户及站点的数据需求。
② 网站制作：包括设置网站的开发环境、规划页面设计和布局、创建内容资源等。
③ 测试站点：测试页面的超链接及网站的兼容性。
④ 发布站点：将站点发布到服务器上。

1. 规划站点

创建网站首先要对站点进行规划，规划的范围包括确定网站的服务职能、服务对象、所要表达的内容等，还要考虑站点文件的结构等。在着手开发站点之前认真进行规划，能够在以后节省大量的时间。

（1）确定建站的目的

创建网站的目的通常是为了宣传推广企业，提高企业的知名度，增加企业之间的合作，爱心包装网站正是在这样的业务背景下创建的。

（2）确定网站的内容

内容决定一切，内容价值决定了浏览者是否有兴趣继续关注网站。爱心包装网站的主要功能模块包括关于我们、产品展示、招贤纳士、商务合作等。

（3）使用合理的文件夹保存文档

若要有效地规划和组织站点，除了规划站点的内容外，就是规划站点的基本结构和文件的位置，可以使用文件夹来合理构建文档结构。首先为站点建立一个根文件夹（根目录），在其中创建多个子文件夹，然后将文档分门别类存储到相应的文件夹下。设计合理的站点结构，能够提高工作效率，方便对站点的管理。

（4）使用合理的文件名称

当网站的规模变得很大的时候，使用合理的文件名就显得十分必要，文件名应该容易理解且便于记忆，通过文件名就能知道网页表述的内容。Web 服务器使用英文操作系统，不支持中文文件名，中文文件名可能导致浏览错误或访问失败。如果开发人员对英文表述不熟悉，可以使用汉语拼音作为文件名称。

2．网站制作

完整的网站制作包括以下两个过程。

（1）前台页面制作

当网页设计人员拿到美工效果图以后，需要综合使用 HTML、CSS、JavaScript、jQuery 等 Web 前端开发技术，将效果图转换为.html 网页，其中包括图片收集、页面布局规划等工作。

（2）后台程序开发

后台程序开发包括网站数据库设计、网站和数据库的连接、动态网页编程等。本书主要讲解前台页面的制作，关于后台程序开发读者的内容可以在动态网站设计的课程中学习。

3．测试网站

网站测试与传统的软件测试不同，它不但需要检查系统能否按照设计的要求运行，而且还要测试系统在不同用户端的显示是否合适，最重要的是从最终用户的角度进行安全性和可用性测试。在把站点上传到服务器之前，要先在本地对其测试。实际上，在站点创建过程中，最好经常对站点进行测试并解决出现的问题，这样可以尽早发现问题并避免重犯错误。

测试网页主要从以下 3 个方面着手。
- 页面的效果是否美观。
- 页面中的超链接是否正确。
- 页面的浏览器兼容性是否良好。

4．发布站点

当完成了网站的设计、调试、测试和网页制作等工作后，需要把设计好的站点上传到服务器来完成整个网站的发布。可以使用网站发布工具将文件上传到远程 Web 服务器以发布该站点，并同步本地和远端站点上的文件。

14.2 网站结构

网站结构包括站点的目录结构和页面组成。

14.2.1 创建站点目录

在制作各个页面前，用户需要确定整个网站的目录结构，包括创建站点根目录和根目录下的通用目录。

1．创建站点根目录

本书所有章节的案例均建立在 D:\web 下的各个章节目录中。因此，本章讲解的综合案例建立在 D:\web\ch14 目录中，将该目录作为站点根目录。

2．根目录下的通用目录

对于中小型网站，一般会创建如下通用的目录结构。
- images 目录：存放网站的各种图标。
- picture 目录：存放网站的图像素材。
- css 目录：存放 CSS 样式文件，实现内容和样式的分离。
- js 目录：存放 jQuery 和 JavaScript 脚本文件。

在 D:\web\ch14 目录中依次建立上述目录，整个网站的目录结构如图 14-1 所示。

对于网站下的各网页文件，例如 index.html，一般存放在网站根目录下。

图 14-1　站点目录结构

14.2.2 网站页面的组成

爱心包装网站的主要组成页面如下。

首页（index.html）：显示网站的 Logo、导航菜单、广告、企业文化、产品展示、联系我们和版权声明等信息。

关于我们页（about.html）：显示企业概述、发展历程菜单及包装定制信息。

企业概述页（company_overview.html）：显示公司经营理念。

发展历程页（development.html）：显示企业发展历程。

产品展示页（show.html）：分类显示产品系列。

产品明细页（product.html）：显示产品详细内容。

招贤纳士页（accepted.html）：显示招聘职位信息。

商务合作页（cooperation.html）：提交合作信息。

14.3 网站技术分析

制作爱心包装网站使用的主要技术如下。

1. HTML5

HTML5 是网页结构语言，负责组织网页结构，站点中的页面都需要使用网页结构语言创建网页的内容架构。制作本网站使用的 HTML5 的主要技术如下。

- 搭建页面内容架构。
- Div 布局页面内容。
- 使用文档结构元素定义页面内容。
- 使用列表和超链接制作导航菜单。
- 使用表单技术制作在线留言表单。

2. CSS3

CSS3 是网页表现语言，负责设计页面外观，统一网站风格，实现表现和结构相分离。制作本网站使用的 CSS3 的主要技术如下。

- 网站整体样式的规划。
- 网站顶部 Logo 的样式设计。
- 网站导航菜单的样式设计。
- 网站广告条的样式设计。
- 网站栏目的样式设计。
- 网站产品展示的样式设计。
- 网站表单的样式设计。
- 网站版权信息的样式设计。

3. JavaScript 和 jQuery

JavaScript 和 jQuery 是网页行为语言，实现页面交互与网页特效。制作本网站使用的 JavaScript 和 jQuery 的主要技术如下。

- 使用 jQuery 实现导航菜单延迟下拉的效果。
- 使用 jQuery 实现首页广告条图片的轮播效果。

- 使用 jQuery 实现首页企业文化栏目中包装图片的循环滚动展示效果。
- 使用 jQuery 实现招贤纳士页中职位详细超链接的弹窗展示效果。
- 使用 jQuery 实现商务合作页中文本框获得焦点时提示信息自动消失的效果。

▷▷ 14.4 制作首页

网站首页包括网站的 Logo、导航菜单、广告、企业文化、产品展示、联系我们和版权声明等信息，效果如图 14-2 所示。

图 14-2 网站首页效果

制作过程如下。

1．页面样式设计

（1）页面整体样式

页面整体样式包括页面段落、标题、图像、超链接、表单等元素的 CSS 定义，CSS 代码如下。

```
body, h1, h2, h3, h4, h5, h6, hr, p, blockquote, dl, dt, dd, ul, ol, li, pre,
form, fieldset, legend, button, input, textarea, th, td, img{
     border:medium none;         /*不显示边框*/
     margin: 0;                  /*外边距为0*/
     padding: 0;                 /*内边距为0*/
}
body,button, input, select, textarea{      /*页面和表单元素的字体*/
     font: 12px/1.5 'Microsoft Yahei',tahoma, Srial, helvetica, sans-serif;
}
h1, h2, h3, h4, h5, h6{                     /*各级标题的字体*/
     font-size: 100%;
```

```css
        font-weight: normal;        /*字体正常粗细*/
}
em{
    font-style:normal;              /*字体正常单位*/
}
ul, ol{
    list-style: none;               /*列表无修饰*/
}
a{                                  /*正常超链接样式*/
    text-decoration: none;          /*超链接无修饰*/
    color:#333;                     /*字体深灰色*/
    transition: all 0.3s ease-in;   /*过渡时间为0.3秒的加速过渡*/
}
a:hover{                            /*悬停超链接样式*/
    text-decoration: none;
    transition: all 0.3s ease-in;   /*过渡时间为0.3秒的加速过渡*/
}
```

（2）页面顶部内容的样式

页面顶部的内容被放置在名为 headerWrap 的 Div 容器中，主要用来显示网站的 Logo、导航菜单和预约提货超链接，如图 14-3 所示。

图 14-3　页面顶部的布局效果

CSS 代码如下。

```css
.headerWrap{                        /*顶部容器高度样式*/
    width: 100%;
    height: auto;                   /*容器高度自适应*/
    position: relative;             /*相对定位*/
    z-index: 100;                   /*层叠顺序为100*/
}
.header{
    position: relative;             /*相对定位*/
    height: auto;                   /*高度自适应*/
}
/*网站logo*/
.header .logo{
    padding: 20px 0;                /*上、下内边距20px，左、右内边距0px*/
}
.header .logo img{
    display: block;                 /*块级元素*/
}
/*导航菜单*/
.nav {
    float: right;                   /*向右浮动*/
    margin-right: 165px;            /*右外边距165px*/
    width: 535px;
    height: 80px;
    position: relative;             /*相对定位*/
    z-index: 1;                     /*层叠顺序为1*/
```

```css
}
.nav a {                                    /*导航菜单超链接样式*/
    font-size: 14px;
    color: #505050;                         /*深灰色文字*/
}
.nav .nLi {                                 /*菜单项容器的样式*/
    width: 95px;
    margin-right: 12px;                     /*右外边距12px*/
    float: left;                            /*向左浮动*/
    position: relative;
    display: inline;                        /*内联元素*/
}
.nav .nLi h3 {                              /*菜单项标题的样式*/
    width: 100%;
    height: 80px;
    line-height: 80px;                      /*行高等于高度,文字垂直方向居中对齐*/
    float: left;                            /*向左浮动*/
}
.nav .nLi h3 a {                            /*菜单项标题超链接的样式*/
    display: block;
    text-align: center;                     /*文字居中对齐*/
}
.nav .sub {                                 /*子菜单容器的样式*/
    display: none;
    width: 95px;
    left: 0;
    top: 80px;
    position: absolute;                     /*绝对定位*/
    background: url(../images/ico_btn7.png) repeat;     /*背景图像*/
    height: auto;                           /*高度自适应*/
    padding: 6px 0;                         /*上、下内边距6px,左、右内边距0px*/
}
.nav .sub li {                              /*子菜单项的样式*/
    zoom: 1;
    width: 100%;
    height: 46px;
    line-height: 46px;                      /*行高等于高度,文字垂直方向居中对齐*/
}
.nav .sub a {                               /*子菜单项超链接的样式*/
    display: block;
    font-weight: bold;                      /*字体加粗*/
    color: #fff;                            /*白色文字*/
    font-size: 14px;
    text-align: center;                     /*文字居中对齐*/
}
.nav .sub a:hover {                         /*子菜单项悬停超链接的样式*/
    color: #f24649;                         /*红色文字*/
}
.nav .on h3 a {                             /*当前正在操作的菜单项样式*/
    background: #f24649;                    /*红色背景*/
    color: #fff;                            /*白色文字*/
}
```

```css
/*预约提货*/
.header .heaR{                  /*预约提货容器样式*/
    width: 116px;
    height: 32px;
    position: absolute;         /*绝对定位*/
    top: 25px;
    right: 0;
}
.header .heaR a{                /*预约提货超链接样式*/
    display: inline-block;      /*内联块级元素*/
    width: 114px;
    height: 30px;
    text-align: center;         /*文字居中对齐*/
    line-height: 30px;          /*行高等于高度,文字垂直方向居中对齐*/
    border: 1px solid #f24649;  /*1px 红色实线边框*/
    border-radius: 50px;        /*边框圆角半径 50px*/
    font-size: 14px;
    color: #f24649;             /*红色文字*/
    font-weight: bold;          /*字体加粗*/
}
.header .heaR a:hover{          /*预约提货悬停超链接样式*/
    background: #f24649;        /*红色背景*/
    color: #fff;                /*白色文字*/
}
```

(3)广告条的样式

广告条的内容被放置在名为 slideBox 的 Div 容器中,如图 14-4 所示。

图 14-4　广告条的布局效果

CSS 代码如下。

```css
.slideBox {                     /*广告条容器样式*/
    width: 100%;
    height: auto;               /*高度自适应*/
    overflow: hidden;           /*溢出隐藏*/
    position: relative;         /*相对定位*/
}
.slideBox .hd {                 /*广告条底部选择条容器样式*/
    width: 100%;
    height: 15px;
    overflow: hidden;           /*溢出隐藏*/
    position: absolute;         /*绝对定位*/
    left: 0;
    bottom: 21px;
    z-index: 1;
```

```css
}
.slideBox .hd ul {                      /*选择条列表样式*/
    overflow: hidden;                   /*溢出隐藏*/
    zoom: 1;
    text-align: center;                 /*文字居中对齐*/
}
.slideBox .hd ul li {                   /*选择条列表选项样式*/
    display: inline-block;              /*内联块级元素*/
    margin: 0 13px;                     /*上、下外边距 0px，左、右外边距 6px*/
    width: 8px;
    height: 8px;
    border-radius: 50px;                /*边框圆角半径 50px*/
    background: #fff;                   /*白色背景*/
    cursor: pointer;                    /*手形光标*/
}
.slideBox .hd ul li.on {                /*选择条列表选项鼠标悬停样式*/
    background: #dd1215;                /*红色背景*/
}
.slideBox .bd {                         /*广告条图像区域样式*/
    position: relative;                 /*相对定位*/
    z-index: 0;
    width:100%;
    margin: 0 auto;                     /*容器居中对齐*/
}
.slideBox .bd li {                      /*广告条图像列表项样式*/
    position: relative;                 /*相对定位*/
    zoom: 1;
    vertical-align: middle;             /*垂直居中对齐*/
}
.slideBox .bd a img {                   /*图像样式*/
    width: 100%;
    height: auto;                       /*高度自适应*/
    display: block;                     /*块级元素*/
}
```

（4）首页主体内容的样式

首页主体内容被放置在名为 mainBox 的 Div 容器中，如图 14-5 所示。

图 14-5　首页主体内容的布局效果

CSS 代码如下。

```css
/*页面主体部分*/
.mainBox{                                    /*企业文化容器样式*/
    width: 100%;
    height: auto;                            /*高度自适应*/
    border-bottom: 1px solid #e3e0db;        /*底部边框为1px灰色实线边框*/
    padding-bottom: 27px;                    /*下内边距27px*/
}
.mainBox1{                                   /*产品展示容器样式*/
    border-bottom: none;                     /*底部无边框*/
}
.main{                                       /*主体内容样式*/
    height: auto;                            /*高度自适应*/
    padding-top: 20px;                       /*上内边距20px*/
}
.main .mainTitle{                            /*主体内容标题容器样式*/
    width: 100%;
    height: auto;                            /*高度自适应*/
    text-align: center;                      /*文字居中对齐*/
}
.main .mainTitle h2{                         /*主体内容h2标题样式*/
    width: 100%;
    height: 36px;                            /*高度36px*/
    overflow: hidden;
    line-height: 36px;                       /*行高等于高度，文字垂直方向居中对齐*/
    font-size: 20px;                         /*字体大小20px*/
    color: #505050;                          /*深灰色文字*/
    font-weight: bold;                       /*字体加粗*/
}
.main .mainTitle h3{                         /*主体内容h3标题样式*/
    width: 100%;
    margin-bottom: 10px;
    height: 32px;                            /*高度32px*/
    overflow: hidden;
    line-height: 32px;                       /*行高等于高度，文字垂直方向居中对齐*/
    font-size: 14px;                         /*字体大小14px*/
    color: #505050;                          /*深灰色文字*/
}
.main .mainTitle em{                         /*标题下方红色水平线样式*/
    display: inline-block;                   /*内联块级元素*/
    width: 32px;                             /*宽度32px*/
    height: 2px;                             /*高度2px*/
    background: #dd1215;                     /*红色背景*/
}
/*企业文化区域图片水平循环播放*/
.Picshuff{                                   /*品牌内容容器样式*/
    width: 100%;
    height: auto;
}
.Picshuff h2{                                /*品牌标题样式*/
    margin-top: 40px;
```

```css
        line-height: 36px;
        font-size: 18px;
        color: #505050;            /*深灰色文字*/
        text-align: center;        /*文字居中对齐*/
    }
    .Picshuff p{                   /*品牌正文文字样式*/
        line-height: 24px;
        font-size: 14px;
        color: #9b9b9b;            /*浅灰色文字*/
        text-align: center;        /*文字居中对齐*/
    }
    .picScroll-left {              /*图片循环区域容器的样式*/
        width: 100%;
        height: 84px;
        position: relative;        /*相对定位*/
        margin-top: 50px;
    }
    .picScroll-left .hd {          /*"<"箭头和">"箭头容器的样式*/
        position: absolute;        /*绝对定位*/
        left: 0;
        top: 0;
        overflow: hidden;          /*溢出隐藏*/
        width: 100%;
        height: 84px;
    }
    .picScroll-left .prev,.picScroll-left .next { /*"<"箭头和">"箭头的样式*/
        position: absolute;        /*绝对定位*/
        left: 0;
        top: 50%;
        margin-top: -15px;
        display: block;
        width:30px;
        height: 30px;
        overflow: hidden;          /*溢出隐藏*/
        cursor: pointer;
        border-radius: 50px;       /*边框圆角半径50px*/
        background: url(../images/next.png) 0 0 no-repeat;   /*背景图像不重复*/
        transition: none;          /*无过渡*/
    }
    .picScroll-left .next{         /*">"箭头的样式*/
        left: auto;
        right:0;
        background-position: right 0;
    }
    .picScroll-left .prev:hover{   /*"<"箭头鼠标悬停的样式*/
        border-radius: 50px;       /*边框圆角半径50px*/
        background: #f24649 url(../images/next.png) 0 bottom no-repeat;
    }
    .picScroll-left .next:hover{   /*">"箭头鼠标悬停的样式*/
        border-radius: 50px;       /*边框圆角半径50px*/
        background: #f24649 url(../images/next.png) right bottom no-repeat;
    }
```

```css
.picScroll-left .bd {                    /*滚动图片容器的样式*/
    position: absolute;
    top: 0;
    left: 50%;
    margin-left: -495px;
    width:990px;
    overflow: hidden;                    /*溢出隐藏*/
}
.picScroll-left .bd ul {                 /*滚动图片列表的样式*/
    width: 100%;
    overflow: hidden;                    /*溢出隐藏*/
    zoom: 1;
}
.picScroll-left .bd ul li {              /*滚动图片列表项的样式*/
    margin: 0 130px;
    width:70px;
    height: 84px;
    float: left;                         /*向左浮动*/
    display: inline;                     /*内联元素*/
    overflow: hidden;                    /*溢出隐藏*/
    text-align: center;
}
.picScroll-left .bd ul li a{             /*滚动图片列表项超链接的样式*/
    display: block;
}
.picScroll-left .bd ul li a i{           /*滚动图片的样式*/
    display: inline-block;
    width: 69px;
    height: 50px;
}
.picScroll-left .bd ul li a i.ico{                /*第一幅滚动图片的样式*/
    background: url(../images/pic_btn1.png) no-repeat; /*背景图像不重复*/
}
.picScroll-left .bd ul li a i.ico1{               /*第二幅滚动图片的样式*/
    background: url(../images/pic_btn2.png) no-repeat; /*背景图像不重复*/
}
.picScroll-left .bd ul li a i.ico2{               /*第三幅滚动图片的样式*/
    background: url(../images/pic_btn3.png) no-repeat; /*背景图像不重复*/
}
.picScroll-left .bd ul li a:hover i.ico{          /*第一幅滚动图片鼠标悬停的样式*/
    background: url(../images/pic_btn1_hov.png) no-repeat; /*背景图像不重复*/
}
.picScroll-left .bd ul li a:hover i.ico1{         /*第二幅滚动图片鼠标悬停的样式*/
    background: url(../images/pic_btn2_hov.png) no-repeat; /*背景图像不重复*/
}
.picScroll-left .bd ul li a:hover i.ico2{         /*第三幅滚动图片鼠标悬停的样式*/
    background: url(../images/pic_btn3_hov.png) no-repeat; /*背景图像不重复*/
}
.picScroll-left .bd ul li a p{           /*滚动图片下方文字的样式*/
    width: 100%;
    height: 34px;
    text-align: center;
```

```css
        font-size: 16px;
        line-height: 34px;              /*行高等于高度，文字垂直方向居中对齐*/
        color: #505050;                 /*深灰色文字*/
    }
    .picScroll-left .bd ul li a:hover p{    /*滚动图片下方文字鼠标悬停的样式*/
        color: #f24649;                 /*红色文字*/
    }
    .Picshuff h3{                       /*h3 标题样式*/
        text-align: center;             /*文字居中对齐*/
    }
    .Picshuff h3 a{                     /*h3 标题超链接样式*/
        margin-top: 40px;               /*上外边距 40px*/
    }
    .More{                              /*"了解更多"容器的样式*/
        text-align: center;             /*文字居中对齐*/
        padding-bottom: 5px;
    }
    .More a,.cooper .cooForm .formBut{  /*"了解更多"文字的样式*/
        display: inline-block;
        width: 116px;
        height: 32px;
        margin: 35px auto 0;
        border: 1px solid #f24649;      /*1px 红色实线边框*/
        background: #fff;               /*白色背景*/
        border-radius: 50px;            /*边框圆角半径 50px*/
        font-size: 14px;
        color: #f24649;                 /*红色文字*/
        text-align: center;             /*文字居中对齐*/
        line-height: 32px;              /*行高等于高度，文字垂直方向居中对齐*/
    }
    .More a:hover,.cooper .cooForm .formBut:hover{  /*"了解更多"鼠标悬停超链接的样式*/
        background: #f24649;            /*红色背景*/
        color: #fff;                    /*白色文字*/
    }
    /*首页产品展示*/
    .show_bot{                          /*产品容器样式*/
        width: 100%;
        margin: 0px auto;               /*容器居中对齐*/
        height: auto;
        overflow: hidden;               /*溢出隐藏*/
        text-align: center;             /*文字居中对齐*/
    }
    .show_bot1{
        margin-top: 50px;               /*上外边距 50px*/
    }
    .show_bot li{                       /*每个图像列表项样式*/
        width:22.916%;
        float: left;                    /*向左浮动*/
        background: #fff;               /*白色背景*/
        margin-right:2.7786%;
        margin-bottom: 30px;            /*下外边距 30px*/
```

```css
    }
    .show_bot li a{                            /*每个图像超链接样式*/
        display: block;                        /*块级元素*/
        width: 100%;
        overflow: hidden;                      /*溢出隐藏*/
    }
    .show_bot li a i{                          /*每个图像容器的样式*/
        display: block;                        /*块级元素*/
        height: 303px;                         /*宽度303px*/
        overflow: hidden;                      /*溢出隐藏*/
    }
    .show_bot li img{                          /*每个图像样式*/
        display: block;
        width: 100%;
        float: left;                           /*向左浮动*/
        transition: 1s;                        /*过渡时间1秒*/
    }
    .show_bot li:hover img,.show_bot li.hover img {  /*每个图像鼠标悬停样式*/
        transform: scale(1.2);                 /*图像放大1.2倍*/
    }
    .show_bot li p{                            /*图像下方文字的样式*/
        float: left;                           /*向左浮动*/
        display: block;
        width: 100%;
        height:63px;
        line-height:63px;                      /*行高等于高度，文字垂直方向居中对齐*/
        font-size: 16px;
        color: #505050;                        /*深灰色文字*/
        font-weight: bold;                     /*字体加粗*/
        background: #f9f9f9;                   /*浅灰色背景*/
        text-align: left;                      /*文字居中对齐*/
        text-indent: 10px;                     /*首行缩进10px*/
        margin-top: 0;
    }
    .show_bot li p em{                         /*图像下方文字右侧图标样式*/
        display: inline-block;
        float: right;                          /*向右浮动*/
        margin-right:15px;                     /*右外边距15px*/
        width: 24px;
        height: 34px;
        margin-top: 16px;
        transition: all 0.3s ease;             /*过渡时间为0.3秒的缓慢过渡*/
        background: url(../images/z_sb_icon.png) no-repeat 0 0;
    }
    .show_bot li a:hover p{                    /*图像下方文字鼠标悬停样式*/
        background: #f24649;                   /*红色背景*/
        color: #fff;                           /*白色字体*/
    }
    .show_bot li a:hover em{                   /*文字右侧图标鼠标悬停样式*/
        background: url(../images/z_sb_icon.png) no-repeat 0 -34px;/*鼠标悬停切换图标的背景图像*/
    }
```

```
.show_bot h3 a{                          /*"了解更多"文字的样式*/
    margin-top: 20px;                    /*上外边距20px*/
}
```

(5) 版权声明区域的样式

版权声明区域的内容被放置在名为 footerWrap 的 Div 容器中，如图 14-6 所示。

图 14-6　版权声明区域的布局效果

CSS 代码如下。

```
.footerWrap{                             /*版权声明区域容器的样式*/
    width: 100%;
    height: auto;
    background: #aaaaaa;                 /*浅灰色背景*/
}
.footer{                                 /*联系方式区域容器的样式*/
    height: auto;                        /*高度自适应*/
    padding: 20px 0;                     /*上、下内边距20px，左、右内边距0px*/
}
.footer ul{                              /*联系方式区域列表的样式*/
    width: 100%;
    height: auto;
    float: left;                         /*向左浮动*/
}
.footer ul li{                           /*联系方式区域列表项的样式*/
    width: 404px;
    height: auto;
    border-right: 1px solid #5f5e5e;     /*1px 深灰色右侧实线边框*/
    float: left;                         /*向左浮动*/
}
.footer ul li h2{                        /*列表项 h2 标题的样式*/
    position: relative;                  /*相对定位*/
    top: -5px;
    width: 100%;
    height: 24px;
    line-height: 24px;                   /*行高等于高度，文字垂直方向居中对齐*/
    font-size: 18px;                     /*字体大小 18px*/
    color: #fff;                         /*白色字体*/
    font-weight: bold;                   /*字体加粗*/
}
.footer ul li h3{.footer ul li h2{       /*列表项 h3 标题的样式*/
    width: 100%;
    height: 22px;
    line-height: 22px;                   /*行高等于高度，文字垂直方向居中对齐*/
    font-size: 14px;                     /*字体大小 14px*/
    color: #fff;                         /*白色字体*/
```

```css
        }
        .footer ul li .fooM{                    /*每个联系方式容器的样式*/
            width: 100%;
            height: auto;
            padding-top: 20px;                  /*上内边距20px*/
        }
        .footer ul li .fooM i{                  /*每个联系方式图标容器的样式*/
            display: block;
            width: 26px;                        /*图标宽度26px*/
            height: 34px;                       /*图标高度34px*/
            overflow: hidden;
            float: left;                        /*向左浮动*/
        }
        .footer ul li .fooM i img{              /*每个联系方式图标的样式*/
            display: block;                     /*块级元素*/
            width: 100%;
        }
        .footer ul li .fooM .divTxt{            /*每个联系方式联系内容容器的样式*/
            width: 320px;
            margin-left: 18px;                  /*左外边距18px*/
        }
        .footer ul li .fooM .divTxt h4{         /*联系内容小标题的样式*/
            width: 100%;
            height: 22px;
            line-height: 22px;                  /*行高等于高度，文字垂直方向居中对齐*/
            font-size: 14px;
            color: #fff;                        /*白色字体*/
        }
        .footer ul li .fooM .divTxt em{         /*联系内容水平分隔红线的样式*/
            margin-top: 8px;                    /*上外边距8px*/
            display: inline-block;
            width: 45px;
            height: auto;
            border-bottom: 1px solid #f24649;   /*1px红色底部实线边框*/
        }
        .footer ul li .fooM .divTxt p{          /*水平分隔红线下方具体内容的样式*/
            margin-top: 9px;                    /*上外边距9px*/
            width: 100%;
            height: 22px;
            line-height: 22px;                  /*行高等于高度，文字垂直方向居中对齐*/
            font-size: 14px;
            color: #fff;                        /*白色字体*/
        }
        .footer ul li .fooM .divTxt p a{        /*"隐私政策 法律声明 使用条款"文字的样式*/
            color: #fff;                        /*白色字体*/
            margin-right: 15px;                 /*右外边距15px*/
        }
        .footer ul li .fooM .divTxt p a:hover{  /*"隐私政策 法律声明 使用条款"鼠标悬停的样式*/
            color: #f24649;                     /*红色字体*/
        }
        .fooTxt{                                /*版权信息的样式*/
```

```css
        width: 100%;
        background: #fff;           /*白色背景*/
        height: 52px;
        line-height: 52px;          /*行高等于高度,文字垂直方向居中对齐*/
        color: #3f3f3f;             /*深灰色文字*/
        font-size: 12px;
        text-align: center;         /*文字居中对齐*/
    }
```

2. 页面结构代码

接下来,列出页面的结构代码,让读者对页面的整体结构有一个全面的认识,然后在此基础上重点讲解页面交互与网页特效的实现方法。首页(index.html)的结构代码如下。

```html
<!DOCTYPE html>
<html>
<head>
<meta charset="UTF-8">
<title>首页</title>
<link rel="stylesheet" href="css/style.css" />
<script type="text/javascript" src="js/jquery-1.8.0.min.js" ></script>
<script type="text/javascript" src="js/jquery.superslide.2.1.1.js" ></script>
<script type="text/javascript" src="js/index.js" ></script>
</head>
<body>
<!--header-->
<div class="headerWrap">
    <div class="header w1200 cleafix">
        <!--logo-->
        <div class="logo fl"><a href="#"><img src="picture/logo.png" /></a></div>
        <!--nav-->
        <ul id="nav" class="nav clearfix">
            <li class="nLi on">
                <h3><a href="#">首页</a></h3>
            </li>
            <li class="nLi">
                <h3><a href="about.html">关于我们</a></h3>
                <ul class="sub">
                    <li><a href="company_overview.html">企业概述</a></li>
                    <li><a href="development.html">发展历程</a></li>
                    <li><a href="#">理想愿景</a></li>
                </ul>
            </li>
            <li class="nLi">
                <h3><a href="show.html">产品展示</a></h3>
            </li>
            <li class="nLi ">
                <h3><a href="accepted.html">招贤纳士</a></h3>
            </li>
            <li class="nLi">
                <h3><a href="cooperation.html">商务合作</a></h3>
            </li>
        </ul>
        <!--预约提货-->
```

```html
            <div class="heaR"><a href="#">预约提货</a></div>
        </div>
    </div>
    <!--广告条-->
    <div class="slideBox">
        <div class="hd">
            <ul><li></li><li></li><li></li></ul>
        </div>
        <div class="bd">
            <ul>
                <li><a href="#"><img src="picture/banner.jpg" /></a></li>
                <li><a href="#"><img src="picture/banner.jpg" /></a></li>
                <li><a href="#"><img src="picture/banner.jpg" /></a></li>
            </ul>
        </div>
    </div>
    <!--页面主体部分-->
    <!--企业文化-->
    <div class="mainBox">
        <div class="main w1200">
            <div class="mainTitle">
                <h2>CORPORATE CULTURE</h2>
                <h3>企业文化</h3>
                <em></em>
            </div>
            <!--图片循环播放-->
            <div class="Picshuff">
                <h2>爱心缔造品质旗下品牌，健康食品的供应商</h2>
                <p>我们要用健康味道，带您感受大自然的奇妙。爱心绿色供应链，将理想田的健康味道带到您的身边。为您寻找更多有益<br />健康的原生食材，爱心，只为给你更健康。</p>
                <div class="picScroll-left">
                    <div class="hd">
                        <a class="next"></a>
                        <a class="prev"></a>
                    </div>
                    <div class="bd">
                        <ul class="picList cleafix">
                            <li>
                                <a href="#">
                                    <i class="ico"></i>
                                    <p>全套定制</p>
                                </a>
                            </li>
                            <li>
                                <a href="#">
                                    <i class="ico1"></i>
                                    <p>腰封定制</p>
                                </a>
                            </li>
                            <li>
                                <a href="#">
                                    <i class="ico2"></i>
                                    <p>礼品册</p>
```

```html
                            </a>
                        </li>
                    </ul>
                </div>
            </div>
            <h3 class="More"><a href="#">了解更多</a></h3>
        </div>
    </div>
</div>
<!--产品展示-->
<div class="mainBox mainBox1">
    <div class="main w1200">
        <div class="mainTitle">
            <h2>PRODUCT DISPIAY</h2>
            <h3>产品展示</h3>
            <em></em>
        </div>
        <div class="show_bot show_bot1">
            <ul class="cleafix">
                <li>
                    <a href="#">
                        <i><img src="picture/pic1.jpg"></i>
                        <p>爱心护肤礼品包装定制<em></em></p>
                    </a>
                </li>
                <li>
                    <a href="#">
                        <i><img src="picture/pic2.jpg"></i>
                        <p>爱心红酒礼品包装定制<em></em></p>
                    </a>
                </li>
                <li>
                    <a href="#">
                        <i><img src="picture/pic3.jpg"></i>
                        <p>爱心面馆礼品包装定制<em></em></p>
                    </a>
                </li>
                <li>
                    <a href="#">
                        <i><img src="picture/pic4.jpg"></i>
                        <p>爱心健康礼品包装定制<em></em></p>
                    </a>
                </li>
            </ul>
            <h3 class="More"><a href="#">了解更多</a></h3>
        </div>
    </div>
</div>
<!--footer-->
<div class="footerWrap">
    <div class="footer w1200 cleafix">
        <ul>
            <li>
```

```html
            <h2>CONTACT</h2>
            <h3>联系我们</h3>
            <div class="fooM cleafix">
                <i><img src="picture/ico_btn1.png"></i>
                <div class="divTxt fl">
                    <h4>ADDRESS</h4>
                    <em></em>
                    <p>北京市开发区喜来登商务大厦</p>
                </div>
            </div>
            <div class="fooM cleafix">
                <i><img src="picture/ico_btn2.png"></i>
                <div class="divTxt fl">
                    <h4>PHONE</h4>
                    <em></em>
                    <p>13501149831     爱心天使</p>
                </div>
            </div>
        </li>
        <li>
            <h2> </h2>
            <h3> </h3>
            <div class="fooM cleafix">
                <i><img src="picture/ico_btn3.png"></i>
                <div class="divTxt fl">
                    <h4>E-MAIL</h4>
                    <em></em>
                    <p>angel@love.com</p>
                </div>
            </div>
            <div class="fooM cleafix">
                <i><img src="picture/ico_btn4.png"></i>
                <div class="divTxt fl">
                    <h4>相关说明</h4>
                    <em></em>
                    <p><a href="#">隐私政策</a><a href="#">法律声明</a>
                        <a href="#">使用条款</a></p>
                </div>
            </div>
        </li>
        <li>
            <h2>FOCUS  ON</h2>
            <h3>关注我们</h3>
            <span><img src="picture/webchat.jpg" /></span>
            <p>扫描关注爱心官网微信！</p>
        </li>
    </ul>
    </div>
    <div class="fooTxt">Copyright © 2021  爱心网   保留所有权</div>
</div>
</body>
</html>
```

3．页面交互与网页特效的实现

首页中的页面交互与网页特效主要包括以下几个。

● 使用 jQuery 实现导航菜单延迟下拉的效果。
● 使用 jQuery 实现广告条图片的轮播效果。
● 使用 jQuery 实现企业文化栏目中包装图片的循环滚动展示效果。

制作过程如下。

① 准备工作。由于以上网页特效需要使用 jQuery 的外挂插件来实现，因此需要将外挂插件文件 jquery.superslide.2.1.1.js 复制到当前站点的 js 文件夹中。

② 打开首页 index.html，添加引用外部插件的代码（这行代码已经在页面结构文件中给出，这里再强调一下代码的引用方法），代码如下。

```
<script type="text/javascript" src="js/jquery.superslide.2.1.1.js" ></script>
```

③ 在当前站点的 js 文件夹中新建 index.js 文件，编写实现首页网页特效的 jQuery 代码。代码如下。

```javascript
$(function(){
    //导航菜单延迟下拉
    jQuery("#nav").slide({
        type: "menu",            //类型为菜单
        titCell: ".nLi",         //菜单项使用的类为.nLi 类
        targetCell: ".sub",      //子菜单项使用的类为.sub 类
        effect: "slideDown",     //滑动式效果
        delayTime: 300,          //延迟时间为 300 毫秒
        triggerTime: 0,          //触发时间为 0，立即触发
        returnDefault: true      //返回默认值
    });
    //广告条轮播
    jQuery(".slideBox").slide({
        mainCell: ".bd ul",      //广告条轮播的加载对象为应用.bd 类的无序列表
        effect: "leftLoop",      //向左循环播放
        autoPlay: true           //自动播放
    });
    //企业文化区域图片水平循环播放
    jQuery(".picScroll-left").slide({
        mainCell: ".bd ul",      //循环幻灯片的加载对象为应用.bd 类的无序列表
        autoPage: true,          //自动下一页
        effect: "leftLoop",      //向左循环播放
        autoPlay: true,          //自动播放
        vis: 3                   //播放间隔为 3 秒
    });
```

至此，爱心包装网站首页制作完毕，读者可以在此基础上根据自己的喜好修改相关的 CSS 规则，进一步美化页面。网站其余页面的制作方法与主页非常类似，局部内容的制作已经在前面章节中讲解，读者可以在此基础上制作网站的其余页面。

在前面讲解的爱心包装的相关示例中，都是按照某个栏目进行页面制作的，并未将所有的页面整合在一个统一的站点中。读者完成爱心包装所有栏目的页面之后，需要将这些栏目页面整合在一起形成一个完整的站点。

需要注意的是，当这些栏目整合完成之后，记得正确地设置各级页面之间的超链接，使之有效地完成各个页面的跳转。

习题 14

1. 制作爱心包装网站的企业概述页（company_overview.html），如图 14-7 所示。
2. 制作爱心包装网站的商务合作页（cooperation.html），如图 14-8 所示。

图 14-7　题 1 图　　　　　　　　　图 14-8　题 2 图

3. 制作爱心包装网站的产品展示页（show.html），如图 14-9 所示。
4. 制作爱心包装网站的招贤纳士页（accepted.html），如图 14-10 所示。

图 14-9　题 3 图　　　　　　　　　图 14-10　题 4 图

参 考 文 献

[1] 丁亚飞，薛燚. HTML5+CSS3+JavaScript 案例实战[M]. 北京：清华大学出版社，2020.

[2] 刘心美，陈义辉. Web 前端设计与制作：HTML+CSS+jQuery[M]. 北京：清华大学出版社，2016.

[3] 青软实训. Web 前端设计与开发：HTML+CSS+JavaScript+HTML5+jQuery[M]. 北京：清华大学出版社，2016.

[4] 刘增杰，臧顺娟，何楚斌. 精通 HTML5+CSS3+JavaScript 网页设计[M]. 北京：清华大学出版社，2019.

[5] 张兵义，朱立，朱清. JavaScript 程序设计教程[M]. 北京：机械工业出版社，2018.

[6] 师晓利，王佳，邵彧. Web 前端开发与应用教程：HTML5+CSS3+JavaScript[M]. 北京：机械工业出版社，2017.

[7] 郑娅峰，张永强. 网页设计与开发：HTML、CSS、JavaScript 实验教程[M]. 北京：清华大学出版社，2017.

[8] 张朋. Web 前端开发技术：HTML5+Ajax+jQuery[M]. 北京：清华大学出版社，2017.

[9] 孙甲霞，吕莹莹. HTML5 网页设计教程[M]. 北京：清华大学出版社，2017.

[10] 李雨亭，吕婕. JavaScript+jQuery 程序开发实用教程[M]. 北京：清华大学出版社，2016.

[11] 王庆桦，王新强. HTML5＋CSS3 项目开发实战[M]. 北京：电子工业出版社，2017.

[12] 董丽红. HTML+JavaScript 动态网页制作[M]. 北京：电子工业出版社，2016.

[13] 吕凤顺. JavaScript 网页特效案例教程[M]. 北京：机械工业出版社，2017.